Leçon - Les Vins de France
Asuka Sugiyama

フランス編

杉山明日香

イースト・プレス

はじめに

本書を手に取られた皆さまは、おそらくワインを飲むことが大好きな方だと思います。でも一方で、レストランやワインショップで「どれを選んだらいいかわからない」といった悩みをお持ちではないでしょうか？　お店の人に聞きたくても、自分の好みをうまく伝えられない、そもそも自分の好みが何なのかがわからない——そういう方は少なくないと思います。

私はワインに関するお仕事をする一方で、河合塾という予備校で数学の講師を長年続けています。

数学を長く教えているとわかりますが、生徒には「つまずくポイント」というものがあります。そこをうまく越えられないと、数学に苦手意識を持ってしまい、前に進むことができなくなるんです。

そのような生徒を数学好きにさせるもっとも大事なこと、それは「つまずくポイント」を一緒に越えてあげることです。「わかる」ことが喜びとなり、数学の面白さや美しさを共有できれば、生徒の目は輝き始め、あとは自発的に勉強していくものです。

じつは、ワインの世界も同じなんです。

興味があるのに「入り口」でつまずいてしまう方や、そもそも「入り口」がどこにあるのかわからないという方がとても多い……。

私が主宰するワインスクールでは、ワインという複雑な体系をいかに楽しみながら学んでもらえるか、日々工夫しながら教えていますが、その甲斐あってか毎年9割くらいの生徒さんがソムリエやエキスパートの試験に合格されています。過去には、70歳になる年に私の父まで受かってしまいました（笑）。おそらく長年大学受験を目指す生徒と真剣に対峙してきたおかげで、もともと好きだった「教えること」の技術により磨きがかかってきたのかもしれません。

本書は、そんな教えるプロの私が、普段のワインスクールでお話ししてきた内容をまとめ、２０１５年に出版した『ワインの授業 フランス編』の内容をアップデートしたものです。

私にとって、予備校でもワインスクールでも生徒さんが試験に合格することは大変うれしいのですが、同時に「数学が好きになった」という一言や、「ふだん何気なく飲んでいたワインがちょっと勉強するだけで何倍もおいしくなった」といった感想がなによりの励みになっています。

スクールの生徒さん以外にも、ワインの面白さを大勢の方にお伝えしたい――これが『ワインの授業 フランス編』執筆のきっかけであり、その気持ちは今も変わることはありません。

ワインは、勉強することでよりおいしくなるお酒です。

なぜ、「知る」ことでおいしくなるのでしょうか？

ワインは、もっともナチュラルなアルコール飲料ともいわれますが、それは原料のブドウさえあれば（酵母も水も加えず）造ることができるからです。そんなお酒は他にありません。

そのため、原料となるブドウそのものの質がストレートにワインの味わいに反映されます。どの土地で育った、どの品種――原料となるブドウにはいくつもの品種があります――で造られたワインなのか？ そしてそれは「何年」に造られたのか？ 同じ場所で、同じ品種で、同じ人が造ったとしても、年ごとに気温や気象条件が違うため、まったく同じブドウ、つまり同じワインはできないんですね。

そういうわけで、ワインの味はどうしても多様になってしまいます。この多様性ゆえ、選択肢がとても多くとっつきにくいし、自分の好みも定まりにくいのです。

ところが、このワインの多様性は、完全に無秩序なわけではなく、ある程度「法則」の上に成り立っています。

❶ブドウ品種
❷土地（畑）
❸気候
❹造り手

この4つの要素の組み合わせでワインはできています。まずは、どの国のどの地方で栽培され、どのブドウ品種で造られたワインなのか？　代表的ないくつかのブドウ品種と、代表的ないくつかの産地の組み合わせ（パターン）を踏まえることが、ワインの世界における基本となります。この基本がわかると、他のワインを見たときにも、ある程度、味わいの予想をつけられるようになります。そのときワインの多様性は無限の楽しみに変わるのです。

このワインの味わいの基本を形作っているのが、「世界のワインの縮図」とも言われる、フランスワインです。

フランスは10のワイン生産地方に分かれていて、各地方ごとにはっきりとした味わいの特徴があります。シャンパーニュで有名なシャンパーニュ地方。世界を代表する二大高級ワインの産地、ブルゴーニュ地方とボルドー地方（それぞれ対照的なワインが造られています）。そしてロワール地方とローヌ地方。さらにアルザス地方、ジュラ-サヴォワ地方、南西（シュド・ウエスト）地方、プロヴァンス-コルス地方、ラングドック-ルーション地方など、10の地方それぞれの特徴を把握することが、ワインの世界の基本となるのです。

フランスワインの体系が頭に入っていると、たとえ飲んだことのないワインだとしても、そのラベルを見るだけで、ある程度、香りや味わいが想像できるようになります。「この産地は温暖な気候だから酸味が柔らかく、果実味しっかり系のものかな」といった具合に予想し、そして実際に飲んでみる。予想した味と比べ、どうなのか？

ワインを学んでいくと、皆さん自然と「予想」し「確認」し始めますが、そのとき、一人でなく、お店の人や一緒に飲む人と共に「予想」し「確認」し合うことで、食事はもっと楽しくなりますし、そのワインはもっとおいしくなるはずです。

これが、ワインは「知る」ことでおいしくなる理由です。知らないで飲むのと知って飲むのとでは、本当に味わいが変わってくるんです。

現在フランスやイタリアといったワイン大国では、ワインの消費量は年々減っているのですが、日本では逆に増加しています。デパートのワイン売り場やワインショップといったプロの販売員の方がいるような専門店だけでなく、スーパーやコンビニエンスストアにもいろんな種類のワインが並ぶようになり、ワインはすっかり私たちの生活に溶け込んだものになっています。

ご自宅の晩御飯で飲むワインを選ぶときも、漠然と赤か白か、あるいはお値段だけで選ぶのではなく、もう一歩踏み込んで、そのワインの味わいを予想しながら……たとえばその日の献立によって、「そっちよりはこっちのほうが合いそうだな」といった具合に選べるようになれば、お食事はもっとおいしく、もっと楽しくなるはずです。

ワインはいわゆる洋風のお料理にだけ合う、というわけではありません。たとえば肉じゃがや豚しゃぶなど、日本の家庭料理にも「よく合うワイン」があります。ワインとお料理の組み合わせ――フランス語でマリアージュ（結婚）と言います――を意識できるようになることが、ワインを知ることの最大の楽しみでもあります。そのための基礎となるフランスワインの体系を、これからお話ししていきたいと思います。

本書は、毎日1章ずつ読むと7日間、つまり1週間ですべての内容を学んでいただくことになります。1週間かけて、フランスの各ワイン産地をめぐり、その地方のワインについて体系的に知ることができる、という構成になっています。ぜひリラックスしてゆっくりと、時にはワインを飲みながら読むも良し、フランスワインの世界にひたりながら本書を楽しんでいただければ幸いです！

新版 ワインの授業

目次

第六章（6日目）アルザス地方／ジュラ－サヴォワ地方　215

第七章（7日目）南西地方／プロヴァンス－コルス地方／ラングドック－ルーション地方 239

1日目

第一章

ワインとフランス

ワインの分類

こんにちは、杉山明日香です。これから皆さんと7日間にわたって、ワインについて勉強していきたいと思います。

まずワインというお酒について、簡単にお話ししておきましょう。

お酒（アルコール飲料）は大きく3つのグループに分けられます。

醸造酒：ワイン、ビール、日本酒など
蒸留酒：ブランデー、ウイスキー、焼酎など
混成酒：リキュール類、ヴェルモットなど

醸造酒は、ワイン、ビール、日本酒、この3つが代表的ですが、これらのアルコールはどうやって造られるかというと、基本的には原料に含まれる「糖分」を、酵母菌が醗酵させることで……「酵母」が「糖」を「アルコール」と「二酸化炭素」に分解することで、お酒になります。

ワインの場合、原料はブドウです。なので、ブドウに含まれる糖分がそのまま醗酵してアルコールが作られます(☛)。一方、日本酒の原料はお米です。お米はブドウみたいには甘くないですよね。じゃあ、アルコールの原料となる糖分はどこから来るの？と言ったら、お米の持つデンプン質が米麹に含まれる酵素の働きで分解されて糖分が

☛ $C_6H_{12}O_6$（ブドウ糖・果糖） 醗酵 → $2C_2H_5OH$（エチルアルコール） ＋ $2CO_2$（二酸化炭素）

できる（糖化）。で、それをワインと同じように、酵母の力でアルコール醗酵させていく――この糖化の過程がワインと日本酒の醸造法の大きな違いです。ビールだったら、原料の麦に含まれるデンプン質が麦芽中の酵素の働きにより糖化して、それを酵母がアルコール醗酵させる。醸造酒はこのように造られています。

それに比べて蒸留酒。代表的なものは、ブランデーやウイスキー、焼酎などですが、基本的にはベースとなる醸造酒を沸騰（蒸留）させて造ります。水とアルコールの沸点の違いを利用して、先に蒸発して出てくるアルコール分を集めることで、より濃いお酒になるわけです。

そして混成酒。原料となるお酒は醸造酒でも蒸留酒でもいいんですが、そのお酒にいろんな薬草やスパイスなどを漬け込んで、香り付けしたお酒のことです。カシスとかカンパリなどのリキュール類がこれです。

ふつうのワインは、このなかの「醸造酒」のグループに入るわけですが、皆さんご存じのとおり、さらにそのなかで、赤ワイン、白ワイン、ロゼワイン、と大きく3つに分かれます。では、それぞれの造り方を見ていきましょう。

原料		
麦	ビール	蒸留→ ウイスキー
ブドウ	ワイン	蒸留→ ブランデー
米	日本酒	蒸留→ 焼酎

＊沸点：水 100℃
アルコール 73.8℃

赤ワインと白ワインの違いはたったひとつ

まずイメージしてください。

ブドウがあります。ブドウのなかの糖分がそのままアルコール醗酵して、ワインになっていきます。つまりブドウ果汁そのものがワインの液体となっていくわけです。ワインとは、ブドウそのものだけで造られるお酒なんですね。

それに対して他の醸造酒——日本酒やビールは、よく「水が大事」って言いますが、もともとの原料（お米だったり麦だったり）に水を加えて造ります。お酒のなかで、ワインは「水を一切加えない」で造られます。なので、ブドウそのものが本来持っている力が、そのままワインの味となって表れてきます。

ブドウだけでどうやってワインができるのか？　ブドウの皮とか種はどうなっているのか、ということを考えながら見ていきましょう。

赤ワインと白ワインは色も味も違うわけですが、じゃあその違いはなぜ生まれるの？　じつは造り方の本質的な違いは次の1点だけです。それは、

皮と種を一緒に漬け込むか（↓赤ワイン）、漬け込まないか（↓白ワイン）だけ。

基本的に赤ワインは黒ブドウから、白ワインは白ブドウから造られます。

黒ブドウは、皮の色が紫。白ブドウは皮の色は白……というか、たいていマスカットのような薄いグリーン。赤ワインは黒ブドウの皮を漬け込むことによって赤色になります。ということは、皮を漬け込まなければ、黒ブドウから白ワインも造れるってことなんです。

ブドウを摘み、潰した果汁を醗酵させる

では赤ワインの造り方から見ていきましょう。

まずブドウを摘んできます。

ブドウの摘み方は、手摘みか、機械摘みか、２種類あります。収穫のあと、ベルトコンベアーでひと房ずつチェックして、状態の悪い房や粒をはじいていきます（選果）。選果することで、ワインの味は雑味がなくクリアなものになります。

機械摘みのほうが手間はかかりませんが、ただし粒が傷ついてしまいがちです。傷つくとそこからすぐに酸化が始まってしまうので、できたワインの味わいに悪い影響（えぐみなど）を与えてしまいます。

選果したら、まず梗（こう）の部分（☛）を取り除きます。[*1]

梗を取り除いたあと、ブドウを潰していき、赤ワインの場合はそのまま、皮と種が一緒になった状態で酵母を加え、醗酵させていきます。[*2] フランス語でフェルマンタシオン・アルコリック（Fermentation Alcoolique）、文字どおり「アルコール」「醗酵」です。

このとき主に種の部分から、赤ワインに必要なタンニン（渋みの成分）が、皮からはアントシアニン（赤い色の成分）が抽出されていきます。この種と皮を漬け込む工程を、「醸し（かもし）（マセラシオン）（Macération）」と呼びます。

醗酵の場面って、日本酒をイメージしていただくとわかりやすいと思うんですが、コポコポと泡が立ちますよね。糖分がアルコールに変わっていくとき、二酸化炭素（炭酸ガス）も一緒に出てくるんです。

すると、上がってくる二酸化炭素につられて、漬け込んでいる皮と種も表面に上がってきてしまいます。しっかり漬け込んで成分を抽出したいのに……。じゃあどうするかと言うと、下から液体を抜いて上から振り掛けて、皮と種が液体に浸っている状態にする、という作業を何回かやるんです。ルモンタージュ（Remontage）と言いますが、「醸し」の最中にルモンタージュをやることできれいに色素と渋みが抽出されていきます。

ちなみにブルゴーニュ（Bourgogne）地方では伝統的にこのルモンタージュを、機械でやらずに櫂（かい）や足を使って皮と種を底に沈める造り手さんもいらっしゃいま

＊1　あえて取り除かない生産者もいます。梗を含んで醗酵させたほうが、ワインのタンニン分・酸味などが増加する傾向にあるからです。

＊2　アルコール醗酵をさせるとき、酵母を加えるのが一般的ですが、皮に付着している天然酵母のみで自然醗酵させる生産者も一部にいます。

アルコール醗酵

ルモンタージュ

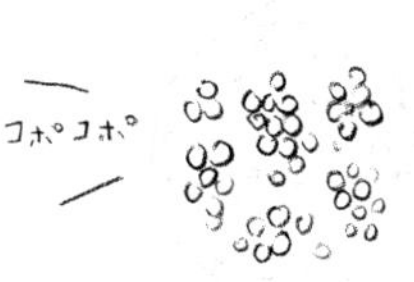

す。この人力の方法をピジャージュ（Pigeage）と言います。[*3]

いずれにせよ、搾ったブドウジュースに皮と種を漬け込みながら、コポコポとアルコール醗酵させていって、同時に成分の抽出をやっていきます。

で、ある程度成分が抽出できたなと思ったら、皮と種を取り除きます。これを「圧搾」、フランス語でプレシュラージュ（Pressurage）と言います。「圧搾する」といっても、いきなりギューッと搾ったら、皮と種の苦味がワインの液体にすごく付きそうですよね。なので、そういうやり方はしません。

イメージとしては、鰹のお出汁を取るときに、さらしで漉しますよね。鰹節だけ取り除いて下にきれいな透き通ったお出汁を出すみたいな、そういうイメージ。ワインも一緒で、余計なものだけを抜いて、下に、きれいな純粋なワインを落としていく。これをフリーランワイン（Free Run Wine）（自然に流れて出たワイン）と言います。搾らず、自然に重力で流れて溜まっただけのピュアな液体。

でもやっぱり、取り除いた皮と種にもまだけっこう液体が含まれていますので、もうちょっと搾ります。軽く搾ったものは、そのままフリーランワインに加えることもあれば、加えずに別の用途（ブレンドワイン用など）に使ったりします。

圧搾

フリーランワイン

＊3　一般的にルモンタージュよりピジャージュのほうが、ポリフェノールやアントシアニン類の抽出量が多いと言われています。なので、ボルドーのブドウ品種はパワフルなので「ルモンタージュ」、ブルゴーニュでは「ピジャージュ」が伝統的に行われています。

ピジャージュ

ワインをまろやかにするM.L.F.とは？

さて、アルコール醱酵も終えた。皮と種のエキスも十分まとわせた。皮と種も取り除いてピュアな液体になった——もうこれ、ワインですよね。

この状態のワインをどうするかと言うと、じつはもう一度醱酵させます。させるというか、放っておくと自然に醱酵していきます。この醱酵をマロラクティック・フェルマンタシオン(Malolactic Fermentation)、略してM.L.F.と言います。

まず、ブドウそのものが持っているリンゴ酸という酸があります。リンゴ酸が、ワイン中に含まれる乳酸菌（ブドウの皮の表面に付着していた）の働きによって、だんだん乳酸に変化していきます。リンゴ酸はその名のとおりリンゴに多く含まれる酸で、すっきりとした強い酸味を持ちますが、乳酸は酸味が柔らかい。そういうわけで、ワインの酸味が落ち着いてまろやかな味わいになっていくわけです。

このリンゴ酸が自然と乳酸に変わっていく働きのことを、マロラクティック醱酵、通称M.L.F.と言うんですね。あるいは、酸が減るので、減酸醱酵と言ったりもします。

M.L.F.を経ることで、ワインはまろやかになるし、複雑味や芳香成分が増えたりするんですが、でも生産者によってはあえてM.L.F.させずに、リンゴ酸のキリッとした酸のニュアンスを残したいという方もいらっしゃいます。

「M.L.F.をする」とは、要するにそのまま放っておくことなんですが（笑）、逆に「M.L.F.をしない」とはどういうことかというと、何らかの方法によってリンゴ酸が

〈M.L.F.〉

$COOH\text{-}CH_2\text{-}CHOH\text{-}COOH$（リンゴ酸）

↓

$CH_3\text{-}CHOH\text{-}COOH$（乳酸）$+CO_2$

酸味のもととなるCOOHがひとつ減るのがポイント！

乳酸に変わる働きを止めることです。基本的には温度を下げると菌の働きは弱くなるので、温度を下げたり、pHの問題だったり、M.L.F.が起こるいろんな条件があるので、それらを防ぐ。

M.L.F.してるかしてないかはそのワインを調べればわかることもあるので、このM.L.F.という言葉、ぜひ知っておいてください。

エルヴァージュ――樽が味わいを左右する

M.L.F.の次が、熟成。エルヴァージュ(Élevage)です。

ワインって樽で寝かせているイメージがあると思いますが、あれです。これまでお話ししてきた醗酵(アルコール醗酵からM.L.F.まで)は、造り手さんによって巨大な木の樽で行う場合や、ステンレスタンク、セメントタンクで行う場合などがあって、どれを選ぶかは造り手さんの好みでした。ところが、このエルヴァージュ(熟成)では、赤ワインは基本的に木の樽で熟成させることが多いです。*

樽はワインの味に大きな影響を与えます。

樽のなかでしばらく寝かせる(熟成させる)わけですが、どんな樽をどう使うかは造り手さん次第なんですね。新樽と古樽のどちらを使うのか、古樽といっても他のワインを入れて「1年」寝かせたあとの古樽なのか、「2年」の古樽なのか、「3年」の古樽なのか……。いや、新樽だけを使うのか?それとも新樽だけだと樽の香りが付きすぎ

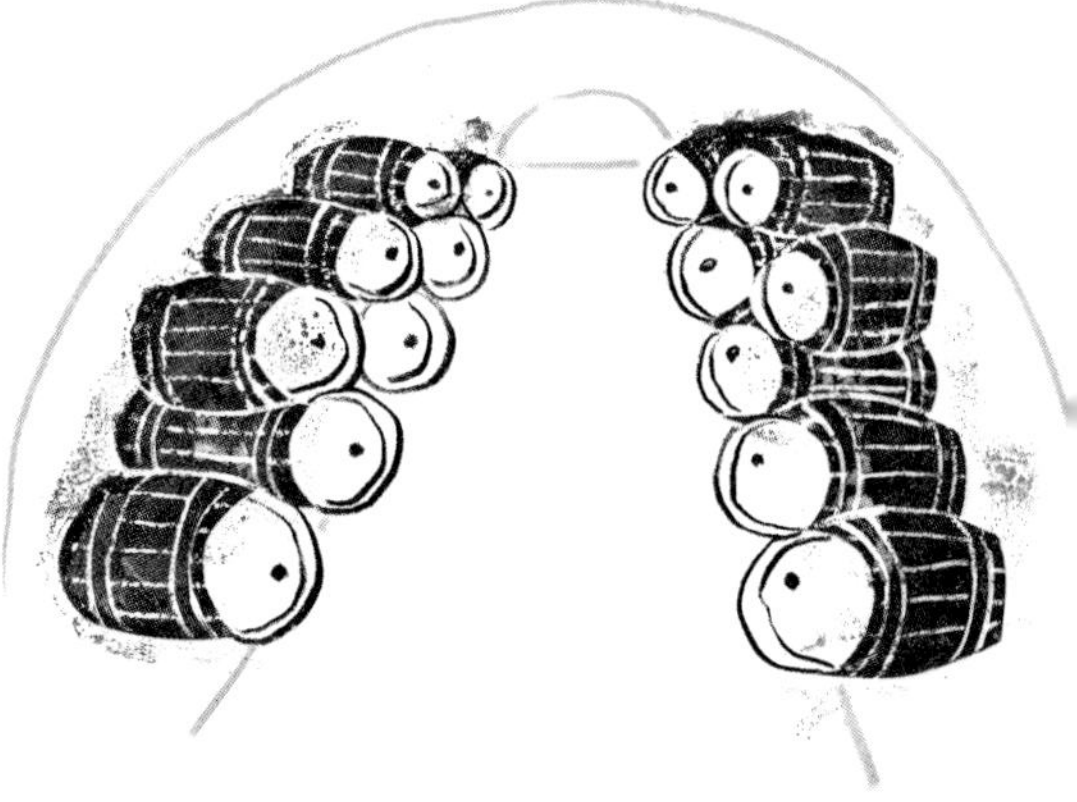

* エルヴァージュは1、2年くらいまでで、そのあとは瓶に移して、そこからまた寝かせていきます。

ると言って、新樽で熟成させたものと古樽で熟成させたものを後でミックスする人もいたり……目指すワインの味によってやり方は様々です。

樽はオークの木で作られる場合が多いのですが、硬いオーク材を樽の形に成形するために、内側になる部分を焼いて湾曲させます。そのときどう焦がすかによって、ワインの香りに大きく影響が出てきます。

軽(かる)ーく焦がしただけ（ライトロースト）だと軽いヴァニラのような香り。中間くらいの焦がし方（ミディアムロースト）になると、ちょっとスパイシーだったり、ココアやチョコレートの香りとかも出てくるし、強く焦がすと（ヘビーロースト）、ローストしたコーヒーやスパイスなどの香ばしい香りがばっちり出るんですが、その分エレガントさが少なくなってくる……。

どんな樽を選ぶかも造り手さんによりけりなんです。飲んでみたときに、「うわーこれ、めちゃくちゃ樽樽(たるたる)してる」と思ったら新樽の可能性が高いし、古樽だとあまり樽のニュアンスが感じられないから、ひょっとしたらこれ、「ステンレスタンク熟成かな」って悩むような……樽の使い方でワインの味わいが変わってくるんですね。

あとは、どこ産の樽かによっても風味が変わってきます。フランスでは、リムーザン(Limousin)産やブルゴーニュ(Bourgogne)産が高品質な樽のひとつで、ワインに非常に繊細で上品な樽香がつくと言われます。一方、アメリカ産はワインにヴァニラやココナッツの甘い香りがしっかり付くのが特徴です。アメリカンオークはアメリカ以外だとスペインでも人気で、濃いテンプラニーリョ(Tempranillo)やガルナッチャ(Garnacha)と相性がいいので、よく使われています。

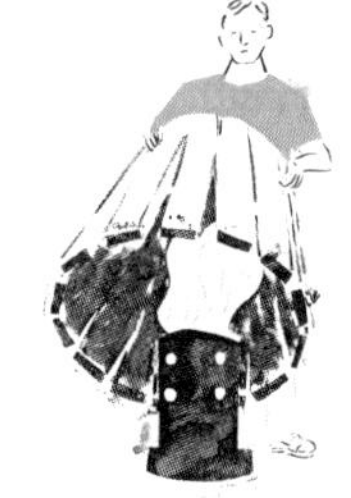

〈樽のローストにより抽出される主な香り〉

- Light roast　：軽いヴァニラ香
- Medium roast　：スパイス、ヴァニラ、ココア、チョコレートなど
- Heavy roast　：煙、コーヒー、カラメルなど

イタリアでは伝統的にクロアチアのスラヴォニア(Slavonija)産の大樽を使いますし、フランスの方たちもフレンチオークだけにこだわるのではなく、木の品種や産地、乾燥方法、ロースト方法も含め、使い方をいろいろトライされているみたいです。

澱引きと清澄と濾過

エルヴァージュ(Élevage)を終えたあと、澱引き(おり)をします。澱とは、働きを終えた酵母の死骸が集まったようなものですが、それを取り除きます。ただ、澱からのうまみもあるという考え方もあるので、造り手さんによっては澱を残したままにする方もいます(澱のうまみについては、後ほど、白ワインの造り方のところでお話しします)。

澱引きの次は、清澄。ワインの透明度をさらに上げるための工程で、面白いことに、清澄剤に卵の白身を使ったりもします。コンソメスープを作るときにも使いますよね。スープの灰汁(あく)を取るとき、白身を入れて混ぜると、そこに細かい固形物が集まってくれるんですね。そして澄んだきれいなスープになる。ワインも同じように澱(細かな固形物)を取り除いていきます。他にはゼラチンを入れたり、鉱物(ベントナイトなど)を入れたりして、清澄させていきます。

で、最後に濾過して、瓶詰め。

これがスタンダードな赤ワインの造り方で、そこに造り手さんによって、いろいろ細かいテクニックが入ってきたりするんですね。

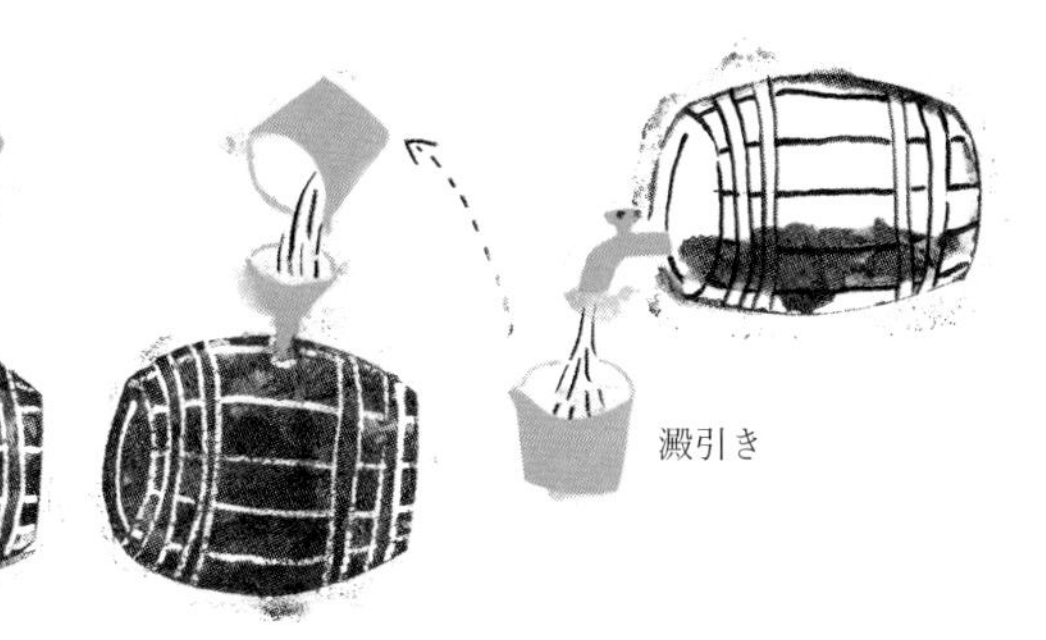

皮と種を漬け込まない——白ワインの造り方

では次に白ワインの造り方です。

赤ワインは、皮と種を漬け込みながらアルコール醗酵させましたが、白ワインは、ブドウを潰したあと、

皮と種を取り除き、果汁のみをアルコール醗酵させる。

これが特徴です。先に圧搾して、その後アルコール醗酵させます。なので赤ワインで行われる「醸し」が白ワインには基本的に必要ありません。*

白ワインは、白ブドウから造られますが、黒ブドウからも造ることができるんですね。黒ブドウの皮の色と種の渋みを付けなければ、白ワインになります……よく見るとほんのりと薄いロゼ色になっているものもありますが。

細かい話になるんですが、アルコール醗酵させる前——搾ったブドウジュースに酵母を加える前に——果汁を半日くらい静置することで不純物を沈殿させて、上澄みだけを使う（デブルバージュ〔Débourbage〕する）生産者も多いです。

皮と種を取り除いた白ブドウのクリアな果汁に、酵母を加えてアルコール醗酵させていき、その後、マロラクティック醗酵〔Malolactic Fermentation〕（M.L.F.）によって味をまろやかにして——あるいはM.L.F.せずに酸を立たせて——そして樽やタンクで熟成。ここは赤ワインと

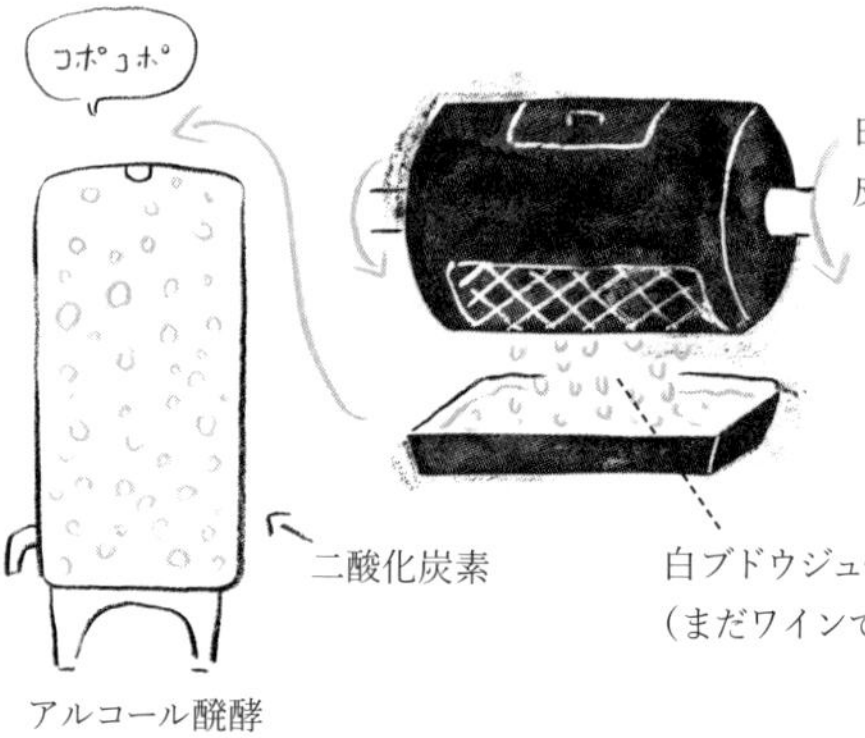

白ブドウを搾り、皮と種を取り除く

コポコポ

二酸化炭素

白ブドウジュース（まだワインではない）

アルコール醗酵

＊ ただし、白ワインでも、アルコール醗酵前に皮と種を一緒に漬け込むスキンコンタクトなどの方法もあります。また、皮と種を漬け込みながらアルコール醗酵させてオレンジワインを造ることもあります。

一緒です。白ワインの場合、寝かせるのは長くても1年くらい。

ワインは木樽で熟成させている間に、少しずつ蒸発して目減りするんですが、この減った分を「天使の分け前」って言います。天使が飲んじゃったってエスプリが利いてますよね。で、減ってしまった分は別に取っておいた補充する用のワインを足して樽を満たすのですが、白ワインの場合はそれと同時にじつはこういうこともします。

白ワインは皮と種の成分を抽出していないので、基本的にあっさりしているんですね。なので、もうちょっとコクがほしいかも……と思う生産者は、この熟成期間中に樽やタンクの底に溜まった澱をあえてかき混ぜて、澱のうまみを抽出する作業をやります。これをバトナージュ（Bâtonnage）と言います。白ワイン独特の作業のひとつです。

そのあとは赤ワインと同じように澱引きして、清澄して、濾過して、瓶詰めしていくんですが、澱引きの前に、「いや、まだもうちょっとうまみがほしいな」という場合は、そのままさらに寝かせます。基本的には余分な澱臭がついたり酒質が劣化するのを防ぐため、澱引きをするんですが、いいコンディションの澱の場合は、澱と一緒に寝かせることでワインにいい影響を与えるんです。それをフランス語でシュル・リー（Sur Lie）（澱の上）と言います。

この言葉、皆さんが今後ワインを飲まれるときによく出てきますので、ぜひ知っておいてください。

たとえば日本で「甲州」というブドウ品種がありますが——白ブドウ品種で、山梨県在来の品種です——この甲州は、ブドウ本来が持っている香りや味わいの特性が強くない。そういうブドウ品種は、他にはフランスのロワール（Loire）地方で栽培されるミュスカ（Muscadet）

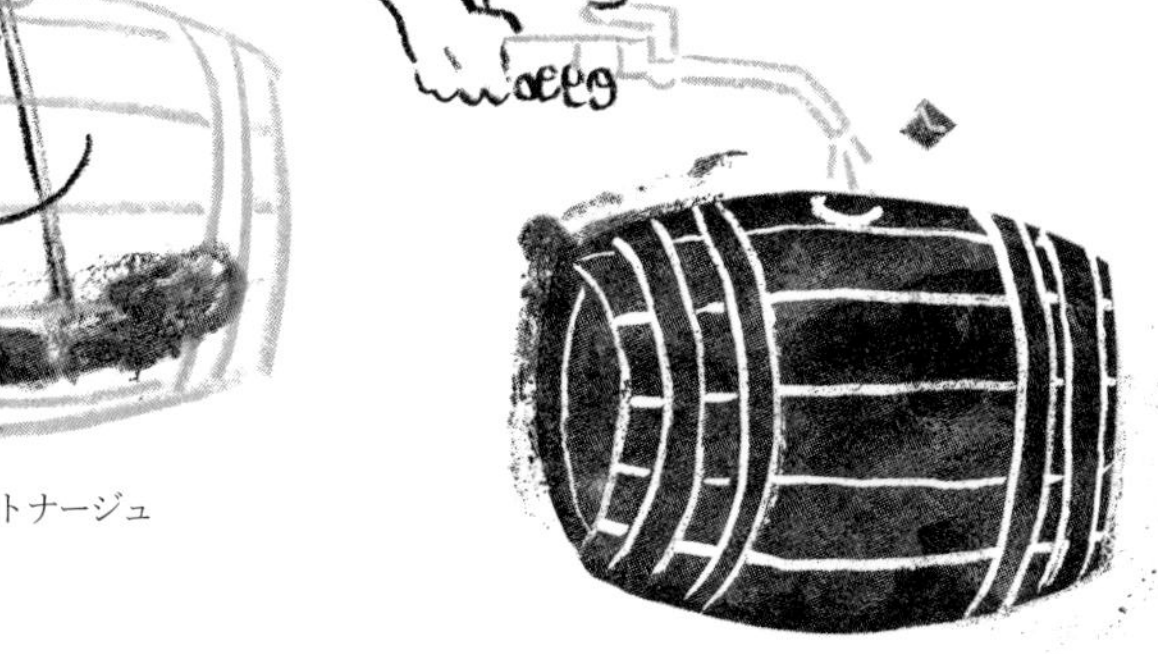

バトナージュ

デなどが挙げられるんですが、これらのブドウには、澱のニュアンスを強く与えてあげたほうが、ワイン自体がおいしくなるんです。ということで、シュル・リーしている場合が多い。

ワイン屋さんに行ったときに、ラベルに「甲州シュル・リー」とあって、そのままワインの銘柄になっていたりします。「シュル・リーって何なんだろう?」と思ったら、「澱の上」、つまり澱と一緒に寝かせて、澱のうまみを付けたものだよ、と思ってください。

じゃあ澱のうまみって何? といったら、澱に含まれる酵母が自己分解してアミノ酸になることでうまみ成分が増えるので、ワインのボディに厚みが出るってことなんですね。あとは、ワインを瓶詰めまで醱酵タンクから動かさないので、空気接触が少なくてすむ。そうするとワインが酸化せず、醱酵過程で生成した香り成分(第二アロマ)も逃げないので、フレッシュでフルーティな香りのワインになるんです。[*1] これがシュル・リーされた白ワインの特徴です。赤ワインでは行わない、ちょっと面白い方法ですね。

黒ブドウの色をまとわせる——ロゼワインの造り方

では次にロゼワイン、どうやって造ると思いますか?

ヨーロッパでは、赤ワインと白ワインを混ぜてロゼワインにすることは禁止されています。じゃあどうするかというと、赤ワインと同じように、まず黒ブドウを潰して、しばらく皮と種と一緒に漬け込みます。そして、いいロゼ色になったところで上げて

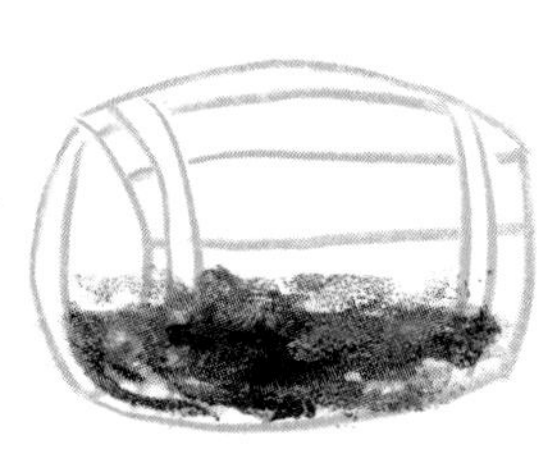

シュル・リー

*1 通常はアルコール醱酵後、タンクの下部に澱が溜まってくるとすぐに、タンクからワインの上澄みを抜き取り、別の貯蔵タンクに移し替えます。この作業を瓶詰めまでに数回行う際の空気接触により、醸造中に生成された香り成分が抜けていきます。

——皮と種を分離して——あとは白ワインと同じようにして造っていく。これがロゼワインの一番代表的な造り方です。これをセニエ法[*2]といいます。

セニエ法は原料が黒ブドウだけだったのに対して、潰す前の黒ブドウと白ブドウ両方をブレンドして、それから潰して……というやり方が混醸法です[*3]。

あと、直接圧搾法というやり方もあって、それはセニエ法や混醸法みたいに漬け込むことをせず(醸しを一切せず)、単に潰しただけ……黒ブドウをじわじわと潰したときにちょっとだけロゼ色になるので、すごく色の淡いロゼワインができあがります。

あとはブレンド法——白ワインと赤ワインを混ぜる方法ですが、ヨーロッパではスパークリングワインを除き禁止されています。

以上が一般的なワインの造り方の概略です。

なんだかワインが飲みたくなってきましたね(笑)。

ワインを造っている10の地方

ここからはフランスワインについてお話ししていこうと思いますが、その前に少しだけ、フランスの各地方について大まかに説明しておきたいと思います。日本における「関東地方」とか「中部地方」みたいに、フランスもいくつかの「地方」に分かれているんですね。それぞれ気候も土壌も違うため、栽培されているブドウ品種も違って、ワインの味わいも地方ごとに特色が出てきます。まずフランス全土の地図を見てください。フランスのワインの生産地は、大きく10の「地方」に分かれています。

*2 フランス語で「瀉血(しゃけつ)=血抜き」という意味です。
*3 この方法で造られる代表的なロゼワインに、ドイツのロートリングがあります。

一番北、フランスのブドウ栽培の北限がシャンパーニュ(Champagne)地方②です。ちなみにこの地図は、各地方のなかの、ブドウ畑のある区画のみ(＋蒸留酒の産地である①、⑦、⑩)を印しています。

④がナント(Nantes)市からロワール(Loire)河沿いに広がるロワール渓谷(Val de Loire)地方。ロワール河がフランスのちょうど中央部から流れてきていますね。

ロワール河からもうちょっと東にいったエリア⑤、これが有名なブルゴーニュ(Bourgogne)地方です。左上にちょっと離れてあるのが、皆さんよくご存じのシャブリ(Chablis)地区(☞)です。ブルゴーニュ地方でありながら、ちょっと離れています。

ドイツとの国境沿いがアルザス(Alsace)地方③。栽培されるブドウ品種は、ほぼドイツと一緒です。

そこから下って、スイスとの国境沿いの⑥が、ジュラ-サヴォワ(Jura-Savoie)地方。ブドウ品種はスイスと似ています……というようにヨーロッパは地続きなので、たとえ国境があっても土壌と気候が似ていれば、違う国で同じ品種が栽培されているんですね。

ブルゴーニュから真っすぐ下ったところがローヌ渓谷地方(Vallée du Rhône)⑫です。ローヌのブドウ畑は北部と南部にきれいに分かれていて、代表的な品種も北部ではシラー(Syrah)、南部ではグルナッシュ(Grenache)、とワインの味わいがはっきり変わってくる。それがローヌの面白さです。

さらに南に下ってマルセイユ(Marseille)を中心にプロヴァンス(Provence)地方⑬が広

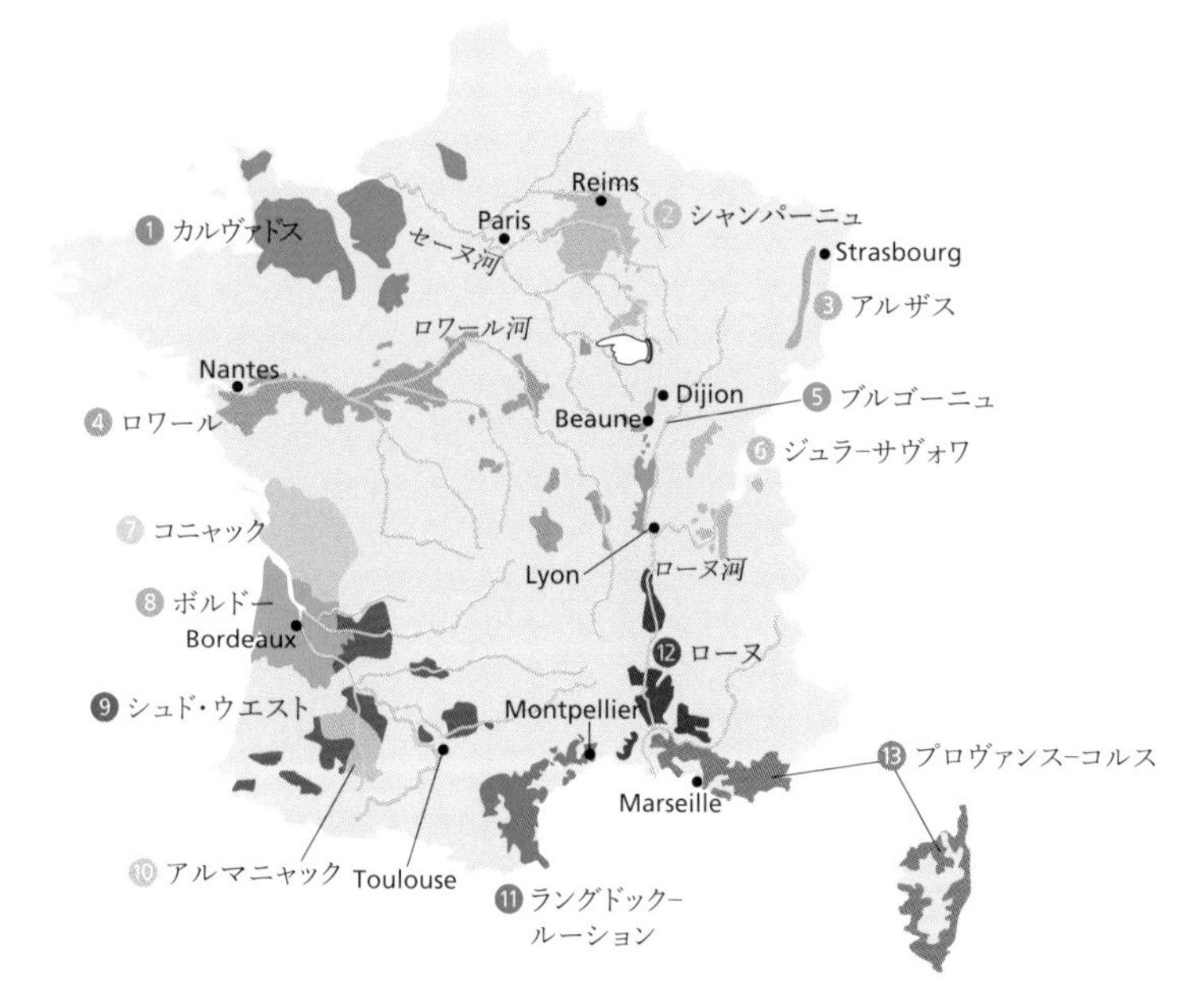

がっています。地中海に浮かんでいる島がコルス島(Corse)（一般的にはイタリア語でコルシカ島）。そして、そのコルス島のすぐ下には、イタリアのサルデーニャ島(Sardegna)があり、ご想像どおり、コルスとサルデーニャではブドウ品種が似ています。

ロワール地方の南、大西洋に面して広がっているのが、ボルドー地方(Bordeaux)です⑧。

フランスにおいて、このボルドーとブルゴーニュがワインの二大産地と言われています。代表的なブドウ品種は、ブルゴーニュがシャルドネ(Chardonnay)（白）とピノ・ノワール(Pinot Noir)（黒）であるのに対して、ボルドーは――赤のイメージが強いと思いますが、実際赤ワインのほうが多く生産されていまして――カベルネ・ソーヴィニョン(Cabernet Sauvignon)（黒）とメルロ(Merlot)（黒）。これが二大品種となっています。もちろんおいしい白ワインも生産されていて、白ブドウの代表品種がソーヴィニョン（・ブラン）(Sauvignon (Blanc))。あとは、セミヨン(Sémillon)、これは「ソーテルヌ(Sauternes)」の主要品種です。皆さん、「ソーテルヌ」って聞いたことありますか？ 貴腐ワインという高級甘口ワインとして有名ですが、世界三大貴腐ワインのひとつなんです*。その「ソーテルヌ」が造られる「ソーテルヌ村」があるのもこのボルドーです。

ボルドー地方からさらに南に行って、⑨がフランス語でシュド・ウエスト(Sud-Ouest)、日本語で「南西地方」。あまり聞いたことないかもしれませんが、マルベック(Malbec)という黒ブドウで造られる「カオール(Cahors)」という代表的な赤ワインがあります。色がめちゃくちゃ濃いので、別名「黒ワイン」とも呼ばれています。

シュド・ウエストとプロヴァンス-コルスのあいだに位置するのが、ラングドック-ルーション(Languedoc-Roussillon)地方⑪で、ここは、フランス全土におけるテーブルワインの約半分を生産しているという、日常消費型ワイン最大の産地です。

＊ フランスのソーテルヌ(Sauternes)、ドイツのトロッケンベーレンアウスレーゼ(Trockenbeerenauslese)、ハンガリーのトカイ・アスー(Tokaji Aszú)を「世界三大貴腐ワイン」と言います。それぞれブドウ品種は異なります。

以上がフランス全土におけるワイン生産地で、❶、❼、❿を抜かしましたが、これらはじつはワイン生産地ではないんですね。❶はカルヴァドス（Calvados）――リンゴで造る蒸留酒ですね――の一大産地です。ブドウで造る蒸留酒、「ブランデー」ですね。ボルドーを挟んで上下の関係になっています。この2つは世界を代表する「ブランデー」の産地なんです。残り2つはコニャック（Cognac）❼とアルマニャック（Armagnac）❿の生産地です。

ということで、ワイン生産地としては大きく10に分かれていることと、カルヴァドス、コニャック、アルマニャック地方の位置も知っておいていただければと思います。

ちなみにフランスの行政区画をざっくりと言うと、各地方／州（18）のなかにいくつかの「県」があるんですが、「県（約100）」のなかにまた複数の「コミューン（約3万6600）」があって、日本と違い「市町村」の区別がなく、すべて「コミューン」という単位になっています。日本語では便宜上、大きなコミューンを「市」、小さなコミューンを「村」と訳する場合が多いです。ここだけ注意しておいてください。

ブドウと気候は相関している！

各地方で作られるブドウ品種が違うのは、もちろん気候と土壌が違うからです。それぞれの風土に適したブドウが栽培されています。

フランスってじつは緯度が高くて（北緯42〜51度）、日本でいうと北海道から樺太くらいの高い位置にあるのに、どうしてこんなにいいブドウが育つのか？　といったら、地中海や大西洋からの暖流の影響を受けて、全体的に温暖かつ多様な気候となってい

るからです。気候は、基本的に4つに大別されます。
気候を踏まえて、先ほどの10の地区を見てみると、たとえばロワール（Loire）河の上流のあたりで作られるブドウ品種と、シャンパーニュ（Champagne）、ブルゴーニュ（Bourgogne）で作られるブドウ品種は、ある程度似てくるんじゃないか、と予想できます。あと、ロワール河下流とボルドー（Bordeaux）も同じような品種が作られていたり……気候と栽培されるブドウ品種は相関しているんですね。

ちなみにブドウ品種って、いったいどのくらいあるの？　といえば、ピノ・ノワール（Pinot Noir）、カベルネ・ソーヴィニヨン（Cabernet Sauvignon）などのヨーロッパ系ワイン用ブドウ品種は、ヴィティス・ヴィニフェラ（Vitis Vinifera）系（「ワインを造るブドウ」という意味）と言われていて、世界に約５０００品種あります（☛）。

属種	特徴
Vitis Vinifera ヴィティス・ヴィニフェラ	欧・中東系種、約５０００品種ある 世界的にワイン用として利用される
Vitis Labrusca ヴィティス・ラブルスカ	北米系種、大半は生食、ジュース用として利用される
Vitis Amurensis ヴィティス・アムレンシス	アジア系種、東アジアを中心に自生する

〈大陸性気候〉
冬は寒くて、夏は暑く、雨は少なめ

〈高山性／山地気候〉
冬は厳冬で、夏は短く、天候の変化が大きい

〈海洋性気候〉
冬は温和で、夏は比較的涼しく、湿度高め、雨はやや多め

〈地中海性気候〉
冬は温和で、夏は暑く、一年中日照量が多いため乾燥している

Reims
Paris
Strasbourg
Nantes
Dijion
Beaune
Lyon
Bordeaux
Montpellier
Marseille
Toulouse

すごいですよね。じゃあこの5000品種のなかで、「フランスワインを造る品種」といえば、100種以上です。もちろん、これらすべての品種を覚える必要はありません。全種類を飲む機会もありませんし……。そのなかで普段よく目にする品種をちょっと見ていきたいと思います。

フランスの白ブドウ――シャルドネ、ソーヴィニョン・ブラン、ミュスカデ

白ブドウで一番作られている品種は、ユニ・ブラン（Ugni Blanc）です。残念ながらこれは、白ワインとしてお目にかかることはあまりありません。何に使われているかといったら、コニャック（Cognac）、アルマニャック（Armagnac）の原料となるワインを造るためのものなんですね。もちろんユニ・ブランを原料とした白ワインがないわけではないんですが、日本ではほぼ見かけません。

皆さんにとって、やっぱりフランスの白ブドウといえば、シャルドネ（Chardonnay）のイメージが強いと思いますが、実際シャルドネは2番目に多く作られています（☛）。

その次がソーヴィニヨン（Sauvignon Blanc）(・ブラン)。ボルドー（Bordeaux）やロワール（Loire）で主に栽培されています。4位のコロンバール（Colombard）、こちらも1位のユニ・ブラン同様、主にコニャック、アルマニャックの原料となるのであまり知られていない品種です。5位はシュナン（Chenin Blanc）(・ブラン)、こちらはロワール原産の品種ですが、現在では南アフリカでもっとも多く栽培されている品種なんです！

〈白ブドウ〉

品種名	栽培面積（ha）	主な栽培地	
ユニ・ブラン ☞＝サン・テミリオン（・デ・シャラント）	92,514	⑦コニャック ⑧ボルドー	⑨シュド・ウエスト ⑬プロヴァンス
☛シャルドネ ☞＝オーベーヌ＝ムロン・ダルボワ	54,048	⑤ブルゴーニュ ⑥ジュラ-サヴォワ	②シャンパーニュ ④ロワール
ソーヴィニョン（・ブラン） ☞＝ブラン・フュメ	31,773	⑧ボルドー ④ロワール	⑨シュド・ウエスト
コロンバール	11,500	⑦コニャック	⑨シュド・ウエスト
シュナン（・ブラン） ☞＝ピノー・ド・ラ・ロワール	10,362	④ロワール	

また欄外ではありますが、先ほどシュル・リー(Sur Lie)のところで日本の「甲州」と共にお話したミュスカデ(Muscadet)は6位で、ロワール河の下流で作られています。日本でも人気のあるリースリング(Riesling)は意外にも、白ブドウのなかでトップ10に入っていません。

ちなみにイコール(☞)って書いてますが、これは別名です。フランス語で「シノニム」と言いますが、たとえばお魚で例えると、東京で「クエ」と言われる高級魚は、九州では「アラ」と言われるように、地方によって呼び名が違ったりしますよね。それと一緒で、シャルドネのことを「ムロン・ダルボワ(Melon d'Arbois)」と言ったり、ミュスカデのことを「ムロン(メロン)・ド・ブルゴーニュ(Melon de Bourgogne)」と言ったりするんですね。

なぜミュスカデの別名が「ブルゴーニュのメロン」かといえば、いろいろ説があるんですが、一説によるとブルゴーニュで作られるブドウ品種(つまりシャルドネ)に、ちょっとメロンの香りが付いたようなニュアンスがあるから……らしいです。そういわれるとそんな気も……。

ところがこのシャルドネとミュスカデは、ＤＮＡ鑑定によって、なんと兄弟だということがわかりました。今やブドウもＤＮＡ鑑定される時代なんですね(笑)。両親がピノ・ノワール(Pinot Noir)(黒ブドウ)とグエ・ブラン(Gouais Blanc)といわれる白ブドウなのですが、このグエ・ブラン、現在フランスでは栽培されていないようです。ピノ・ノワールとグエ・ブランの自然交配によりできたのが、シャルドネ、ミュスカデなど(他にも兄弟はいます)。なので、ミュスカデが「ブルゴーニュ(シャルドネ)のメロン」という別名も、なるほどという感じです。

フランスの黒ブドウ――メルロ、グルナッシュ、シラー

次に黒ブドウを見てみましょう。

一番栽培されているのは、メルロ(Merlot)です。イメージ的にはカベルネ・ソーヴィニヨン(Cabernet Sauvignon)って思われるかもしれないんですが、メルロが圧倒的です。

次がグルナッシュ(Grenache)。先ほどお話ししたように、ローヌ(Rhône)地方南部の代表的なブドウ品種で、このローヌ南部と、地中海沿岸のラングドック-ルーション(Languedoc-Roussillon)地方の一帯でどれだけ大量に生産されているかってことがよくわかりますよね。

3位がシラー(Syrah)。ローヌ（特に北部）と、プロヴァンス(Provence)、ラングドック-ルーションで多く作られています。4位がカベルネ・ソーヴィニヨン。ボルドー(Bordeaux)、シュド・ウエスト(Sud-Ouest)（南西地方）、ロワール(Loire)といった大西洋側で主に栽培されています。

5番目がピノ・ノワール(Pinot Noir)。ブルゴーニュ(Bourgogne)原産の品種で、フランスの北部を中心に栽培されています。

ここで、白ブドウと黒ブドウの栽培面積を見ていきましょう。全ブドウ栽培面積順で考えると、これら10品種のうち白ブドウ5品種は2位、5位、8~10位で、全体的に黒ブドウの方が上位を占めています。なので、フランスでは黒ブドウ（赤ワイン）の生産量のほうが多い、ということがわかります。

フランスは、ワイン生産量で常にイタリアと1位、2位を争っている、まさにワイン大国です。イタリアとフランスだけで、世界の年間ワイン生産量の約1／3を占め

〈黒ブドウ〉

品種名	栽培面積(ha)	主な栽培地
メルロ	114,785	⑧ボルドー　⑨シュド・ウエスト
グルナッシュ	84,745	⑫ローヌ南部　⑪ラングドック-ルーション
シラー＝セリーヌ	67,040	⑫ローヌ　⑬プロヴァンス　⑪ラングドック-ルーション
カベルネ・ソーヴィニヨン	46,971	⑧ボルドー　⑨シュド・ウエスト　④ロワール　⑬プロヴァンス
ピノ・ノワール	32,778	⑤ブルゴーニュ　③アルザス　⑥ジュラ　④ロワール　②シャンパーニュ

ているんですね。日本は世界中からワインを輸入していますが、現在、（2ℓ以下の容器では）金額的にも数量的にも、もっとも多く輸入しているのがフランスワインなんです。なので、私たちにとってかなり身近で、飲む機会も多いのがフランスワインといえます。

また、世界中で栽培されているブドウ品種――いわゆる国際品種で代表的なものに、シャルドネ（Chardonnay）、ソーヴィニヨン（・ブラン）（Souvignon Blanc）、ピノ・ノワール、カベルネ・ソーヴィニヨンなどが挙げられますが――は、フランス原産のものがかなり多いんです。フランスワインは世界のワインの縮図である、ともいわれていますが、それは国際品種のほとんどがフランス原産である、ということからも理解できますね！

フランスワインの品質とブランドを確立したA.O.C.法

ワインの歴史をちょっとだけお話ししましょう。

年表（P40）を見てください（☚）。

ワイン造りは紀元前――なんと今から8000年前ぐらい――から始まり、その後いろんな事件や宗教、政治に大きく影響されてきました。

民族大移動みたいなことがあれば、畑が潰されてワイン造りは衰退してしまうし、逆に国を立ち上げよう、というときには、キリスト教の布教と共にワイン造りも奨励されたり、ヨーロッパの歴史と常に密接な関係にあります。フランス革命があったら停滞するし、産業革命が起これば、ふたたび活発に造られ始めたり……。

で、最終的にフランスでは、〈ワインを保護する法律〉が1935年にできます(☜)。

なぜかというと、第一次世界大戦に続き1929年から世界恐慌が起こるわけですが、そういうときって偽物ワインとかがいっぱい出回るんですね。たとえばラベルに「ブルゴーニュ(Bourgogne)」って書いてあるのに、ブルゴーニュで造られてないような偽物がいっぱい出てきた……。ちゃんとその原産地でワインを造っている人にとっては大迷惑なので、彼らを守るための法律がきちんと整備されることになりました。これが、いわゆるA.O.C.法——原産地統制呼称法です。フランス語でアペラシオン・ド(ォ)リジーヌ・コントローレ(Appellation d'Origine Contrôlée)。

これができる前も、国によっては自分たちのワインを守るためにちょっとした法律を作ったりしてたんですが、きちんとした制度としてヨーロッパで初めて整備されたのが、フランスのA.O.C.法です。「ある産地」を名乗るためには、ブドウ品種、栽培法、醸造法などが厳しく決められていて、それを守ったものだけが、「その産地」を名乗ることができる。

2009年に新ワイン法に変わっているんですが、基本的には

フランスワインの歴史

BC6C頃	古代ギリシャ人が南フランスにブドウ栽培を伝える
~4C	フランス各地でブドウ栽培開始
中世	カール大帝(シャルルマーニュ)がキリスト教を奨励、教会・修道院を中心にワイン生産が発展
12C	フランスからイギリス、北欧、ドイツなどへワインが輸出される
18C後半	ボルドーやブルゴーニュで貴族や豪商、教会などによる高品質ワインの生産開始
1789年	フランス革命により一時ワイン生産の勢いが停滞
19C~	産業革命による経済発展。ワイン生産が再び盛んに
1855年	パリ万博開催を機に、ボルドーにて「格付け」が始まる
19C後半	ブドウの病気が3度蔓延
20C~	第一次大戦や世界大恐慌などにより虚偽ワインが横行
1935年	フランスワイン法であるA.O.C.法が制定 ☜

1935年にできたA.O.C.法が踏襲されています。

A.O.C.法によってすべてのワインは大きく3つに分かれます（☛）。

2009年のヴィンテージから、新ワイン法の表記になっていますので、今売られているワインは、A.O.P.とA.O.C.とが混在してますが、いずれにせよこのピラミッド（階層構造）の一番上のカテゴリー（「A.O.C.」ないし「A.O.P.」）のワインが格付け的にもっともいいワイン、安心の「ブランド」となっています。

次にI.G.P.（Indication Géographique Protégée）ですが、A.O.P.の「原産地」に対して、「地理（Géographique）」ということで、地酒レベルだと思ってください。一番下のVin（ヴァン）（de France（ド・フランス））——フランス語で「ヴァン」とは「ワイン」のことですが——これが旧ワイン法におけるヴァン・ド・ターブル（Vin de Table）（テーブルワイン）、日常のテーブルワインレベル。

現在のワイン法では、ヨーロッパのワインはすべてこの3つのカテゴリーに分けられていて、ワインのラベルに、「どのランクのワインか」が必ず表示されています。

なのでA.O.C.やA.O.P.だったら安心できるなとか、お得なワインをガブ飲みしたいなと思ったらVinとか。もしくは地酒レベルのワイン（I.G.P.）にしようとか、大まかに品質を判断することができます。

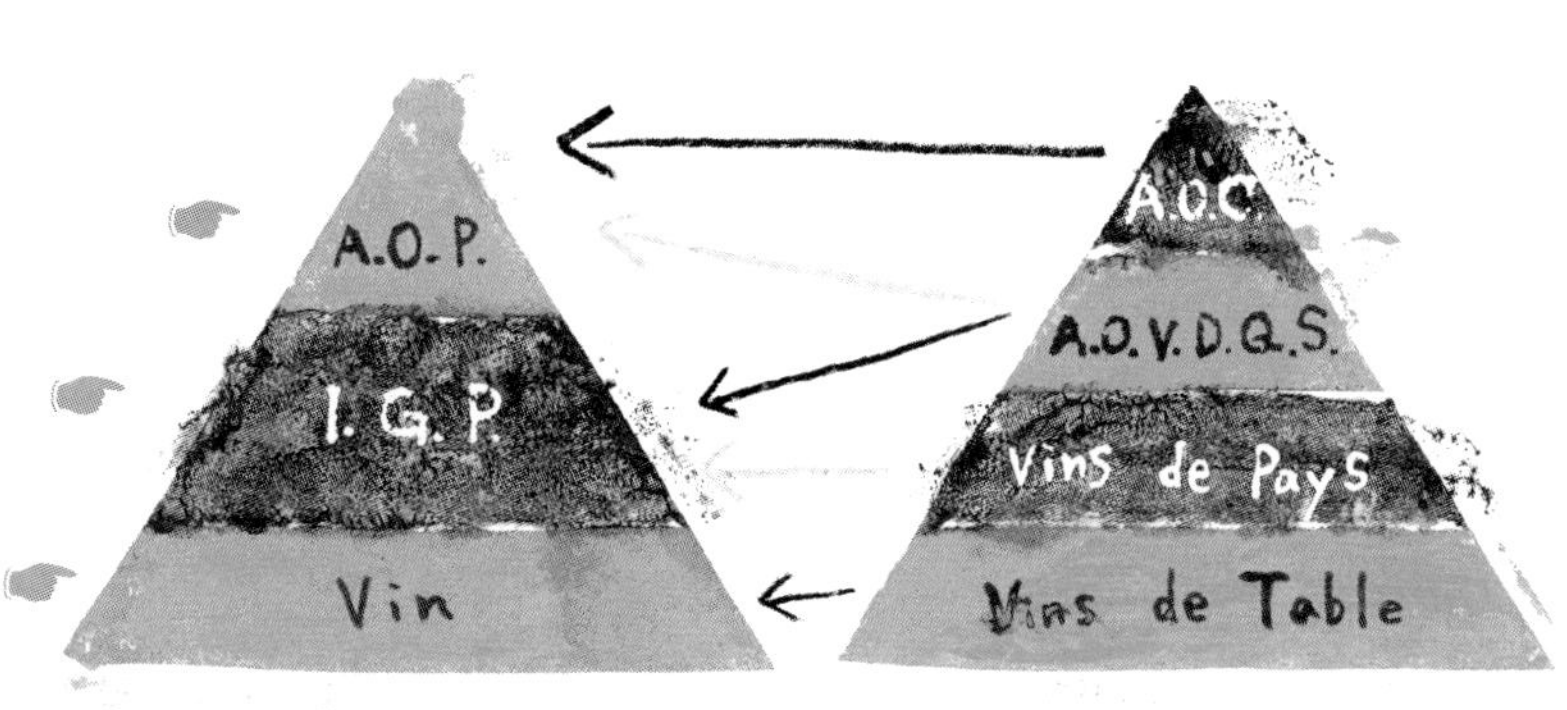

〈新ワイン法〉　〈旧ワイン法〉

ラベルがわかれば、ワイン選びが楽しくなる

ではここでちょっと、その表示について……ワインのラベルの読み方を簡単に見てみましょう。フランスワインは特にそうなんですが、ヨーロッパのEUワイン法*で統制されているワインは、ラベルを読めば「そのワインが何か」がわかるようになっています。たとえばこちらのラベル(☛)。

ヴィンテージ(収穫年)⑦が書いてありますね。

ラベルのなかには、ヴィンテージが書いてないものもあります。A.O.P.、I.G.P.レベルのものは書かなければいけない、というわけではなく任意なんですが、基本的には書いてある。ただしVinは、旧ワイン法では、「ヴィンテージは書いちゃダメだよ」となっていたんですが、現在の新ワイン法においては、「書いてもいいよ」となっています。なので基本的に、ヴィンテージがちゃんとわかるワインに関しては、ほとんどの生産者が書いています。

まず最初に見るのが①、APPELLATION CONTRÔLÉE(アペラシオン・コントローレ)とありますね。これで先ほどの品質のランクがわかります。このワインはA.O.C.のワインです。

☛

＊　フランスワイン法に基づき、2009年ヴィンテージから適用のEU共通のワイン法が作られました。

ラベルに、「APPELLATION ○○（なんとか） CONTRÔLÉE」のように書かれている場合は、それがA.O.C.のワインだとわかります。アペラシオン（APPELLATION）とコントローレ（CONTRÔLÉE）を前に持ってきて、「A.C.○○（なんとか）」――このラベルでは「A.C.シャサーニュ・モンラッシェ（Chassagne-Montrachet）」。これから「A.C.なんとか」と何度も出てきますが、それはこの①の部分のことをいっています。

次に②、CHASSAGNE-MONTRACHET（シャサーニュ・モンラッシェ）と書いてありますが、これが「原産地」です。原産地の下に「Premier Cru（プルミエ・クリュ）」の「Les Caillerets（レ・カイユレ）」とあって、「レ・カイユレ」という名前の「1級畑（プルミエ・クリュ）」のブドウで造られたワインですよ、とわかるんですが、このあたりの「格付け」については、次回以降詳しくお話ししていこうと思います。

ラベルの他の部分をざっと解説しますと、
③が、生産者の名前、ドメーヌ・ラモネ（Domaine Ramonet）。
④は、生産者（瓶詰め元）の所在地。
⑤はボトルの容量。これは必ず書かなきゃいけない。
⑥はアルコール度数。これも表示義務あり。
⑦は、先ほど言ったヴィンテージ。これは任意でいい。
⑧は、「このドメーヌで瓶詰めしたよ」というマーク。これも表示義務あり。
☆印は、「妊娠中の飲酒は少量でも重大な影響を与えます」と注意を促す表記で、2006年に義務化されました。

というように、ラベルに情報が盛り込まれているわけですが、そのなかでも、

①ワインの品質分類　②原産地　③生産者　⑦ヴィンテージ

が特に重要になってきますので、これから詳しく見ていきましょう。

ラベルがわかれば、ワイン屋さんに行ったときにも、「A.O.C.の品質で、どこの原産地で……」とわかって、味わいを予想してワインが買えるようになります。本当にワインを選ぶのが楽しくなりますよ。

といったところで、今日はここまでです。フランスワインについての概論でした。お疲れさまでした！

2日目

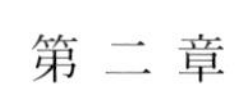

第二章

シャンパーニュ地方

シャンパーニュとは

今日はシャンパーニュ地方についてお話ししていきましょう。フランスの地方で最初に勉強するのはシャンパーニュ。というのも、フランスのワイン法を理解するのに、シャンパーニュはわかりやすい例だからです。

日本では、「シャンパン、シャンパン」って呼ばれていて、スパークリングワインの総称みたいになっていますが、本来「シャンパン」とは、シャンパーニュ地方できちんとした法律――前回お話ししたA.O.C.ですね――に則って造られたものしか名乗ることができない、という事実をまず知っておいてください（ちなみに、日本では「シャンペン」「シャンパン」と呼ばれますが、フランス語発音の「シャンパーニュ」が正式な呼び方です）。

なので、たとえばレストランでスパークリングワインが飲みたいとき、「シャンパーニュください」と言うと、シャンパーニュ地方で造られたスパークリングワインが出てきます。ちゃんとしたレストランであれば……。

逆にシャンパーニュではない、ふつうのスパークリングワインのことを「シャンパン」などと言って出しているレストランもあるので、そこは騙されないようにしたいところです。ふつうのスパークリングワインとシャンパーニュではお値段が数倍違うんですよね。

なぜ違うのか？　一番の理由は、やはりおいしいから（笑）。だからみんな高くても飲みたい。あとはもちろん、びっくりするぐらいの手間と時間をかけて造っているか

〈シャンパーニュ地方概要〉

栽培面積	約3.3万ha（99.8％がA.O.C.ワインの栽培面積）
年間生産量	約210万hℓ

＊〈地方概要〉のデータは『日本ソムリエ協会 教本 2024』を参照しました。

らです。それでは順番に見ていきましょう。

　これがシャンパーニュ地方です(☞)。

　フランスにおけるブドウ栽培の北限に位置していて、パリ(Paris)の北東……ランス(Reims)という街がシャンパーニュ地方の中心になります。「ランスの大聖堂」って聞いたことありますか？　世界史の教科書にも出てきますが、ステンドグラスが美しいことでも有名で、その一部は、画家のマルク・シャガールの作品なんです。歴史的には、フランスの王となるための戴冠式が、816年のルイ一世から1825年のシャルル十世まで、1000年近くにわたって行われていた場所が、このランスの大聖堂です。

　シャンパーニュってお祝いのときに乾杯のお酒として飲まれますよね。日本の結婚式でもビールじゃなくシャンパーニュで乾杯することが増えていますし、フランスでもお祝いのプレゼントによくシャンパーニュを持っていったりします。そういう「お祝いのお酒」と認知されるようになったのも、やっぱり長い間、戴冠式の祝宴で出されていたからなんです。

　ランスはパリからちょうど150キロ離れていて、TGV（フランスの新幹線）で1時間かからないんですよ。なのでパリからもっ

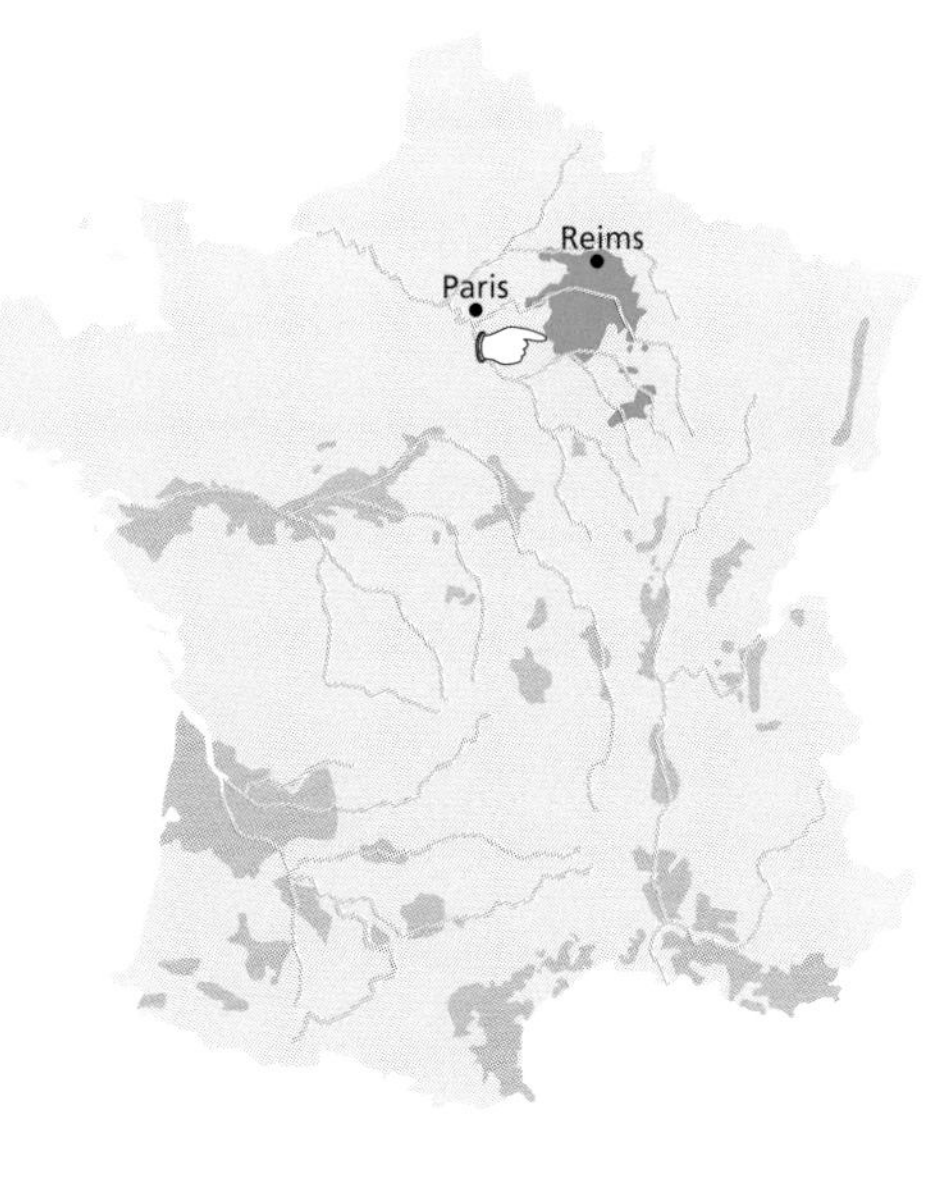

とも近い、日帰りで行けるワイン生産地としても人気です。

あと、パリで活躍した日本人画家の藤田嗣治が建てた礼拝堂「チャペル・フジタ」のフレスコ画も見ものです。

このランスの町を中心に、シャンパーニュ地方の各「地区」について見ていきたいと思います。

シャンパーニュを造る3つのブドウ

まず一番北が、ランス(Reims)を中心としたモンターニュ・ド・ランス(Montagne de Reims)地区①。ここは黒ブドウのピノ・ノワール(Pinot Noir)を中心に栽培しています。

その下にエペルネ(Épernay)という、シャンパーニュ(Champagne)地方第二の街があって、ここを中心にマルヌ(Marne)河(☜)沿いにヴァレ・ド・ラ・マルヌ(Vallée de la Marne)地区②が広がります。ここでは、(ピノ・)ムニエ(Pinot Meunier)という黒ブドウがメイン。

エペルネの南に広がるエリアがコート・デ・ブラン(Côte des Blancs)地区③。地区名は「白い丘」という意味で、白ブドウのシャルドネ(Chardonnay)の聖地として有名です。

これら3つの地区を、「主要3地区」といっています。この「主要3地区」に、17あるグラン・クリュ(Grand Cru)——後で詳しくお話ししますが——すべてが位置しているよ、ということを知っておいてください。

さらに南西の方にシャルドネがメインに栽培（近年ピノ・ノワールが増加中）されているコート・ド・セザンヌ(Côte de Sézanne)地区④、一番南にピノ・ノワールの供給地としても欠かせない存在であるコート・デ・バール(Côte des Bar)地区⑤が広がっています。

というように、5つの地区それぞれ、メインで栽培されている品種が異なります。じつは、スタンダードなシャンパーニュは、この3品種（主要3品種とします）——ピノ・ノワール、ムニエ、シャルドネ——を1／3ずつミックスして造っていました。

ピノ・ノワールは、ブルゴーニュ(Bourgogne)を代表する黒ブドウ品種でもありますが、シャンパーニュの味わいに、力強さと芳醇なブーケをもたらし、骨格を形成します。

同じく黒ブドウのムニエですが、正直な話、ムニエはシャンパーニュ地方以外ではそんなにお目見えすることがありません。果実味が豊か、熟成が早いというような特徴があり、そういう役割でシャンパーニュに用いられています。

シャルドネは白ブドウで、酸のニュアンスもしっかり出やすい。なので、シャンパーニュにエレガントな繊細さと軽快さをもたらします。

3つのブドウの個性をブレンドして、バランスのいい、世界中で愛される優雅な味わいに仕上げているんです（造り方は後程お話しします）。

また、主要3品種以外にも、栽培されている品種があります。現在フランスワイン法で定めるA.C.シャンパーニュの原料ブドウとしては、白・黒ブドウ合わせて8品種が認められているんです。主要3品種以外はアルバンヌ（Arbanne）、ピノ・ブラン（Pinot Blanc）、ピノ・グリ（Pinot Gris）、プティ・メリエ（Petit Meslier）、ヴォルティス（Voltis）、とすべて白用の品種なんですが、なんと栽培面積はすべて合わせても全体の1％にも満たないのです……。

シャンパーニュは白とロゼしか造ってはならない

じゃあシャンパーニュ（Champagne）地方で造られるのは、すべてシャンパーニュなの？　発泡性のワイン、スパークリングワインしか造ってないの？　と言えば、そうではなくて、ちょっとだけスティルワイン——発泡性のないふつうのワインのことを「スティルワイン」という言い方をします——も造っています。

A.O.C.の種類としては、まず「A.C.シャンパーニュ」があります（☛）。ほとんどが——99.9％が——これです。基本的には、シャルドネ（Chardonnay）（Ch）、ピノ・ノワール（Pinot Noir）（PN）、（ピノ・）ムニエ（Pinot Meunier）（PM）を使って造られた、「ロゼ」と「白」の発泡性を呈するワインだけが、「シャンパーニュ」と名乗ることを許されています（☞）。

この表からわかるのは、赤のシャンパーニュは造っちゃいけないよ、ということです。法律で禁止されているんですね。皆さん、赤の泡って飲んだことありますか？　日本で一番飲むチャンスが多いのは、イタリアのエミリア・ロマーニャ（Emilia Romagna）州で造られている「ランブルスコ（Lambrusco）」だと思いますが、そういう赤のスパークリングワインを「シャンパーニュ」という名前で造っちゃダメなんです。ロゼのシャンパーニュはあっても、

〈シャンパーニュ地方のA.O.C.〉

	赤	ロゼ	白	品種
☛ Champagne シャンパーニュ		☞発	☞発	Ch、PN、PM中心
Coteaux Champenois コトー・シャンプノワ	●	●	○	Ch、PN、PM中心
Rosé des Riceys ロゼ・デ・リセ		●		PN 100％

赤のシャンパーニュは存在しない。

また、その他、スパークリングワインではない、スティルワインのA.O.C.で、「コトー・シャンプノワ（Coteaux Champenois）」というものがあります。これ、知っておくと面白い銘柄です。シャンパーニュって、まずスティルワインを造ってから、それを瓶に詰めて泡を造っていくんですが（造り方の詳細は後程）、そのとき、おいしい赤ワインと白ワインの一部は発泡性にしないで、そのまま、A.C.コトー・シャンプノワとして売られるんですね。ピノ・ノワール、ムニエ、シャルドネなどから造られる、赤ワイン、ロゼワイン、白ワインです。シャンパーニュのいい造り手による赤・ロゼ・白ワインって、本当においしいんですよ。ただ、少量しか造っていないので、「エグリ・ウーリエ（Egly Ouriet）」とか有名な造り手さんのものは超希少です。

あと、ロゼワインのみのA.O.C.で、「ロゼ・デ・リセ（Rosé des Riceys）」というものもあります。こちらはピノ・ノワール100％で造られた、ロゼの色合いが濃いめ、というのが特徴でもあるロゼワインです。

17の特級（グラン・クリュ）の村と42の1級（プルミエ・クリュ）の村——格付けについて

じゃあ次に、「プルミエ・クリュ（Premier Cru）」とか「グラン・クリュ（Grand Cru）」ってよくラベルに書いてありますけども、シャンパーニュ（Champagne）地方におけるプルミエ・クリュとかグラン・クリュって何？　というお話をちょっとしていきたいと思います。

ブルゴーニュ（Bourgogne）とシャンパーニュ、あとボルドー（Bordeaux）の3つの地方は、よく「格付け」において比較されます。ブルゴーニュを柱として話すのが一番わかりやすいので、先にブルゴーニュ地方についての説明を。

まず、地方の中に地区があり、その中にまた、複数の村があります。それぞれの村のなかでブドウ畑は、

「特級の畑」「1級の畑」「いい畑」「ふつうの畑」

と、きれいに差別化されているんです。そして各ランクの畑で造られるワインが、そのままワインのランクとしてラベルに表記されます。

ブルゴーニュでは、「畑」がそれぞれブランドになっているわけです（ブルゴーニュの格付けの詳細については、次回お話しします）。

ところがシャンパーニュ地方の場合、「畑」ではなく「村」単位で……グラン・クリュを名乗れる「村」、プルミエ・クリュを名乗れる「村」という、複数の畑を一括りにした「村」単位で格付けされているんですね。これがシャンパーニュ地方の特徴です。

もともと「クリュ」という言葉は、フランス語で「区画」を意味するんですが、それ

GRAND CRU

PREMIER CRU

がブルゴーニュの場合は「畑」という単位で使われているのに対して、シャンパーニュでは「村」という単位になっている。

現在、シャンパーニュには３１９の村があるのですが、そのうち「グラン・クリュ」に認められている村は17、「プルミエ・クリュ」に認められている村は42あります。ソムリエ試験的に言うと、A.O.C.としてはすべて「A.C.シャンパーニュ」になっていて、その下に「グラン・クリュ」「プルミエ・クリュ」とラベルに付記することができます。A.O.C.としては「A.C.シャンパーニュ」ひとつだけ。でも意味合い的には、「グラン・クリュ」「プルミエ・クリュ」「格付けなし」と3つに分かれていますので、3つのランクがあると思ってくださってけっこうです。[*1]

グラン・クリュの村とは、格付け１００％の村のことです。％って何？　って話ですが、シャンパーニュ地方独特の言い方で、まあ１００点みたいな意味なんですが、[*2]たとえばボルドー地方だと1級～5級のように「級」で分類されていたり、地方によって「格」の表現が違うんですね。

プルミエ・クリュの村は42個。ただしそのなかで、格付けが90～99％と分かれていまして、ぜんぶプルミエ・クリュではあるんですが、たとえば99％の村の人たち……限りなく１００％に近い村の人たちは、「自分たちは格付け99％だ」と言いたがるんですよね。シャンパーニュの生産者の方にお会いすると、私が聞く前に向こうから言ってきたりします（笑）。それが誇りになっているんです。94％より下の方は「プルミエ・クリュ」ということ以外、パーセントまではあまり言ってきません……。

＊1　ラベルにランクの表記義務はないのですが、「グラン・クリュ」「プルミエ・クリュ」の場合、多くの生産者が付記しています。

＊2　もともとネゴシアンがブドウを買い取るときに、グラン・クリュのブドウの値段に対して「この村のブドウは○％の値段」と値付けしたところが由来です。

17のグラン・クリュ（特級村）は、先ほど地図で見た主要3地区のなかにすべて存在しています（☜）。コート・デ・ブラン（Côte des Blancs）地区より南に位置する地区には、グラン・クリュの村は存在しません。なので、まずはこの主要3地区を知っておいていただければ十分です。

319の村は、「グラン・クリュの村」「プルミエ・クリュの村」「それ以外の村」と大きく3つに分かれていて、シャンパーニュの生産者たちは、それぞれの村で採れたブドウを独自にブレンドして、それぞれの味を造っているんですね。

グラン・クリュの村同士なら「グラン・クリュ」と言っていい

17のグラン・クリュ（Grand Cru）の村、これをぜんぶ覚えるのは大変なので、知っておくと役に立つ村をチェックしておきましょう。モンターニュ・ド・ランス（Montagne de Reims）地区には9個、ヴァレ・ド・ラ・マルヌ（Vallée de la Marne）地区は2個、コート・デ・ブラン（Côte des Blancs）地区には6個のグラン・クリュの村がありますが、それぞれに、Aから始まる村が1ずつありますよね（☛）。アンボネ（Ambonnay）、アイ（Aÿ）、アヴィーズ（Avize）。この3つの村は有名なので、ぜひ覚えておいてください。

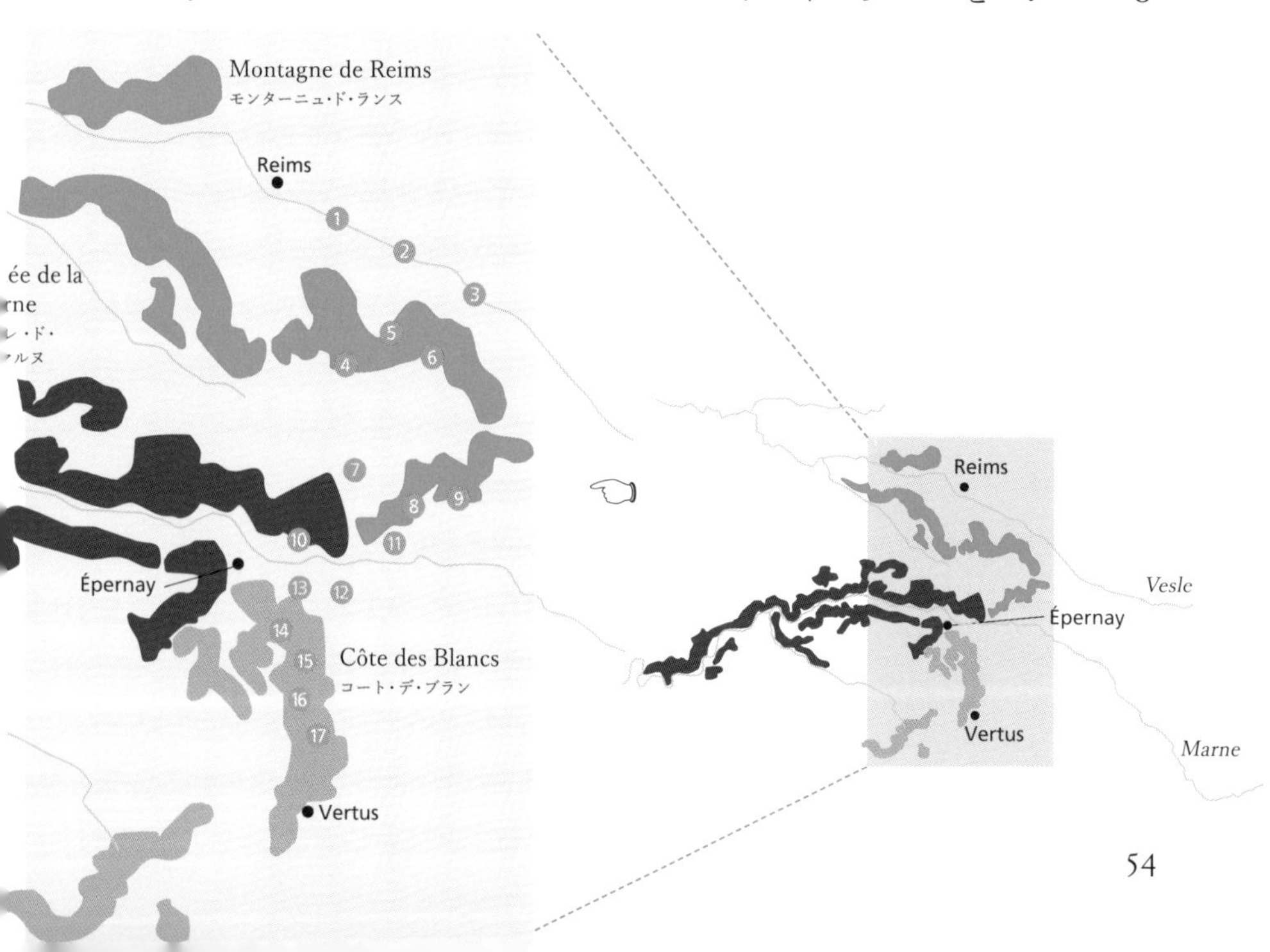

このアンボネ、アイ、アヴィーズのブドウ——アンボネ村のピノ・ノワール（Pinot Noir）（25％）、アイ村のピノ・ノワール（25％）、アヴィーズ村のシャルドネ（Chardonnay）（50％）——を混ぜて造った、ド・スーザ（De Sousa）という造り手の、その名も「3A（トロワ・アー）」という銘柄のシャンパーニュ（Champagne）があるんです。3つのAから始まるグラン・クリュのブドウのみで造ったすごくおいしいシャンパーニュです！

ここで重要なことは、グラン・クリュの村同士のブドウを混ぜれば、そのシャンパーニュは「グラン・クリュ」を名乗れる、ということです。同じように、プルミエ・クリュ（Premier Cru）の村同士のブドウを混ぜれば、「プルミエ・クリュ」が名乗れます。でも、グラン・クリュとプルミエ・クリュのブドウを混ぜたら、それは「プルミエ・クリュ」としか名乗れません。格下に合わせるかたちです。

基本的にシャンパーニュの生産者たちは、いろんな村——グラン・クリュの村やプルミエ・クリュの村、ふつうの村——に畑を持っていて、そこで採れたブドウをブレンドしてシャンパーニュを造っています。ただし、必ずしも生産者みんなが畑を所有しているわけではないんです。

〈Montagne de Reims モンターニュ・ド・ランス地区〉

1. Puisieux ピュイジュー
2. Sillery シルリ
3. Beaumont-sur-Vesle ボーモン・シュル・ヴェル
4. Mailly-Champagne マイイ・シャンパーニュ
5. Verzenay ヴェルズネイ
6. Verzy ヴェルジ
7. Louvois ルーボワ
8. Bouzy ブージ
9. ☛ Ambonnay アンボネ

〈Vallée de la Marne ヴァレ・ド・ラ・マルヌ地区〉

10. ☛ Aÿ アイ
11. Tours-sur-Marne トゥール・シュル・マルヌ

〈Côte des Blancs コート・デ・ブラン地区〉

12. Oiry オワリ
13. Chouilly シュイイ
14. Cramant クラマン
15. ☛ Avize アヴィーズ
16. Oger オジェ
17. Le Mesnil-sur-Oger ル・メニル・シュル・オジェ

ブルゴーニュ（Bourgogne）だと、ワインを造る人の多くは、自分で畑を耕してブドウも栽培しているんですが、シャンパーニュ地方の場合は、ブドウを作る人（農家さん）とシャンパーニュを造る人と分業になっていることがけっこうあります。

あと、ブドウ農家だった人が、自分たちでシャンパーニュを造り始めたとしても、いっぱい畑を持っているので、収穫したブドウぜんぶを自分たちでシャンパーニュにすることが難しかったりします。なので、一部は自分たちでシャンパーニュを造って、残りのブドウは大手グランメゾンなどと契約してそこに売ったりしています。

あともうひとつ、知っておいてほしいグラン・クリュの村が、コート・デ・ブラン地区の、ル・メニル・シュル・オジェ（Le Mesnil-sur-Oger）です。

「サロン（SALON）」という銘柄の超高級シャンパーニュ、ご存じですか？これは複数のブドウ品種をブレンドせず、シャルドネだけ……シャルドネ100％で造られているんですが、そのサロンが造られているのが、このル・メニル・シュル・オジェ村です。サロンの本拠地もこの村に位置します。*

コート・デ・ブラン地区……シャルドネで有名な地区だと言いましたが、そのなかでも特に、シャンパーニュに最適なシャルドネを作る畑があるのが、このル・メニル・シュル・オジェ村といわれています。

ではここから、そういういいブドウを使って、シャンパーニュがどのように造られていくか、見ていきましょう。

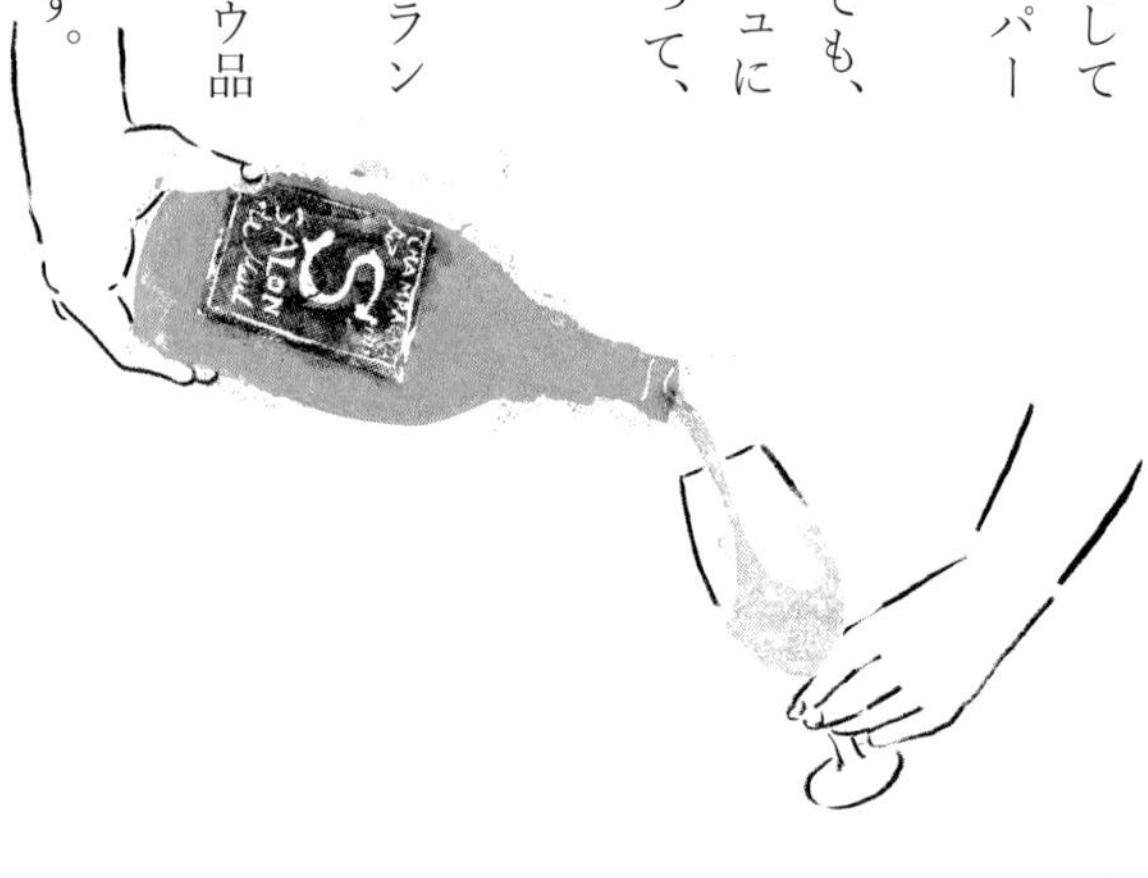

＊ 本拠地（シャンパーニュを造っている場所）と、原料のブドウを栽培している畑は、同じ村にあるとは限りません……生産者はいろんな村に畑を持っているので。

機械でなく手で摘んだブドウしか使えない

シャンパーニュ(Champagne)の一番の特徴……スティルワインとの最大の違いとは何か？　もちろん泡がある、というのもそうなんですが、ヴィンテージ(Vintage)がない、つまり「収穫年」が書いていないことが挙げられます。

たとえば、日本ではよく「ヴーヴ・クリコ(Veuve Clicquot)」や「モエ・エ・シャンドン(Moët & Chandon)」などがデパートでも売られていますが、それぞれいつも変わらない味ですよね？　ふつうワインって、造られた年(ヴィンテージ)によって味が違うのに……。　理由はシャンパーニュの造り方と大きくかかわってきます。

まずシャンパーニュを造る場合も、前回お話ししたように、いったんスティルワインを造ります。地球温暖化の影響で年々早まっていますが、だいたい9月初めから中旬頃にシャンパーニュ地方ではブドウを収穫します。フランスのなかでも北のほうに位置しているので、収穫の時期が他の地方に比べてちょっとだけ遅い。

そして、ここが重要なんですが、「手摘み」が義務になっています。手摘みで収穫したブドウで造らないと「シャンパーニュ」を名乗れません。機械で収穫したらダメなんですね。

よく私は、この収穫の時期にシャンパーニュに行っています。お手伝いをしながら、その年のブドウのできも実際に見てみたくて。そうしたら、手摘みなのでとにかく人手が要るので、近所の中学生とかが学校が終わってから、アルバイトに来るんですね。あと、すでに引退したおじいちゃんとかも。それでみんなで手摘みで収穫！

ブドウは一列一列きれいにレーン状に植えられていて、「このレーンは誰が収穫する」みたいに割り当てられるんですが、私が「この中学生たちの時給いくら？」って聞いたら、「え、時給なんかにするわけないじゃん。そんなことしたらみんなサボるに決まってる！」って言うんですね。なのでバイト代は完全に出来高制で、何kgいくらで計算されます。そうすると中学生が一番がんばるらしい（笑）。バイト代の支払われ方にも、日本人とフランス人の差がよく出ています。

ブドウを搾りすぎてはならない！

白のシャンパーニュ（Champagne）を造る場合、そうやって手で摘んだブドウを、シャンパーニュ地方独特の圧搾機で、皮の色が付かないように静かに搾っていきます。シャンパーニュって白ワインと同じように、黒ブドウ由来の色がほとんど付いてないですよね。だから黒ブドウを搾るときも、皮の色が付かないようにしなければならない。

もっと効率よく搾れる現代的な圧搾機もあるんですが、いまだにこの昔ながらの圧搾機を使う生産者も多くて、このほうが丁寧にデリケートにブドウを扱えるからという方や、代々の味わいと同じニュアンスが出しやすいからという方もいらっしゃいます。

そうやって静かに搾ったとき、「1番搾り」と「2番搾り」に分けるんですが、それぞれ搾っていい量が法律で決まっています。まず、「1番搾り」では4000kgのブドウから2050ℓまで、「2番搾り」ではさらに500ℓまでしか搾っちゃいけません。もちろん、本当はもっと搾れるんですよ。でも、エレガントな味のシャンパーニュを造るためには、そこまでしか搾っちゃダメ。

この1番搾りのことを「キュヴェ(Cuvée)」、2番搾りのことを「タイユ(Taille)」といいます。シャンパーニュのラベルに「キュヴェ」と書いてあったら、それは「自分たちは1番搾りのブドウ果汁しか使ってないよ、2番搾りは使わず非常にエレガントな味に仕上げてますよ」という証なんですね。

その味を守る調合師たち

そうやって丁寧に搾ったブドウジュースを、「ブドウの種類」「畑」ごとに細かく分けて、樽かステンレスタンクで醗酵させて、スティルワインを造っていきます。

なぜこんなふうにブドウごとに細かく分類して、それぞれをワインにしていくのか？　まとめて巨大なタンクに入れて、一気に造ってしまうほうが楽なのに。

その理由は、もともとシャンパーニュ（Champagne）って冷涼な地方なので、年によってはブドウがほとんど採れなかったり、あるいは酸味だけ強くて果実味や甘味（糖分）が少なかったり、ブドウの品質が安定しないんですね。ブドウのできが悪い年は、「今年シャンパーニュ造れないじゃん」ってことになりかねない。

それだと困るので、何年か分のスティルワインをそれぞれ細かく分けて保存し、それらをアッサンブラージュ（Assemblage）（調合）することで、毎年同じ味のシャンパーニュを造っていく——そういうやり方をしています。

この「アッサンブラージュ」の技術を確立した人は、エペルネ（Épernay）の近

郊にある村、オーヴィレール（Hautvillers）村の修道院の修道士だったドン・ピエール・ペリニョン（Dom Pierre Pérignon）と言われています。彼は皆さんよくご存知のシャンパーニュ「ドン・ペリニョン（Dom Pérignon）」の由来となった人物で、修道院のセラー・マスター（ワイン貯蔵室主任）として、その生涯をシャンパーニュ造りに捧げたそうです。

先ほどお話しした「ヴーヴ・クリコ（Veuve Clicquot）」とか「モエ・エ・シャンドン（Moët & Chandon）」が、なぜヴィンテージ（Vintage）も書いてなければ、いつ飲んでも味がちゃんと一緒なのかは、そういう理由からなんです。だいたい数年分の品種・畑・収穫年違いのスティルワインをストックして、そこから各シャンパーニュメーカーのブランドイメージに合わせて30種類から50種類くらい調合しているんです。各メーカーにはそれ専門の調合師の方々がいて、「スティルワインをこういう味に調合すれば、その後の製造工程を経て、最終的にこういうシャンパーニュの味わいになる」というノウハウを持っているんですね。

そのように調合したスティルワインを瓶に詰めて、瓶のなかで二次醗酵させていきます。

この「瓶内二次醗酵」という工程が、「シャンパーニュ」を「シャンパーニュ」たらしめる重要なポイントになります。スパークリングワインを造る方法はいくつかあるのですが、この「瓶内二次醗酵」で造ることによって、シャンパーニュはあのキメ細やかで美しい泡を得るんです。

シャンパーニュ最大の特徴――瓶内二次醗酵とは？

1日目の「ワインの造り方」のところで勉強したように、ワインはブドウの糖分が醗酵して、アルコールと二酸化炭素になります。そうやってワインは造られます。

ワインをシャンパーニュ（Champagne）にするには、そこに泡（炭酸ガス＝二酸化炭素）を加えなければいけません。これ、どうするかと言うと、もう一度アルコール醗酵させて、二酸化炭素（とアルコール）を発生させるんです……今度は瓶の中で。

でもアルコール醗酵させるには糖分が足りません。すでにブドウの糖分は、最初の、ワインにする際のアルコール醗酵（一次醗酵）で使い切っています。

なので先ほどアッサンブラージュ（Assemblage）（調合）したスティルワインを瓶詰めする際、瓶内二次醗酵させるための糖分（と酵母）をさらに加えるんです。甘味のためではなく、アルコール醗酵に必要な糖を。そして、王冠で蓋をします。この作業をティラージュ（Tirage）（瓶詰め）と言います。このティラージュという言葉も、シャンパーニュを語るときの用語として重要なのでぜひ知っておいてください。

そうすると瓶内で二次醗酵が始まっていきます。瓶のなかで酵母が糖

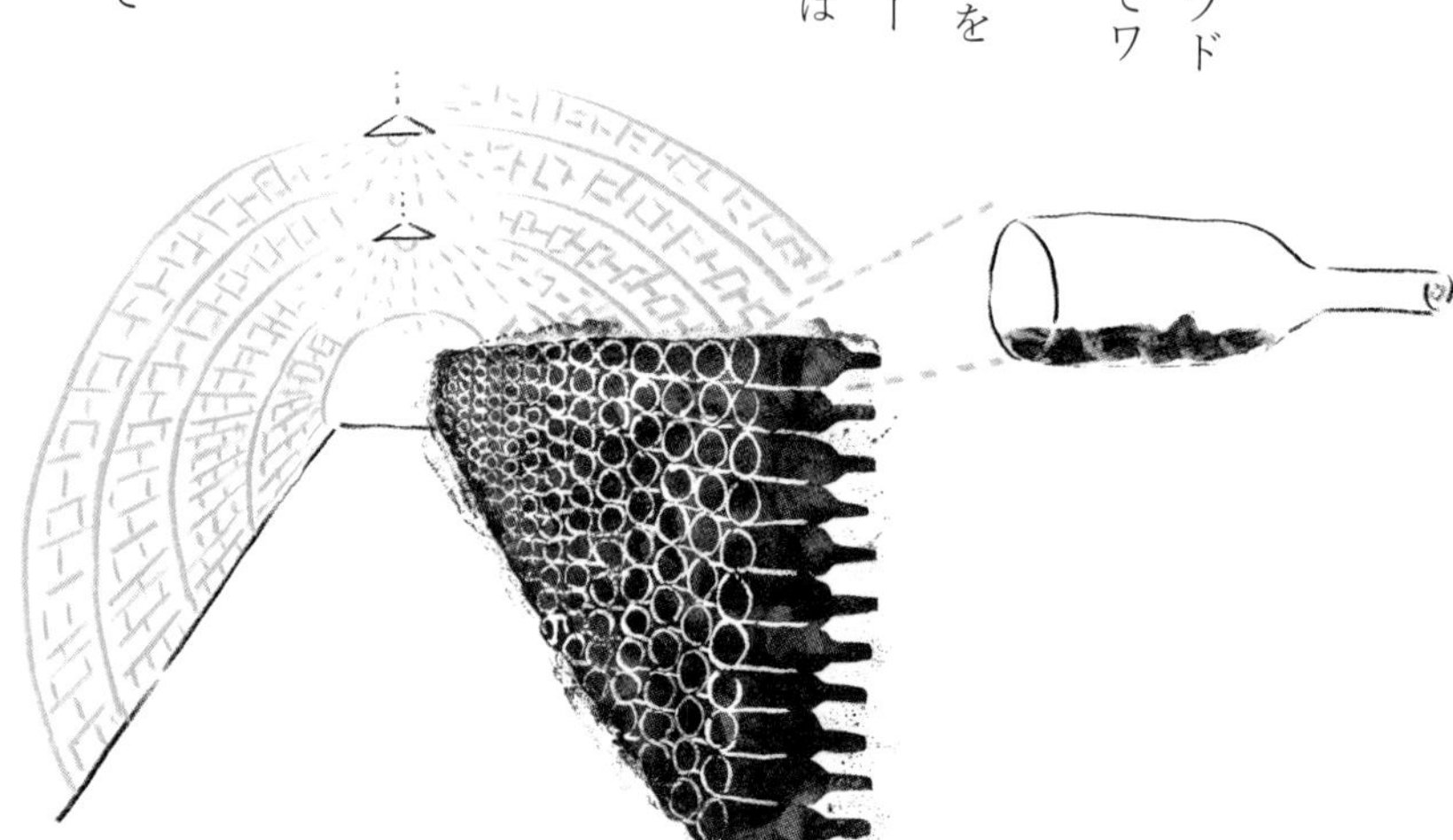

を分解していって、アルコール＋二酸化炭素（炭酸ガス）が出てくるので、それによってスティルワインが発泡性ワインになっていく。一次醗酵のときとは違って、密閉した瓶内で行われるので、発生した炭酸ガスは逃げ場がなくワインに溶け込んでいくというわけです。この瓶内二次醗酵の期間は、6〜8週間です。役目を終えた酵母は、澱となって沈殿していきます……。

澱にもうまみがあるって話を前回しましたが——ロワール(Loire)のミュスカデ(Muscadet)とか甲州のシュル・リー(Sur Lie)の話——シャンパーニュもまた、澱に触れさせながら熟成させていきます。これをマチュラシオン・シュル・リー(Maturation Sur Lie)と言います（マチュラシオン＝熟成）。寝かせる期間は最低15ヵ月と決められています。

そうやって澱と共に熟成させていったあとで、この澱を抜きます。どうやって抜くかというと、こういうことをやります。

横に寝かせていた瓶を、底のほうを上にして澱下げ台（ピュピトル(Pupitre)）に立てると、澱は瓶の口のほうにだんだん集まってきますよね。

瓶がずっと同じ向きだときれいに集まらないので、毎日1／8（45°）くらいずつ回転させていくんです。それを5、6週間やり続けます。この回す作業をルミュアージュ(Remuage)（動瓶(どうびん)）と言います。*

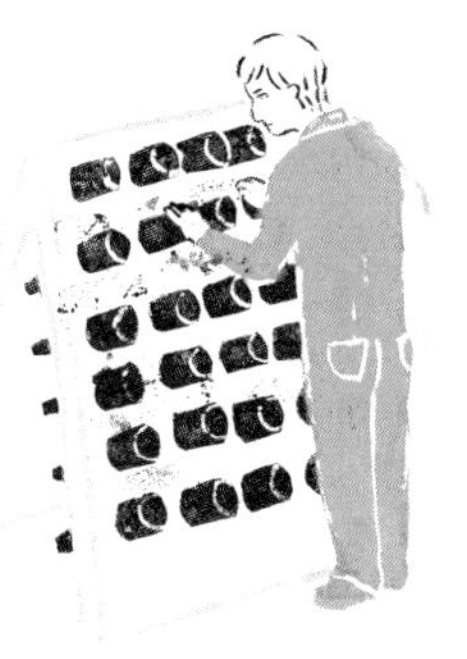

＊ ピュピトル(Pupitre)を利用したルミュアージュは、先程からよく出てくるヴーヴ・クリコ(Veuve Clicquot)——「ヴーヴ」はフランス語で未亡人という意味——の創業二代目当主の未亡人マダム・クリコが、1816年に考案したと言われています。

ちなみにこの作業、昔は何万本という数を手作業でやっていましたが、今は大きな機械で自動的に回しているところが多いようです。

大手グランメゾンは、この「オートマチック・ルミュアージュ」（自動動瓶機＝ジロパレット(Gyropalette)）でやっているんですが、ただし、そのメゾンを代表するような「プレスティージュ・シャンパーニュ(Prestige Champagne)」*に関しては、いまだに熟練の人たちが手作業でやっています。

セロスさんの凍らせないデゴルジュマン

ルミュアージュ(Remuage)（動瓶）をやって澱を集めたあと、いよいよ澱抜きをしていきます。逆さになった瓶の口に澱が溜まっています。どうやって抜くの？　といったら、まず瓶口を-20℃以下の塩化カルシウム水溶液に浸けます。すると瓶口だけ瞬時に凍ります。そのときに瓶を上向きにして栓（王冠）を抜くと、凍った澱の塊だけがポンッと飛び出る。瓶のなかに二酸化炭素（炭酸ガス）が充満しているので勢いよく凍った澱の塊が飛び出すんですね。で、澱を飛ばしたところで、コルクで栓をしてできあがり。

この澱抜きの作業を、デゴルジュマン(Dégorgement)と言います。ティラージュ(Tirage)（瓶詰め）とルミュアージュ（動瓶）とデゴルジュマン（澱抜き）——これらはシャンパーニュ用語のなかで特に頻繁に使われます。

私がすごく好きな「ジャック・セロス(Jacques Selosse)」という造り手さんがいて、日本でもカルト的に人気なんですが、このワイナリーを訪ねたときに、息子で現当主のアンセルム・(Anselme Selosse)

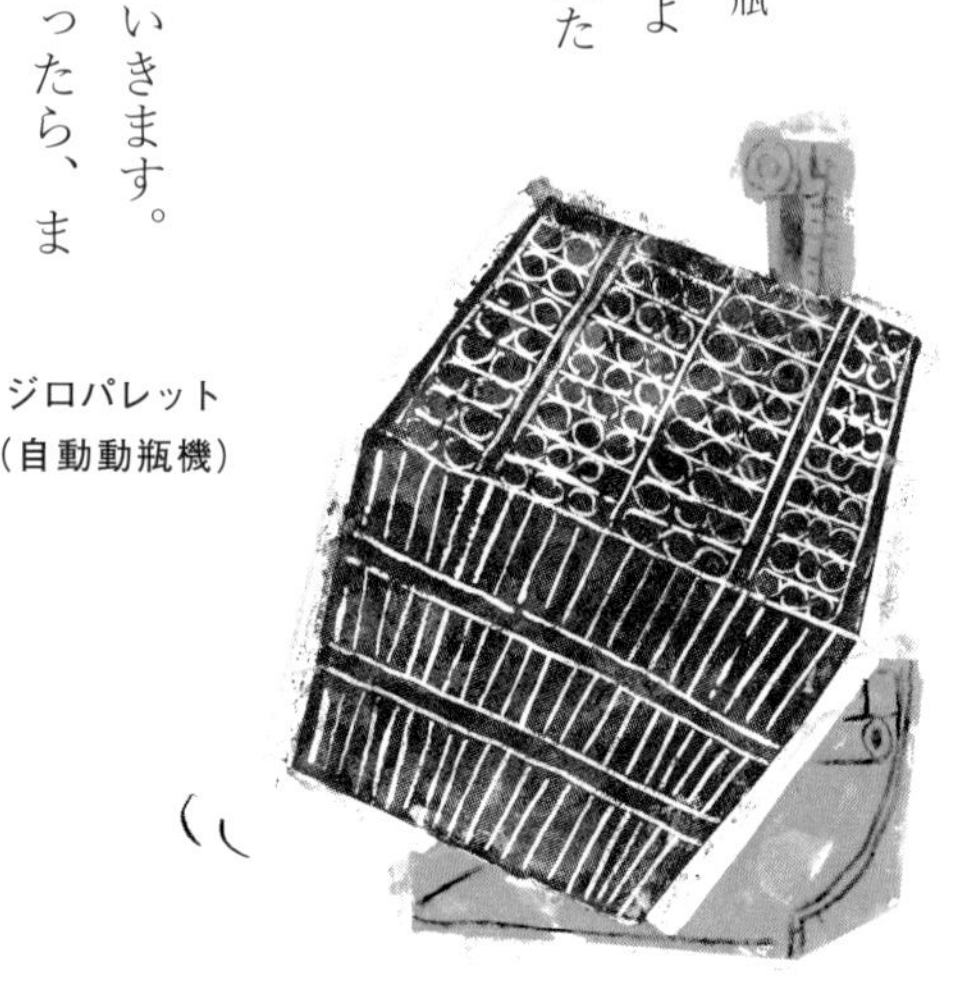

ジロパレット
（自動動瓶機）

＊　その会社を代表する作品的なファーストライン。代表的なものに、ルイ・ロデレール(Louis Roederer)社の「クリスタル(Cristal)」などがあります。

セロスさん——息子さんといっても、もう70くらいでいらっしゃるんですけども——彼が「自分はこのデゴルジュマンを凍らせないでできる」って言うので、実際に見せてもらったんです。その場で蓋を外してポンと澱を飛ばして、それで液体がほとんどこぼれず、また蓋をして……。そのときは「今では、ここまでこぼさずこれをできるのは、ほとんどいないよ」と仰ってました。というくらい、なかなか難しい技なんですね。

シャンパーニュ（Champagne）のラベルには、このデゴルジュマンをいつしたかという日付が書いてあることがあります。まあ義務ではないので書いてない造り手さんも多いですけど、最近は書く造り手が増えてきています。

今はこのデゴルジュマンも、先ほどのルミュアージュ（動瓶）同様、機械で行われることが多くなっていまして、オートメーション化されています。

シャンパーニュが10000円くらいする3つの理由

じつはこの澱を飛ばしてから、コルクで栓をするまでに、ドザージュ（Dosage）という作業がありまして——この言葉もぜひ知っておいていただきたいんですが——門出のリキュールって呼ばれる、原酒となったワインに糖分を加えたものを添加します。

シャンパーニュ（Champagne）って超辛口から甘口まで、いろんな味わいがありますよね。さっきティラージュ（Tirage）（瓶詰め）のときに加えた糖分は、醗酵させて泡（二酸化炭素）を造るためのものでした。でもこの最後に加える糖分は、シャンパーニュの甘辛度を決めるため

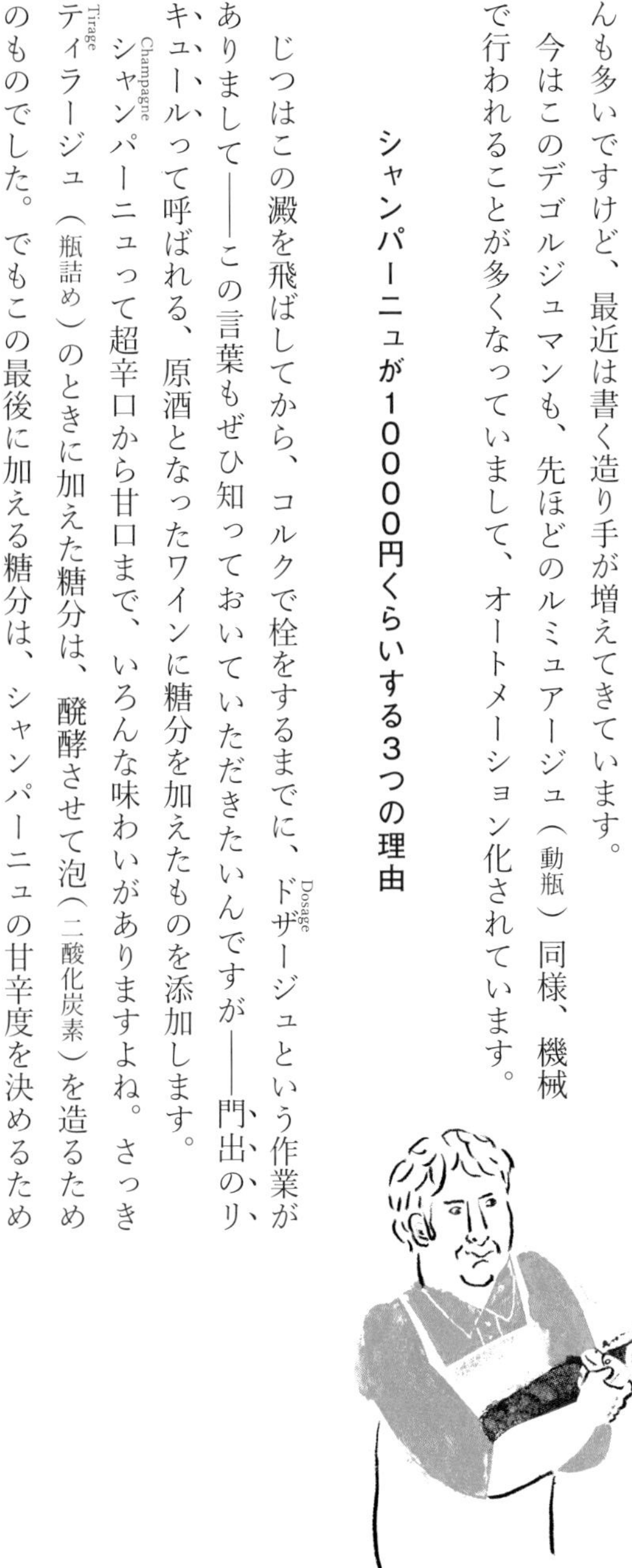

の糖分なのです。「ドザージュ・ゼロ」とか「ドザージュ6g（1ℓに対して6g加えている）」という言い方をしまして、シャンパーニュのラベルの裏には、この「ドザージュ何g」と書いてあるものもあります（甘辛度に関しては71ページで詳しく）。

ドザージュをしてから、コルクを打栓して、針金で留めて、そしてラベルを貼っていく……というのが、シャンパーニュ造りのひととおりの流れです。

シャンパーニュが、いわゆるふつうのスパークリングワインと比べて値段が圧倒的に高い理由――スパークリングワインは一本1000円くらいでも買えるものがあるのに、シャンパーニュは10000円くらいはしますけれども、その大きな理由は、やっぱり手間やコストがかかっているから。具体的には次の3つが挙げられます。

ひとつはブドウを機械ではなく手摘みしなければいけないから。もうひとつは瓶内二次醗酵方式で造っているから――つまり一本一本瓶詰めして、その瓶のなかで繊細な泡を造らなければならないから。

そして3つ目、最低15ヵ月という長い熟成期間が義務付けられているから、です。

これらの理由が相まってシャンパーニュはお高くなっています。他のスパークリングワインに比べて、手間暇がめちゃくちゃかかっていておいしいよ、というわけです。

じゃあふつうのスパークリングワインの造り方は……といえば、それは今日の最後にやろうと思います。

赤ワインと白ワインを混ぜてもいい――ロゼ・シャンパーニュの造り方

今お話ししたのは、白のシャンパーニュ（Champagne）の造り方でした（　）。「A.C.シャンパーニュ」は、ロゼの発泡性ワインも造っていいんでしたよね（　）。ではどうやって造るのか？

ヨーロッパでは赤ワインと白ワインを混ぜてロゼワインを造るのは禁止されている、という話をしましたが、シャンパーニュの場合は混ぜて造ってもいいんです。そもそもシャンパーニュは、別々に造ったスティルワインをアッサンブラージュ（Assemblage）（調合）して造られるわけですが、そのときにロゼ色にすることは認められています。白ワイン――白ブドウからだけでなく黒ブドウから造られたものも含めて――に少量の赤ワインを添加してロゼ色にしても問題ありません。

調合したスティルワインを瓶のなかに入れて瓶内二次醗酵させると、ロゼ・シャンパーニュができます。ロゼ・シャンパーニュの多くはこのやり方で造られています。

赤と白を混ぜる以外にも、ロゼ・シャンパーニュを造る方法がありまして、それがセニエ（Saignée）法です。

「セニエ」とは「血を抜く」という意味のフランス語ですが、つまり最初からスティルのロゼワインを造って、そのロゼワインを瓶内二次醗酵させてシャンパーニュにしていく。このセニエ法だと原料は黒ブドウに限られます。

基本的にこの2つのどちらかの方法で、ロゼ・シャンパーニュは造られます。

〈シャンパーニュ地方のA.O.C.〉	赤	ロゼ	白	品種
Champagne シャンパーニュ		発	発	Ch、PN、PM 中心
Coteaux Champenois コトー・シャンプノワ	●	●	○	Ch、PN、PM 中心
Rosé des Riceys ロゼ・デ・リセー		●		PN 100%

ドン・ペリニョンが30000円くらいする理由

そのように、手摘みだったり、瓶内二次醗酵方式だったり、熟成期間だったりと、様々な規定によってシャンパーニュ（Champagne）は造られているわけですが、他の規定についてもちょっと見てみましょう。

まずブドウ品種。先ほどお話ししたように、シャンパーニュは基本的に、シャルドネ（Chardonnay）、ピノ・ノワール（Pinot Noir）、（ピノ・）ムニエ（Pinot Meunier）主体で造られていますが、他にも何種類か使用可能な品種があり、現在8品種が認可されています（詳しくは50ページに）。ただ日本に入って来ているシャンパーニュに関しては、ほとんどがこの主要3品種です。

熟成期間について見ていく前に少しヴィンテージ（Vintage）（収穫年）について触れておくと、ふつうのシャンパーニュは数年分のスティルワインをアッサンブラージュ（Assemblage）して造るので、ヴィンテージは表記されないと言いましたが、こういう一般的なシャンパーニュを、「ノン・ミレジメ（Non Millésimé）」と言います。ミレジメとはフランス語で「収穫された年」のことで、英語で「ヴィンテージ」のことです。[*1]

ただし、特別に良い年のブドウのみで造られたシャンパーニュ、つまりひとつの収穫年のブドウだけで造られたもの、それを「ミレジメ（Millésimé）」と言って、その年（ヴィンテージ）を表記することができます。高級シャンパーニュですね。ふつうは数年分のスティルワイン（30〜50種類）を混ぜますが、ミレジメだと1年分なので、単純にだいたい十数種類くらい。[*2]

＊1　N.V.（Non Vintage）、または、S.A.（Sans Année）と表記されることもあります。

＊2　もっと多くの種類を混ぜる方もいらっしゃいます。

あるいは一種類の区画やブドウのみで造ったりもします。
ヴィンテージが書いてあるのは、高級シャンパーニュだと思ってくださってけっこうです。生産者の方にとっても、毎年ミレジメを造れるわけではなく、特にブドウのできのいい年のみに限って造るわけです。

以前「ドン・ペリニョン（Dom Pérignon）」の醸造最高責任者をされていたリシャール・ジェフロワ（Richard Geoffroy）氏[*3]にお会いする機会がありました。ドン・ペリニョンはミレジメしか造っていないので、その年の品質が基準に達しない場合、ドン・ペリニョンとして世にリリースできません。彼は「大切に育てたブドウをドン・ペリニョンにしないという決断を下すのは、大変な思いであり、すごいプレッシャーでもある」とおっしゃっていました。日本では、「ドンペリ」っていうと何か派手なイメージがありますが、じつは非常に味わい深い、おいしいプレスティージュ・シャンパーニュなんです。

瓶内熟成期間（瓶内二次醱酵の期間）も、先ほど15ヵ月以上は寝かせないといけないよ、15ヵ月以上寝かせてからデゴルジュマン（Dégorgement）（澱抜き）してください、と言いましたが、それはノン・ミレジメの場合でして、ミレジメの場合は、もっと長くなって、最低3年（36ヵ月）以上寝かせないといけないよ、となっています。

中身が良くないと長く寝かせることに耐えられない（

＊3　現在、リシャール氏は、「IWA」という日本酒を醸されています。

＝いい熟成をしない）んですね。だから、いい年のブドウで造ったミレジメは、より長く寝かせたほうがよりおいしくなる。造り手によっては、5年寝かせる人もいれば、7年ぐらい寝かせる人もいます。

辛口か甘口かはラベルを見ればわかる

次に、シャンパーニュ（Champagne）の「甘辛度」についてお話ししましょう。ラベルを見れば、それがどれくらい辛口か、あるいは甘口かがわかるようになっています。世界のスパークリングワインの甘辛度表示は、シャンパーニュの甘辛度表示と一致してますので、ぜひこれ、知っておいてください（☛）。

それぞれのグラム数は覚えなくてけっこうです。

ブリュット（Brut）は「生（き）のままの」という意味で、あまり加糖されていない「辛口」を意味します。セック（Sec）もフランス語では「辛口」という意味ですが、けっこう残糖度があって、味わいは少し「甘め」です。なので覚え方としては、上の3つ——「ブリュット」のどれかであれば、それは辛口だよ、と思っておいてください。

3つのなかでどれが一番辛口かは言えなくて……まあ、「ブリュット・ナチュール（Brut Nature）」が一番辛口である可能性は高いんですが、でも3g/ℓ未満だから、3に限りなく近いかもしれません。そうすると、「エクストラ・ブリュット（Extra Brut）」が0〜6g/ℓなので、0かもしれない。ブリュットも12g/ℓ未満なので0かもしれない……といった感じで、どれがどうとはいえず、基本的にはその造り手さんの好みで甘辛度表示は選ばれています。

☛ 甘辛度	表示	残糖量（g/ℓ）
辛口	Brut Nature ブリュット・ナチュール	3g/ℓ未満
↑	Extra Brut エクストラ・ブリュット	0〜6g/ℓ
	Brut ブリュット	12g/ℓ未満
	Extra Dry エクストラ・ドライ	12〜17g/ℓ
	Sec セック	17〜32g/ℓ
↓	Demi-Sec ドゥミ・セック	32〜50g/ℓ
甘口	Doux ドゥー	50g/ℓ超

あと細かいことですが、「パ・ドゼ（Pas Dosé）」、「ドザージュ・ゼロ（Dosage Zéro）」と表示している場合もあります。どちらも、ドザージュしてないよ、瓶詰めの際に糖を加えてないよ、という意味で、「ブリュット・ナチュール」にかわる表示です。

黒ブドウを混ぜず、白ブドウだけで造られるブラン・ド・ブラン

では次、シャンパーニュ（Champagne）を選ぶときに知っておいていただきたいキーワードについて。「ブラン・ド・ブラン（Blanc de Blancs）」という言葉、ご存知ですか？

これは何かというと、スタンダードなシャンパーニュは、白ブドウ1／3、黒ブドウ2／3で造るという話をしましたが、それとは違い、白ブドウだけで造られるシャンパーニュ、これを「ブラン・ド・ブラン（白の白）」といいます。白ブドウで造った白のシャンパーニュという意味です。ぜひこの言葉、覚えておいてください。

それに対して、黒ブドウ100％で造られるシャンパーニュは、「ブラン・ド・ノワール（Blanc de Noirs）（黒の白）」——黒ブドウで造った白のシャンパーニュ——といいます。黒ブドウは、ピノ・ノワール（Pinot Noir）100％でもいいですし、（ピノ・）ムニエ（Pinot Meunier）100％でもいいですし、両方混ぜていてもいいんですが、とにかく黒ブドウだけで造ったものです。

シャンパーニュ数種類の比較テイスティングをする機会はなかなかないと思うのですが、このブラン・ド・ブランとブラン・ド・ノワール、3種のブレンドをそれぞれ飲み比べてみると面白いですよ。テイスティングの授業をやると、生徒の皆さん、「え？シャンパーニュってこんなに味違うの？」とかなり驚かれます。

王道のN.M.とマニアックなR.M.

あと、これも細かいところですが、ぜひ知っておいてほしいのが、ラベルに書いてある生産業態に関するワイン用語です（☛）。

先ほどお話ししたとおり、シャンパーニュ（Champagne）地方では「ブドウ栽培」と「シャンパーニュ造り」が分業で、別々の人がやっている場合が多いんですが、例えば「ヴーヴ・クリコ（Veuve Clicquot）」とか「モエ・エ・シャンドン（Moët & Chandon）」のような大きな会社は、基本的に自社畑のブドウと複数の農家さんから買い取ったブドウでシャンパーニュを造っています。そういう大手グランメゾンのような生産業態のことを、「ネゴシアン・マニピュラン（Négociant-Manipulant）」、略して「N.M.」といいます（「ネゴシアン」と略すこともあります）。「ブドウを一部、あるいはぜんぶ他社から購入して製造する会社」で、「大規模経営が多い」。こういう大手グランメゾンがシャンパーニュ地方に約400軒あります。

それに対して、「レコルタン・マニピュラン（Récoltant-Manipulant）」、略して「R.M.」。これは「自社畑で収穫されたブドウのみを用い、シャンパーニュの醸造も自分達で行う栽培農家」で、「小規模経営が多い」。R.M.は約4000軒以上もあり、かなり多いですよね。ただし、ブドウの一部を「ネゴシアン」や「協同組合」に売ったりしている方もいます。

そういうわけで、N.M.かR.M.か、この意味を知っておけば、そのシャンパーニュがどのような業態で造られたものなのかがわかる、というわけです。味わいに関しては、どちらかと言うと、N.M.は王道で安定感があり、R.M.は個性的でマニアックなものが多いかなと。個人的には、どちらも大好きです！

☛

ラベル表示	正式名称	意味
N.M.	Négociant-Manipulant ネゴシアン・マニピュラン	・ブドウを一部もしくはぜんぶ購入して製造する会社 ・大規模経営が多い ・約 400 軒
R.M.	Récoltant-Manipulant レコルタン・マニピュラン	・自社畑のブドウ中心で製造する会社 ・小規模経営が多い ・約 4,000 軒

チーズ、お鮨、豚しゃぶ――シャンパーニュに何を合わせる？

シャンパーニュ（Champagne）を飲むとき、料理は何を合わせるか？

ワインは、「その地方の料理」、「その地方のチーズ」と合わせるのが基本です。シャンパーニュ地方の代表的なチーズで、「シャウルス（Chaource）」という、さわやかな酸味とコクのある白カビのチーズがあります。あと、ウォッシュタイプ……表面を塩水やお酒で洗いながら造るタイプのチーズ「ラングル（Langres）」もシャンパーニュによく合います。

シャンパーニュの人たちは、たとえばブラン・ド・ブラン（Blanc de Blancs）、ブラン・ド・ノワール（Blanc de Noirs）、ミレジメ（Millésimé）なんかを組み合わせながら、ぜんぶのお料理をシャンパーニュだけでいただくこともあります。ブラン・ド・ブランは、やはりスッキリしているので、いろんな前菜に。ブラン・ド・ノワールはお魚のメインディッシュに。ミレジメ（Millésimé）になると、すごく熟成も進んでいるので味わいも深くなって、泡があるのに芳醇。なのでメインのお肉料理――煮込みというより、グリルした香ばしさと、シャンパーニュの熟成からくるナッツ系の香りを合わせる――そういうマリアージュも楽しめます。

和食だとブラン・ド・ブラン（特にステンレスタンク熟成のもの）はお刺身、お鮨によく合うと思います。あとロゼ・シャンパーニュと豚しゃぶの組み合わせもおすすめで、私も自宅でよく楽しんでます。

シャンパーニュではない、ふつうのスパークリングワインの製法

では最後に、その他のスパークリングワインの造り方についてお話ししていきましょう。やっぱりシャンパーニュ（Champagne）はお高いので日常的にはなかなか飲めません。フランスの人たちも、お祝いのときにはシャンパーニュで、普段はふつうのスパークリングワイン、という方が多いそうです。

発泡性のワインを総称して「スパークリングワイン」と呼びますが、今お勉強したシャンパーニュのような造り方を、「トラディショナル方式（Méthode Traditionnelle）」または「シャンパーニュ方式（Méthode Champenoise）」と言います。スティルワインを瓶に詰めて、糖分と酵母を加えて密閉して、瓶内で二次醗酵させて造る方法です。フランスの「シャンパーニュ」が一番有名ですが、イタリアでは「フランチャコルタ（Franciacorta）」、スペインでは「カヴァ（Cava）」が、この方式で造られる代表的な銘柄です。

カヴァってコンビニやスーパーでもよく目にすると思いますが、じつはあれはシャンパーニュと同じ瓶内二次醗酵できちんと造られたスパークリングワインなんですね。なぜカヴァが造られるようになったの?と言えば、カヴァの歴史もすごく面白いので、またそれは別の機会に。

次に「シャルマ方式（Méthode Charmat）」。これはスティルワインを瓶に一本一本入れず、大きなタンクに入れて、タンク内で二次醗酵させて泡を造る方式です。別名「密閉タンク方式」。

〈シャルマ方式〉

このほうが一本一本瓶に詰めて泡を造るよりも手間もかからず、コストを抑えて短期間に製品化できるため、大量生産に向いています。空気にあまり接触させずに、ブドウ品種のアロマ（香り）を残したいスパークリングワインを低コストで造る場合に広く用いられています。

イタリアの「アスティ（Asti）」というスパークリングワインが、この「シャルマ方式」で造られる代表的なものです。

もうひとつ、「トランスファー方式（Méthode de Transfert）」という造り方がありまして、どういう方法かと言えば、シャンパーニュと同じようにまずは瓶内二次醗酵させます。そこまでは同じです。

そのあと、シャンパーニュの場合は一本一本をルミュアージュ（Remuage）（動瓶）してから、デゴルジュマン（Dégorgement）（澱抜き）していきましたよね。この2つの作業を簡略化するため、瓶から一度大きなタンクにぜんぶドバッと出してしまって、そこでまとめて濾過して澱を取り除き、クリアできれいなスパークリングワインにしてから、再度、新しいボトルに詰め替えるんです。

せっかく一度瓶に詰めたのに、もったいない気がしますよね（笑）。でもやっぱり一本一本ルミュアージュして澱を集めて、瓶の口を凍らせて、デゴルジュマンしていく作業はかなり手間がかかるんですね。味わいにはシャンパーニュのような複雑味が加わり、手間も省けるという、この「トランスファー方式」は、アメリカやオーストラリアなどで行われている方法です。

〈トランスファー方式〉

そして「田舎方式(Méthode Rurale)」。これは見かけることは少ないと思うんですが、最初のアルコール醗酵の途中——炭酸ガスがコポコポ出ています——スティルワインにまだなりきれてないものを、そのまま瓶に詰めちゃって、瓶内で、もともと一次醗酵するために残っていた糖分を使って、泡(二酸化炭素)を造るやり方です。

あとは、もっとも簡単に泡を造る方法、「炭酸ガス注入方式(Carbonated Sparkling Wine)」。1000円以下でも手に入る、カジュアルなスパークリングワインでよく用いられますが、そのものの味わいを楽しむというよりは、リキュールを足してカクテルにしたり、気軽なパーティーなどでキンキンに冷やして飲むのに最適です。

これらがスパークリングワインの造り方です。

リーズナブルなスペイン版シャンパーニュ「カヴァ」

最後に、各国のスパークリングワインの呼び方をご紹介しておきましょう(☛)。

「クレマン(Crémant)」(☜)とは、「クレマン・ド・なんとか」と言って、シャンパーニュ(Champagne)地方以外のフランスの地方で、「シャンパーニュ方式」で造られたスパークリングワインのことです。「クレマン」を造っていいエリアが、A.O.C.法で決まっていまして、クレマン・ド・ブルゴーニュ(Crémant de Bourgogne)とか、クレマン・ド・ボルドー(Crémant de Bordeaux)とか、クレマン・ダ(ア)(Crémant d'Alsace)

＊1 「特定の8つのエリア」とは、ブルゴーニュ、ボルドー、ロワール、ディー(ローヌ地方)、アルザス、ジュラ、サヴォワ、リムー(ラングドック地方)です。

☛

	スパークリングワインの総称	シャンパーニュ方式で造られるもの
フランス	Vin Mousseux ヴァン・ムスー	Champagne シャンパーニュ Crémant クレマン ☜
イタリア	Spumante スプマンテ	Franciacorta フランチャコルタ
スペイン	Espumoso エスプモソ	Cava カヴァ

ルザスとか……特定の8つのエリア[*1]でだけ「クレマン」が名乗れます。

イタリアでは「スプマンテ（Spumante）」がスパークリングワインの総称です。イタリアのスパークリングワイン＝「プロセッコ（Prosecco）」、と思ってる人がいるんですが、これは間違いです。「プロセッコ」とはもともとブドウ品種名で、それを用いて造ったワイン（スパークリングの生産が大半で、スティルの生産はごくわずか）の名前が、「プロセッコ」であって、総称ではありません。[*2]

スペインでは、「エスプモソ」が総称で、瓶内二次醗酵で造った、フランスにおけるシャンパーニュのような存在が「カヴァ（Cava）」となっています。「カヴァ」、1000円代で売っているのをよく見かけると思いますが、ちゃんと瓶内二次醗酵で造られているので、おすすめです。

というわけで今回は、シャンパーニュ、およびスパークリングワインについてお勉強しました。今日はここまでです。皆さんお疲れ様でした。

かなり喉が渇きましたね（笑）！

＊2　ちなみに2009年に、ブドウ品種名の「プロセッコ」は「グレーラ」と名前が変わりました。

3日目

第三章

ブルゴーニュ地方

ブルゴーニュの地区

こんにちは。前回はシャンパーニュ（Champagne）地方のシャンパーニュについて勉強しましたが、これからいよいよスティルワインの産地に入っていきたいと思います。今日取り上げるのは、ブルゴーニュ（Bourgogne）地方です。まず地図を見てください。

ブルゴーニュ地方はここ（☞）。シャンパーニュから南に下ったところです。キリリとした味の白ワインで有名なシャブリ（Chablis）地区①（☛）だけちょっと離れています。

ブルゴーニュで一番大きい町がディジョン（Dijon）です。マスタードのマイユ（MAILLE）の本社があって、駅に降りると本当にマスタードの香りが漂ってくるような（笑）。

このディジョンから一番南のリヨン（Lyon）のあいだに、南北２８０kmに細長く続く一帯（＋少し離れたシャブリ地区）にブドウ畑が広がっています。

そのなかでもメインとなるのが、コート＝ドール（Côte-d'Or）（黄金の丘）と呼ばれる、コート・ド・ニュイ（Côte de Nuits）地区②とコート・ド・ボーヌ（Côte de Beaune）地区④を合わせた一帯です。ブルゴーニュを代表するおいしい赤ワインと白ワインの大半はここで生産されています。

その下のマコネ（Mâconnais）地区⑦では、白ワインがメイン。さらにその下、ブルゴーニュ地方の最南端がボージョレ（Beaujolais）地区⑧となっています。有名な

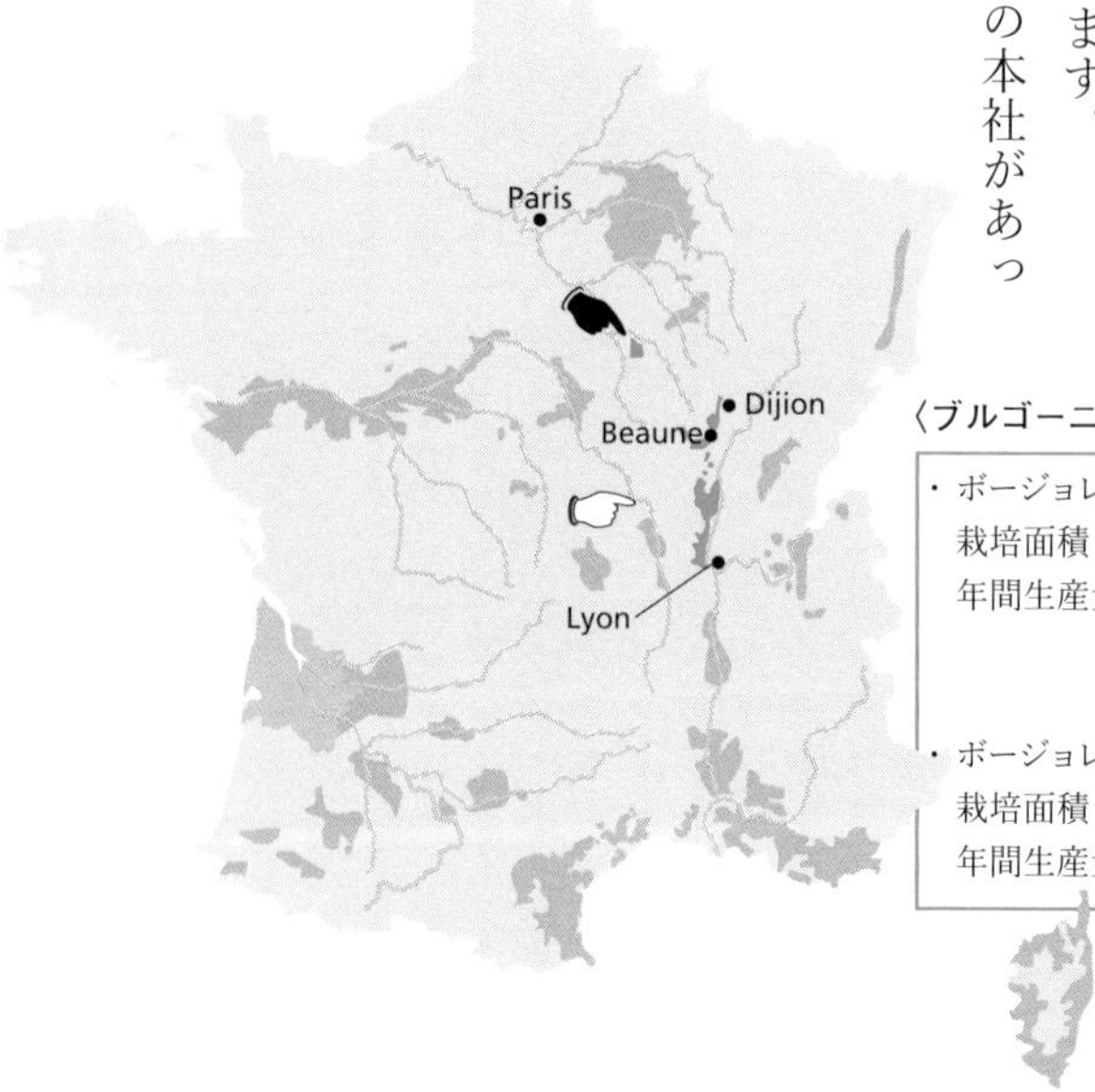

Paris
Dijion
Beaune
Lyon

〈ブルゴーニュ地方概要〉

・ボージョレを除く5地区計
　栽培面積　約3.0万ha
　年間生産量　約145万hℓ
　（赤・ロゼワイン29%、白ワイン60%、クレマン・ド・ブルゴーニュ11%）
・ボージョレ地区
　栽培面積　約1.4万ha
　年間生産量　約80万hℓ

ボージョレ・ヌーヴォー（Beaujolais Nouveau）を始め、ここでは赤ワインが大量生産されている――こういうかたちになっています。

今日はこのブルゴーニュ地方を、北のシャブリから南のボージョレにかけて、それぞれの地区にどんな村があって、どういうワインが造られているのか詳しく勉強していきたいと思います。

ブルゴーニュでは年間2億本のワインが造られ、半分以上を輸出している

ではまず地方の概略からいきましょう。

ブルゴーニュ（Bourgogne）のワインは、白はシャルドネ（Chardonnay）、赤はピノ・ノワール（Pinot Noir）という、2つのブドウ品種を柱に造られていまして、販売本数は年間約2億本強……すごい数ですよね。そのうち輸出の割合が55%――半分以上は輸出されています。フランスのワイン産地のなかでもっとも輸出の割合が高いのが、このブルゴーニュ地方です。それくらい……世界中の人がほしがるような「いいワイン」が造られています。ブルゴーニュワインの輸出先の1位はアメリカ、2位は英国です。日本は全額ベースで第3位となっています。日本人もブルゴーニュワイン、大好きなんですね。私も大好きです。

ブルゴーニュ地方には、現在約3500軒のドメーヌ（Domaine）があります。ドメーヌとは、

＊この地図は、あくまでブドウ畑（ワイン生産地）を記したもので、シャブリ地区とのあいだにも、もちろん複数の地区や村があります。

ブドウ栽培もワイン造りもぜんぶ自分でやる人たちのことです。

それからネゴシアン(Négociant)が約270軒。「商人」という意味ですが、これは基本的には、自分たちではブドウは作らず、農家さんからブドウを買い取ってワインを造ったり、もしくは樽ごとワインを買って熟成させたあと、自分たちのラベルでワインを販売したり、あるいはワインに関するビジネスを多岐にわたって行っている事業形態のことです。前回のシャンパーニュ(Champagne)地方でお話しした、N.M.(ネゴシアン・マニピュラン)です。

そして16軒の生産者の協同組合、というかたちで成り立っていて、ここからおわかりのとおり、圧倒的にドメーヌの数が多い。ブドウ栽培からワイン造りまで、ぜんぶ自分たちでやる小規模な個人経営の造り手(ドメーヌ)の割合が、フランスのなかでもっとも多いのも、このブルゴーニュ地方の特徴です。

生産量の1/3はボージョレ地区

ブルゴーニュ(Bourgogne)のワイン生産量はこんな感じです(☛)。ボージョレ(Beaujolais)地区がかなりの割合を占めてますよね。半分とまではいかないけれども、1/3強はボージョレの赤ワイン。ブルゴーニュ地方の「生産量」などの数字的なものは基本的に、ボージョレ地区かそれ以外かというかたちで考えます。

ちなみに、世界の年間ワイン生産量は、約2.6億hℓ(ヘクトリットル)……と言ってもピンとこないと思いますけども、750mℓのボトルにすると、約320億本です。全ワイン生産量の1/3強(約9600万hℓ)を、フランスとイタリアの2国だけで占めています。1位と

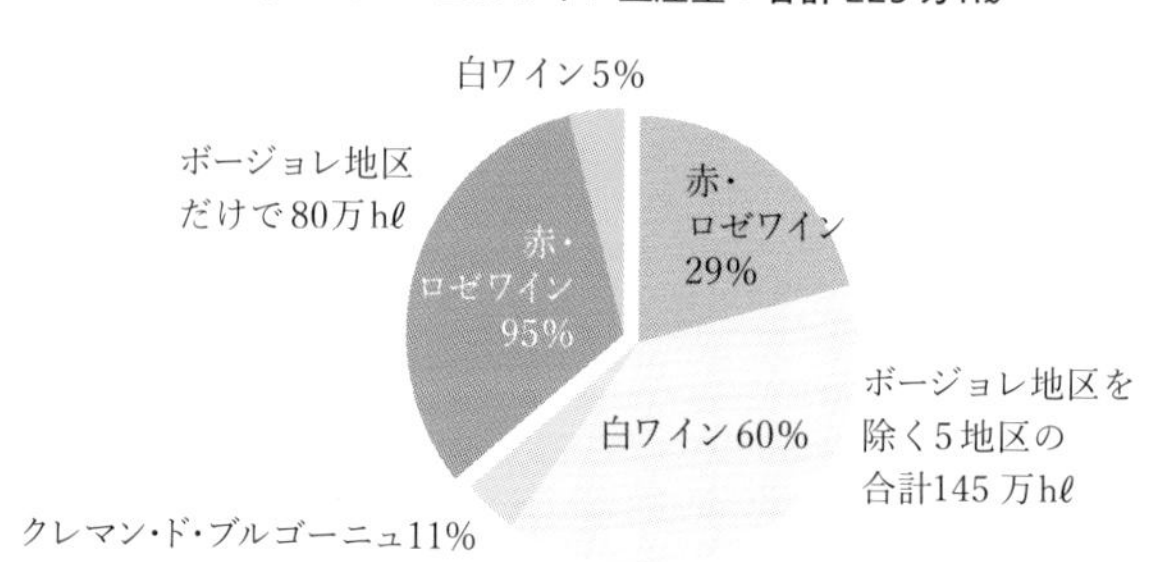

2位を常に争っていて、フランスは約4600万hℓ弱で2022年は2位（☞）[*]。

そのなかでブルゴーニュ地方の生産量の割合は、フランス全体の5％にも満たない……と、かなり少ない。ちなみにボルドー（Bordeaux）の半分以下です。

激しい気候がブドウの味を左右する

地図で見るとおわかりのように、ブルゴーニュ（Bourgogne）は内陸に位置しています。完全な大陸性気候で、夏は暑く、冬は冷え込みが厳しい。さらに、春の霜、夏の雹、秋（収穫期）の雨など、天候が激しく変わるため、ブドウの質や生産量に与える影響は大きいと言われています。

以前お話ししたとおり、ワインというお酒は、基本的にブドウそのものだけから造られます。すべてのお酒のなかで、ワインだけが水を一切加えずに造られる。となると、ブドウそのもののコンディション――どういう影響の下で育ったか――が、ワインの味わいに強く影響を与えます。

天候がいい年と悪い年によって、同じ生産者でも味わいが変わってきますし、生産量も変わるし、値段もぜんぜん変わってくる。ヴィンテージ（Vintage）（収穫年）によって、どうしても差が出てきます。ブルゴーニュワインだけじゃなくすべてのワインに言えることですが、ただ、そのなかでも特に、ブルゴーニュ地方はヴィンテージによる違いが出やすい、といえます。

* 2023年予測では1位となっています。

〈国別ワイン生産量順位：2022年〉

順位	国	順位	国
1位	イタリア	6位	チリ
☞ 2位	フランス	7位	アルゼンチン
3位	スペイン	8位	南アフリカ
4位	アメリカ	9位	ドイツ
5位	オーストラリア	10位	ポルトガル

〈国別ワイン生産量順位：2023年予測〉

順位	国	順位	国
1位	フランス	6位	オーストラリア
2位	イタリア	7位	南アフリカ
3位	スペイン	8位	ドイツ
4位	アメリカ	9位	アルゼンチン
5位	チリ	10位	ポルトガル

「いい土壌」とは何か？

気候と共に重要なのが土壌です。ブルゴーニュ（Bourgogne）地方の土壌は、ジュラ紀由来の粘土石灰質が主体となっています。

約2億〜1億5千万年前に堆積した、

石灰質（炭酸カルシウム主体の土壌）
石灰岩（炭酸カルシウムを主成分とする堆積岩の総称）
泥灰土（でいかいど）（粘土質と炭酸カルシウムが混ざった堆積物のこと）
粘土（粘性と可塑性を持つ天然産集合体で、構成粒子は3.9μ（マイクロ）m未満とされる）

などから構成される地層が、ブドウに複雑な個性を与えるんですね。

たとえば、シャブリ（Chablis）地区の石灰質には、牡蠣やプランクトンの化石なんかが大量に含まれているため、ブドウに豊富なミネラル感をもたらします。ミネラルの味ってわかりにくいんですが、たとえばミネラルウォーターの「コントレックス（Contrex）」を飲んだときのちょっと鉱物っぽい感じ……石を舐めたときのひやっとした感じ、あのニュアンスをミネラルといいます。

石灰質の土壌で育ったブドウで造ったワインには、独特のミネラルと、引き締まった繊細な酸味が表れます。ワインのミネラルがわかると、水やお料理などのミネラルにも敏感になってくると思います。

そうした様々な地層が、このブルゴーニュ地方では複雑に重なり合い、さらに細かく分断されている――断層になっている――ため、隣同士の畑でもまったく個性の違うブドウが育つんですね。そのためワインの味わいが、畑ごとに違ってくる。

特に、もっともいいワインを生むコート・ドール(Côte-d'Or)(コート・ド・ニュイ(Côte de Nuits)地区+コート・ド・ボーヌ(Côte de Beaune)地区)は、表土があまり厚くなくて、ふつうのところで80㎝、一番いい特級畑(グラン・クリュ)では、30㎝くらいしかありません。表土には栄養分が多く含まれていて、表土が厚いと根は横に伸びようとしますが、薄いとブドウは地層のより深いところまで根を伸ばすようになり、その地層に含まれるミネラルなどの養分を吸収して、より複雑な個性を獲得できる、というわけです。その他斜面の傾斜で日当たりが変わったり、風の流れなど、すぐ隣の畑でも条件がかなり変わってきます。

「グラン・クリュ(Grand Cru)」のワインがどうしておいしいかと言えば、土壌をはじめすべての環境条件がワインを造るブドウにとって最適であるからなんですね。

ブルゴーニュ地方の4つの「県」

では地図を見ながら北から南に、ちょっとお勉強チックにな

りますが、4つの「県」を見ていきたいと思います。

シャブリ（Chablis）地区①はヨンヌ（Yonne）県に位置し（☛）、土壌はおおむね石灰質。このシャブリ地区の石灰質土壌はジュラ紀後期の「キンメリッジアン土壌」で、エグゾジラ・ヴィルギュラと呼ばれる牡蠣の化石が多く見られます。これがシャブリの大きな特徴である「ミネラル感」をもたらすと考えられ、シャルドネ（Chardonnay）から酸のキリリとしたワインが造られます。

コート=ドール（Côte-d'Or）県には、コート・ド・ニュイ（Côte de Nuits）地区②とコート・ド・ボーヌ（Côte de Beaune）地区④が位置しています。

北のコート・ド・ニュイ地区はピノ・ノワール（Pinot Noir）の、南のコート・ド・ボーヌ地区はシャルドネの、世界的な銘醸地です。

次のソーヌ・エ・ロワール（Saône-et-Loire）県には、コート・シャロネーズ（Côte Chalonnaise）地区⑥と、マコネ（Mâconnais）地区⑦が位置しています。

ブドウ品種には、シャルドネとピノ・ノワールだけでなく、アリゴテ（Aligoté）という白ブドウが加わります。

ブルゴーニュ地方の白ワインは、基本的に、大半はシャルドネで造られていますが、ちょっとだけアリゴテからも造られている、と覚えておいてください。

さらに南に行って、ボージョレ(Beaujolais)地区⑧を含むのがローヌ(Rhône)県。

ここは北部が花崗岩質土壌で、ピノ・ノワールではなく、ガメイ(Gamay)という黒ブドウ品種が栽培されています。ボージョレ・ヌーヴォー(Beaujolais Nouveau)の味を思い出していただくとおわかりのとおり、酸とタンニンが軽やかで、ブドウ果汁感の強いタイプのワインが多く造られています。

ブルゴーニュワインとテロワール

ブルゴーニュ(Bourgogne)地方のワインは、基本的には白ワインはシャルドネ(Chardonnay)から、赤ワインはピノ・ノワール(Pinot Noir)から、とそれぞれ単一品種のみを使って造られます。次回お話しするボルドー(Bordeaux)地方だと、赤ワインはカベルネ・ソーヴィニョン(Cabernet Sauvignon)やメルロ(Merlot)を主体として何種類かのブドウをブレンドして造るんですが、ブルゴーニュはひとつの品種のみ。白ブドウのシャルドネで白ワイン、黒ブドウのピノ・ノワールで赤ワインを造っています。これがボルドーとブルゴーニュの最大の違いです。


そして、ここが重要なんですが、単一品種で造るため、その畑の「テロワール(Terroir)」がそのままワインの味に反映されます。

「テロワール」という言葉、聞いたことあるかと思いますが、畑を取り巻く気候、土壌、地勢など、そういうのをすべて含めた、ブドウが育つ環境そのもののことです。ピノ・ノワールとシャルドネというブドウは、環境や造り方に影響を受けやすく、それゆえ、

県名	生産地区	主要品種
☛ Yonne	① Chablis、Grand Auxerrois	Ch
Côte-d'Or	② Côte de Nuits ④ Côte de Beaune	Ch、PN
Saône-et-Loire	⑥ Côte Chalonnaise ⑦ Mâconnais	Ch、Aligoté、PN、Gamay
Rhône	⑧ Beaujolais	Ch、Gamay

そのテロワールの魅力を最大限に表現してくれる品種なんですね。

ブルゴーニュワインにおいては、その造り手がいい造り手かどうかを判断するひとつの基準として、造られたワインがそのテロワールを表現しているか、ちゃんとその村の味わい——というものがそれぞれの村によってあるわけですが——その味わいにちゃんとなっているかどうか、が特に重要なポイントとされるんです。

A.O.C.を知らないとワインを上手に買うことができない

ここからもう一歩、深くなっていきます。

A.O.C.（原産地統制呼称制度）について、もう一度復習しておきましょう。日本で考えるとわかりやすいんですが、たとえばお米の「あきたこまち」は、秋田県のある地区でだけ作られているわけじゃないですよね。日本全国で「あきたこまち」は作られています。今はまだ、日本のお米には国単位での「原産地統制呼称制度」が存在していないからです。

一方、フランスでは、このA.O.C.（現A.O.P.）がすごくしっかりしているため、その「産地」をワインの商品名として使うんだったら、まずその産地でしか造ることは許されないし、さらにこのブドウ品種を使って、こういう栽培方法で……剪定方法で……醸造の仕方で……熟成期間は何年で……、と厳密に決められています。それをクリアしたものだけが、その「産地」を名乗れる。そうやって伝統的な「味」や「品質」を

＊「ロックフォール」は、イタリアのゴルゴンゾーラ（Gorgonzola）、イギリスのスティルトン（Stilton）と共に「世界三大ブルーチーズ」のひとつです。

守っているわけです。勝手に変えてはならない。これがA.O.C.です。

ワインだけでなく、チーズやバターもA.O.C.法のもとで厳しく管理されています。例えば、フランス最古のチーズともいわれる「ロックフォール（Roquefort）」*というブルーチーズ、皆さんご存知ですか？ これは、ラングドック（Languedoc）地方のロックフォール村の地下に広がる洞窟に繁殖する青カビを使い、この洞窟の中で熟成させた羊乳のチーズに対してだけ、「A.C.ロックフォール」を名乗ることが認められています。

このようにA.O.C.がベースになっているので、まずこれを知っておかないと、そのワインがどの地方のどんなブドウで造られているかがわからないため、本当に自分が飲みたいワインが買えません。基本的にフランスワインのラベルには、ブドウ品種名は書かれていないんです。

ただし、アルザス（Alsace）地方だけは例外で、A.C.アルザスや、A.C.アルザス・グラン・クリュ（Alsace Grand Cru）とあったときに、何種類か使っていいブドウ品種があるので、その品種を併記しています。それ以外は、たとえば「ピュリニィ・モンラッシェ（Puligny-Montrachet）」と書いてあって白ワインだったら、ブドウ品種は「シャルドネ（Chardonnay）」と自分で知ってなきゃいけないよ、というわけです。

そんな感じで、産地名とブドウ品種名をリンクさせて見ていきたいと思います。

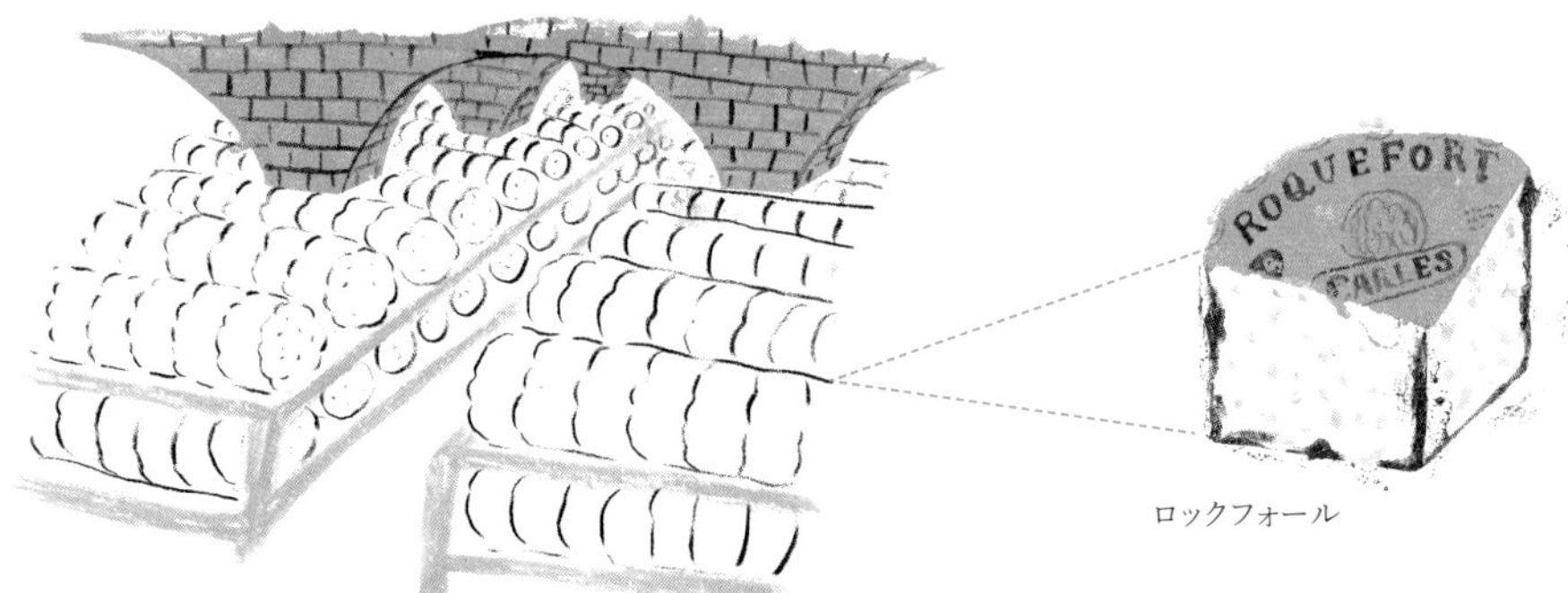

ロックフォール

ブルゴーニュだけが畑ひとつひとつを格付けしている

現在フランスワインのA.O.C.は約400あります。400種類のブランド……400種類の「造り方の決まり」に分かれていると思ってください。ラベルのなかの、「アペラシオン（Appellation）・〇〇・コントローレ（Contrôlée）」の〇〇が全部で400あるわけです。「地方名レベル」（A.C.ボルドー（Bordeaux）やA.C.ブルゴーニュ（Bourgogne）とか）だったり、「村名レベル」（A.C.ヴォーヌ・ロマネ（Vosne-Romanée）とか）だったり、「畑名レベル」（A.C.ロマネ・コンティ（Romanée-Conti）とか）だったり、いろんなレベルで合計400あるんですが、そのうちの約100が、ブルゴーニュ地方にあります。

生産量の割合はフランス全体の5％にも満たないのに、A.O.C.数は1／4を占めている。

ちなみにボルドーは約50です。ブルゴーニュは、生産量ではボルドーの半分以下にもかかわらず、A.O.C.の数は倍ぐらいある。なぜかというと、他の地方では、格付けを「村」レベルまで行っているのに対して、ブルゴーニュだけは、「畑」（「村」のなかにあるたくさんの「畑」）レベルまで、ひとつひとつを格付けしているからです。

さらに「畑」の中で、「特級の畑」「1級の畑」「いい畑」「ふつうの畑」ときれいに分かれていて、それぞれの畑で造られるワインが、そのまま

「特級の畑」	⟶	A.C.その「特級畑名（グラン・クリュ）」 たとえば Appellation Romanée-Conti Contrôlée
「1級の畑」	⟶	A.C.その畑がある「村名」+「1級畑の表記（プルミエ・クリュ）」 たとえば Appellation Vosne-Romanée. Premier Cru Contrôlée *「畑名」はその下に表記
「いい畑」	⟶	A.C.その畑がある「村名」 たとえば Appellation Vosne-Romanée Contrôlée
「ふつうの畑」	⟶	A.C.その畑がある「地方名」 たとえば Appellation Bourgogne Contrôlée

そのワインのランクとしてラベルに表示されます。
畑単位まで格付けしているのはブルゴーニュだけ。ボルドーも村単位まで。

そもそもボルドーは、ひとつの生産者が複数の畑を所有し、異なる畑の異なるブドウ品種をブレンドして造るスタイルのため、そもそも畑単位で細かく差別化していく必要がなかったんです（所有権も細かく分かれていませんでしたし）。ブルゴーニュのように、その畑のブドウ100％のワインを造る、というスタイルではないため、畑に格付けする必要が特になかった。なのでボルドーでは、格付けを、「畑」でなく「造り手＝シャトー(Château)」単位で行ったのですが、詳しくは次回お話しします。

ボルドーとブルゴーニュのこのA.O.C.の数の差――50と100というこの差は、ブルゴーニュは畑にまでA.O.C.があって、最高の畑である「特級畑(グラン・クリュ)」が33面もあるから、とそういうふうに思っておいてください。＊

ちなみに、面積最小のA.O.C.は、ヴォーヌ・ロマネ村の「ラ・ロマネ(La Romanée)」という特級畑(グラン・クリュ)です。わずか0.84ha(ヘクタール)。基本的にワインは、1haの畑から約1万本造ることができるといわれていますが、「ラ・ロマネ」では年間4000本程度と、かなり少ないです。世界中でパッと一瞬にしてなくなる、ほとんど手に入れることができない生産本数です。

＊ プルミエ・クリュの畑は600以上もあるのですが、これはA.O.C.数としてはカウントされません。たとえば、

Appellation Vosne-Romanée
Premier Cru Contrôlée
Les Suchots（レ・スショ）

Appellation Vosne-Romanée
Premier Cru Contrôlée
Les Chaumes（レ・ショーム）

という「ヴォーヌ・ロマネ村」の「Les Suchots」と「Les Chaumes」という2つの一級畑(プルミエ・クリュ)の場合、A.O.C.としては、どちらも「A.C. Vosne-Romanée Premier Cru」となります。畑ひとつひとつを格付けしていると言っても、A.O.C.のカウントの仕方は、他の地方と同様「村」単位と言えます。ただし特級畑(グラン・クリュ)だけは例外で、33面すべてが1面1面のA.O.C.としてカウントされます。

その畑は誰のものか？

ブルゴーニュ（Bourgogne）だけ、なぜ畑を細かく差別化しているかと言うと、そもそもワイン造りは、キリスト教の布教と共に盛んになっていったわけですが、キリスト教が広まっていくときには必ず修道院ができます。そしてその修道院の周りで、修道士たちがブドウを育ててワイン造りをします。ブルゴーニュではそれぞれの畑で「この畑とあの畑ではワインの味が違うな……」というのがわかっていって自然と区分されていって、畑ごとの格付けの原型のようなものが作られていきました。フランス革命後に、そうした修道院や貴族の人たちが所有していた畑がすべて国に没収され、市民が買えるほどの小さな単位で——ひとつの畑を細かく分割して——競売にかけられた……という経緯があります。

ひとつの畑と言っても、けっこう大きいので、複数の所有者で分割し、それぞれがワイン造りを行っているんですね。同じ特級畑（グラン・クリュ）と言っても、造り手さんによって味の違いが楽しめる。確かにその畑の味でありながら、でも造り手によって微妙に違う、といった部分もブルゴーニュワインの魅力のひとつです。

もちろんひとつの畑を単独で所有している方もいて、それを「モノポール（Monopole）」（単独所有畑）といいます。モノポリー＝独占という意味ですが、モノポールの畑で造られたワインには基本的にラベルに「Monopole」と書いてあって、要す

MONOPOLE

るにその畑では……その畑のワインは、その人だけが独占的に造ることができる、というわけです。

有名な「ロマネ・コンティ（Romanée-Conti）」というワインは、ロマネ・コンティという特級畑名で、DRC（ドメーヌ・ド・ラ・ロマネ・コンティ）という会社のモノポールですので、「ロマネ・コンティ」と言えば、それはもうDRC社によるロマネ・コンティしか存在しません。造り手による味わいの違いとかはありません。唯一無二なわけです。

「モノポール」だから、必ずしも「いい畑」というわけではありませんが、希少価値が高いというか、「強力なブランド」というイメージでしょうか。何しろ競争相手がいないので……*。

＊ グラン・クリュやプルミエ・クリュでない「村名レベル」の畑でも、モノポールはあります。

特級畑（Grands Crus）と1級畑（Premiers Crus）のラベル

ブルゴーニュ（Bourgogne）のA.O.C.の階層構造をピラミッド型で書いてみました（☛）。トップはグラン・クリュ（Grand Cru）で、33個あります。

コート・ドール（Côte-d'Or）（コート・ド・ニュイ（Côte de Nuits）地区＋コート・ド・ボーヌ（Côte de Beaune）地区）に32個。シャブリ（Chablis）地区に1個。生産量はブルゴーニュ全体のたった1%……超貴重ですね。

その次がプルミエ・クリュ（Premier Cru）で、600面以上の畑が選ばれています。

グラン・クリュのラベルには、その「特級畑（グラン・クリュ）」の名前しか書かれていません。その「畑」がある「村」の名前は省略されています。グラン・クリュの畑はどれも非常に有名なので、「どの村にあるかなんて、言わなくてもわかるでしょ」という感じです。

それに対してプルミエ・クリュの場合は、最初にまず「村」の名前があって、それから「プルミエ・クリュ」とあって、その次にその「畑」の名前が書かれてあります。「村」の名前と、それが「プルミエ・クリュ」の畑であることも記しておかないと、畑の数が600以上もあるので、わからなくなってしまうんですね。

このラベル（☚）から「シャサーニュ・モンラッシェ（Chassagne-Montrachet）村の、レ・カイユレ（Le Caillerets）という1級畑（プルミエ・クリュ）のブドウから造られたワイン」ということが読み取れます。

ちなみに、「畑の名前」がなく、「プルミエ・クリュ」とまでしか書かれてない場合があります。

プルミエ・クリュの畑同士のブドウを混ぜても、それはやっぱり「プルミエ・クリュ」を名乗れます。なので「A.C.なんとか村 Premier Cru（畑名なし）」とあったら、それは「あ、複数のプルミエ・クリュの畑のブドウをブレンドしたんだな」とわかります。その場合、もちろん同じ村のなかの畑同士です。

☚

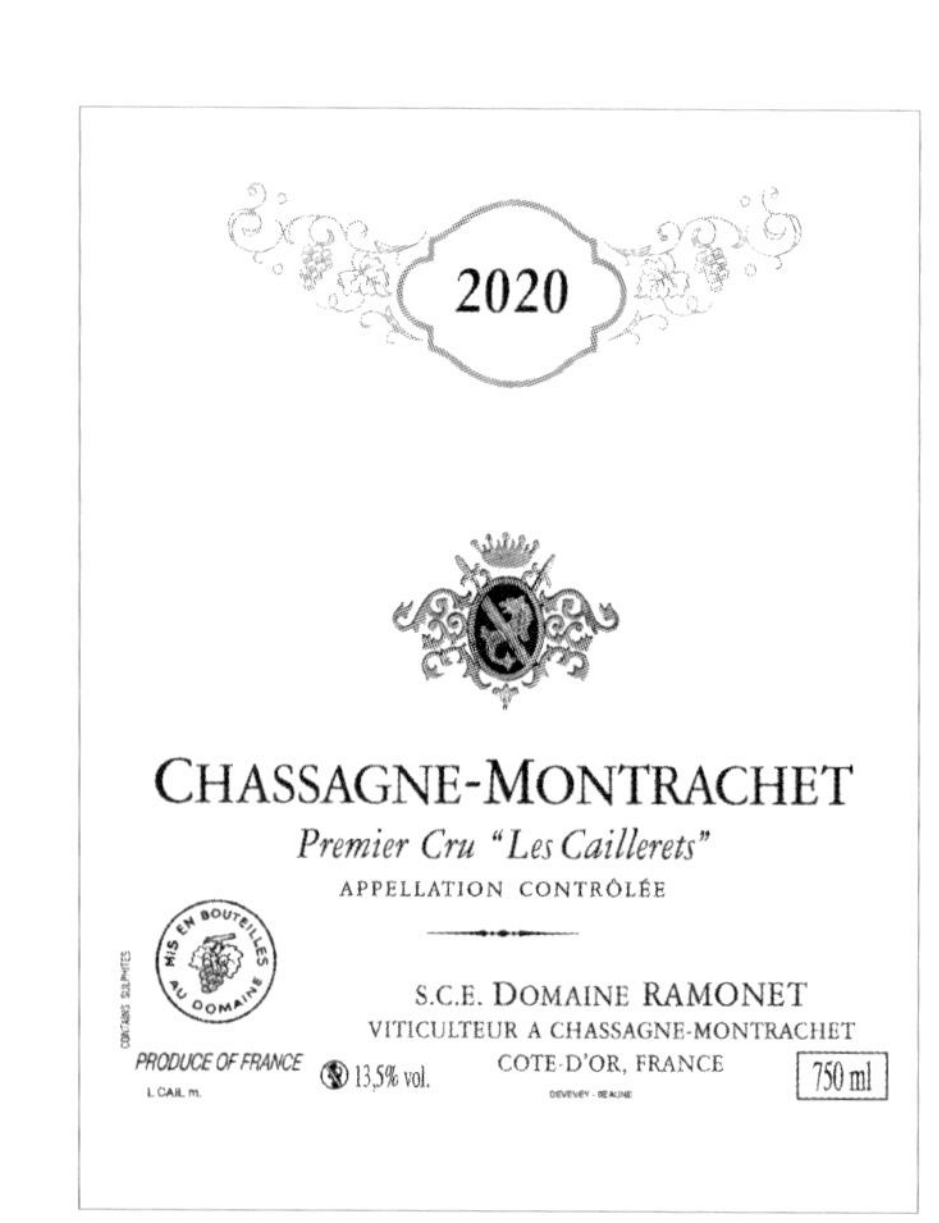

ブルゴーニュ地方のなかの、「村」と「地区（地方）」

プルミエ・クリュ（Premier Cru）の次はコミュナル（Communales）（☜）。これは「村」のことです。「村名レベル」のA.O.C.は40以上あります。ブルゴーニュ（Bourgogne）のなかの認められた村だけが、その村の畑……プルミエ・クリュほどよくはないけど、まあまあ「いい畑」のブドウで造ったワインに、自分たちの「村名」を付けることができます。*1

最後がレジョナル（Régionales）（☚）。「地方」という意味ですが、広域のA.O.C.と思ってください。これが20以上あって、一番大きい枠が「A.C.ブルゴーニュ」となり、これは単に、ブルゴーニュ地方の「ふつうの畑」で造られたワイン――A.O.C.に則って造られたちゃんとしたワインだよ、という意味です。

こんなふうにブルゴーニュ地方は、ほぼすべての畑がA.O.C.ランクの畑となっていて、それらは4つのランクに分類され、その畑のワインは、そのランクを名乗ることが義務付けられています。*2

というのが、ブルゴーニュにおけるA.O.C.です。

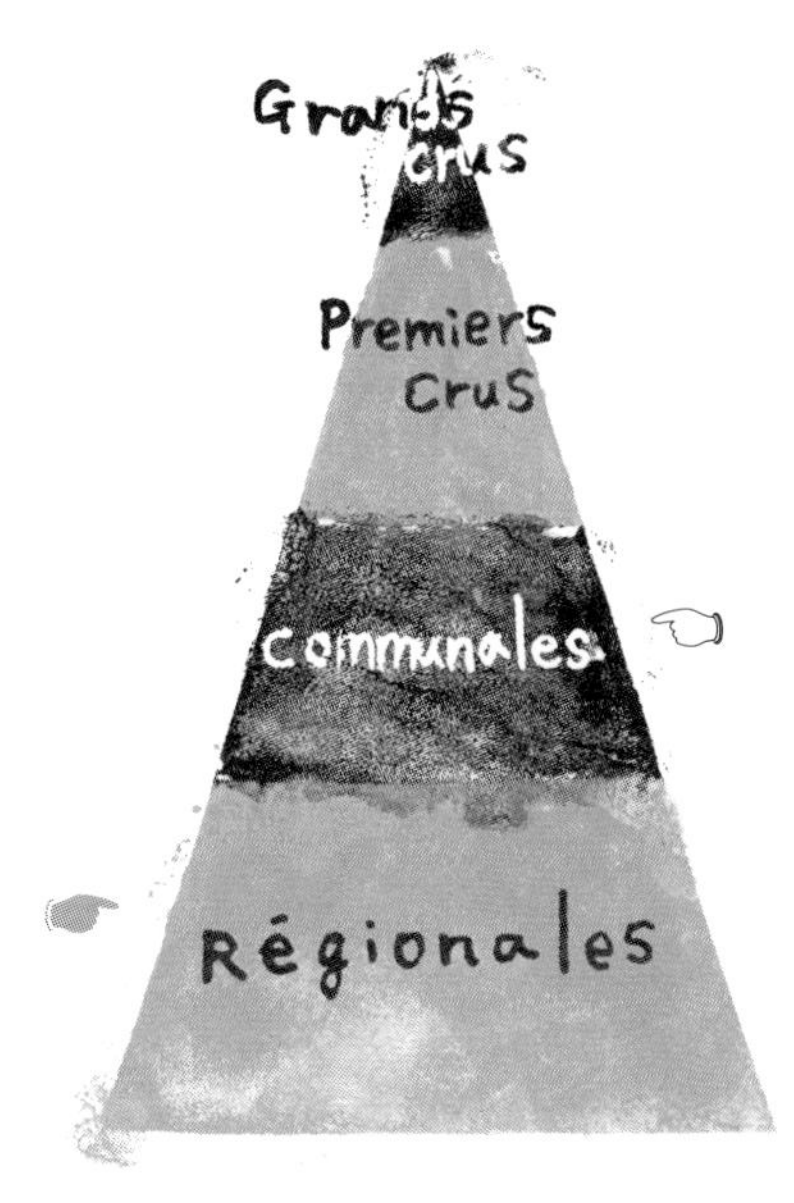

＊1　その村の畑でも「ふつうの畑」は「村名」を名乗れません。その場合は、ひとつ下の地方名レベル、（たとえば）「A.C.ブルゴーニュ」とかを名乗ります。

＊2　ただし格下げは可能で、プルミエ・クリュの畑のワインでも、造り手が品質に納得がいかないと、格下の村名レベルや地方名レベルの銘柄で販売することもあります。

なぜ古いブドウの木のほうがおいしいブドウが実るのか？

あともうひとつ、A.O.C.と共に知っておいてほしい言葉が、「ヴィエイユ・ヴィーニュ」。「Vieille Vigne」もしくは略して「V.V.」——私はいつも「ヴィヴイ」と言っていますが——とラベルに書かれていることがありまして、これはだいたい樹齢40年以上の古木から造られたワインを証明するものです。*

一般的に、若い木のブドウで造られるよりも、古い木のブドウで造られたワインのほうがいいと言われています。なんとなくイメージ、逆ですよね。古いと、土壌からの栄養分がブドウの実に行きわたらないんじゃないの？ というイメージがありますが、じつは逆で、若い木のほうが行きわたらないんですね。なぜならブドウがいっぱい実るから……。でも樹齢20、30年の古木になると、ブドウの実があまり生らなくなって、しかも実が小さいため、1粒1粒に養分がぎゅっと凝縮されていきます。

さらに、実が少ないおかげで、ひとつひとつの実に太陽がよく当たるようになるし、あと根っこも、古い木ほど地中に深く伸びているため、より深い地層から様々なミネラル分を吸収することができる。そういうわけで古い木ほど、ワインの複雑さが増すと言われています。

同じ畑の同じ造り手のワインでも、この列はヴィエイユ・ヴィーニュ（古木）、この列は若い木という場合、味わいは違ってきますのですごく面白いです（値段はV.V.のほうが少しお高めです）。

＊「だいたい40年」と言ったのは、法的な規制がないからです……。

ビオ・ワインの歴史

あと、もうひとつ、有機農法についてもお話ししておきましょう。

第二次世界大戦後に、生産性や効率性を追求して農薬や化学肥料を多用した結果、ブドウ畑が汚染されてしまったんですね。その当時はフランスに限らず世界中どこでもそうでしたが、大量生産社会になっていって、多量の農薬を使用し、目先の収穫量ばかりを優先させてしまった。しかしそれによって地中の微生物がだんだん死滅していき……微生物がいないと土は硬くなり、土が硬くなると根が地中深くに伸ばせなくなる。また、収量を増やしたためにブドウの実自体のクオリティも下がってしまった。

その反動で１９８０年代から——40年ほどですね——農薬を使わず、自然な農業をしようという考え方が広まり、土を活性化して、健康的なブドウ栽培を行う生産者が増えてきました。

そのなかで「リュット・レゾネ（Lutte Raisonnée）」といわれる方法があります。ブルゴーニュ（Bourgogne）なんかではかなりの生産者の方がやっているんじゃないかなと思うんですが、これは「減農薬農法」という、有機農法に限りなく近いやり方です。雨や天候によりカビの被害が出たときや出そうなときに、防カビ剤などを最低限使用する、という農法です。ちなみに、「リュット」は戦い、「レゾネ」はリーズナブルな、という意味です。瓶のバック・ラベルに書いている生産者の方もいます。

リュット・レゾネ→ビオロジック→ビオディナミ

リュット・レゾネ（Lutte Raisonnée）のもう一段進んだものが「ビオロジック（Biologique）」——いわゆる有機農法ですね。これは化学的な肥料や殺虫剤を一切使用しない農法です。

そして、一番究極的な農法と言われるのが「ビオディナミ（Biodynamie）」、直訳すると「生体力学＝バイオダイナミクス（Biodynamics）」という意味です。オーストリアの哲学者で教育法などでも有名な「ルドルフ・シュタイナー（Rudolf Steiner）」の思想に基づいて始まったといわれていますが、基本的には有機農法（ビオロジック）で、そこにさらに天体の動きなどを考慮して農作業やワイン造りを行う、というやり方です。土のエネルギーを引き出すために、牛の角に牛糞を詰めて土のなかに入れたり、鹿の膀胱に花を詰めて吊るしたりして作った調剤を畑にまいたりとか、宗教的、哲学的な側面も強いのかなと思いますが……。実際にできあがるワインには生命力があり、味わいに滋味深さを感じられるものもあります。

そもそもワイン造りって、宗教というか哲学に近いものがあるんですよね。造り手の土壌に対する思いとか、自然と共存する感覚とか……。理屈じゃない「思想」の部分がけっこうあります。

そういう思想的な、哲学的な部分を含んでいるか（→ビオディナミ）、含んでいないか（→ビオロジック）というような感じでしょうか。

まあ、ワインはそういう付加価値的な、カルト的な部分もありますから（笑）。

かると思います。

「物語を味わう」みたいな。ワインマンガの『神の雫』を読むとそういう感じってよくわかると思います。

以上の3つの農法が、今のブドウ栽培の主流となってきています。

最近よく「ナチュール」という言葉をお聞きになると思うんですが、これは一般的には、できる限り自然のままの製法で造られたワイン、自然派ワイン＝ヴァンナチュールとも言われています。原料となるブドウは、ビオロジックで栽培されることが前提で、自然の酵母を使用するなど醸造工程においても様々な条件があります。なるべく人工的なものを使用せず、昔ながらの技術を利用し、造られたワインは優しく親しみやすい味わいで人気を集めています。

フランスの場合、ビオロジックで造ってあるワインのなかには、裏のラベルにAB（Agriculture Biologique の略）と書かれたマークが付いているものがあります。それを見れば、ビオロジックのワインかどうかが判断できます。

ただ、じつはビオロジックで造っているけど、ABマークを付けてない生産者の方もけっこういらっしゃいます。以前からやっているので、わざわざ認証をもらう必要はないという考えみたいで、「付いてないからビオロジックじゃない」というわけではありません。このことも知っておきたいポイントです。

A.O.C. シャブリ&グラン・オーセロワ地区

ではここから、ブルゴーニュのアペラシオン(A.O.C.)を細かく見ていきましょう。皆さんが見たり飲んだりしたことのある村名がいっぱい出てくると思います。

まずはシャブリ地区。ブルゴーニュ地方の最北部に位置し、気候は冷涼。シャルドネを育てるのに最適な白亜質土壌(石灰質土壌)で、ミネラルと酸が豊かな辛口白ワインが造られます。

A.O.C.は4つあります(☛)。ブルゴーニュ地方においてグラン・クリュは、畑名ひとつひとつに対して与えられているんですが、シャブリ地区だけ「7つの畑(+1つの畑)」を総称して1個のA.O.C.「シャブリ・グラン・クリュ」が与えられています(「A.C.シャブリ・グラン・クリュ」の下に「畑名」が付記されます)。このそれぞれの畑名、覚えなくていいので、「シャブリ・グラン・クリュ」というA.O.C.が1個あるんだよ、ということだけ知っておいてください。プルミエ・クリュは40畑。プルミエ・クリュもグラン・クリュも、畑ごとに味わいが微妙に違っています。

シャブリ地区の左上に、グラン・オーセロワ地区と呼ばれる一角があります。ここの3つのA.O.C.、すごく面白いのでぜひ知っておいてください(☛)。

ひとつめが「イランシー」。これも「村名」ですが、ピノ・ノワールで造られた赤です。かなり北で作られるピノ・ノワールなので、他のブルゴーニュのピノに比べてすごく

地区／村名 A.O.C.	Premier Cru A.O.C.	Grand Cru A.O.C.	赤	ロゼ	白
Petit Chablis プティ・シャブリ					○
Chablis シャブリ	Chablis Premier Cru シャブリ・プルミエ・クリュ				○
		Chablis Grand Crus シャブリ・グラン・クリュ			○

1. Bougros ブーグロ：最西
2. Preuses プルーズ
   (Moutonne ムートンヌ)
3. Vaudésir ヴォーデジール
4. Grenouilles グルヌイユ：面積最小
5. Valmur ヴァルミュール
6. Les Clos レ・クロ：面積最大
7. Blanchot ブランショ：最東

Serein

chablis

酸が豊富なんですね。なので「イランシー」と書いてあるワインを見つけたら、それは「さわやかな、酸の多いピノ・ノワール」だとわかります。

もうひとつ、「サン・ブリ(Saint-Bris)」というA.O.C.があります。これは、ブルゴーニュ地方で唯一、白ブドウの「ソーヴィニヨン（・ブラン）(Sauvignon Blanc)」で造られる白のみのA.O.C.です。

なぜシャルドネでなくソーヴィニヨンで造られるのかと言うと、地図を見てください。さっきお話ししたシャブリがあって、オーセロワ地区はその隣なんですが、その先がロワール(Loire)地方となっていて、このあたりは（☝）ソーヴィニヨンで有名な地区なんですね。なのでブルゴーニュ地方でも、このオーセロワ地区だけはソーヴィニヨンが造られています。

A.O.C.	赤	ロゼ	白
Irancy イランシー	●		
Saint-Bris サン・ブリ			○
Vézelay ヴェズレイ			○

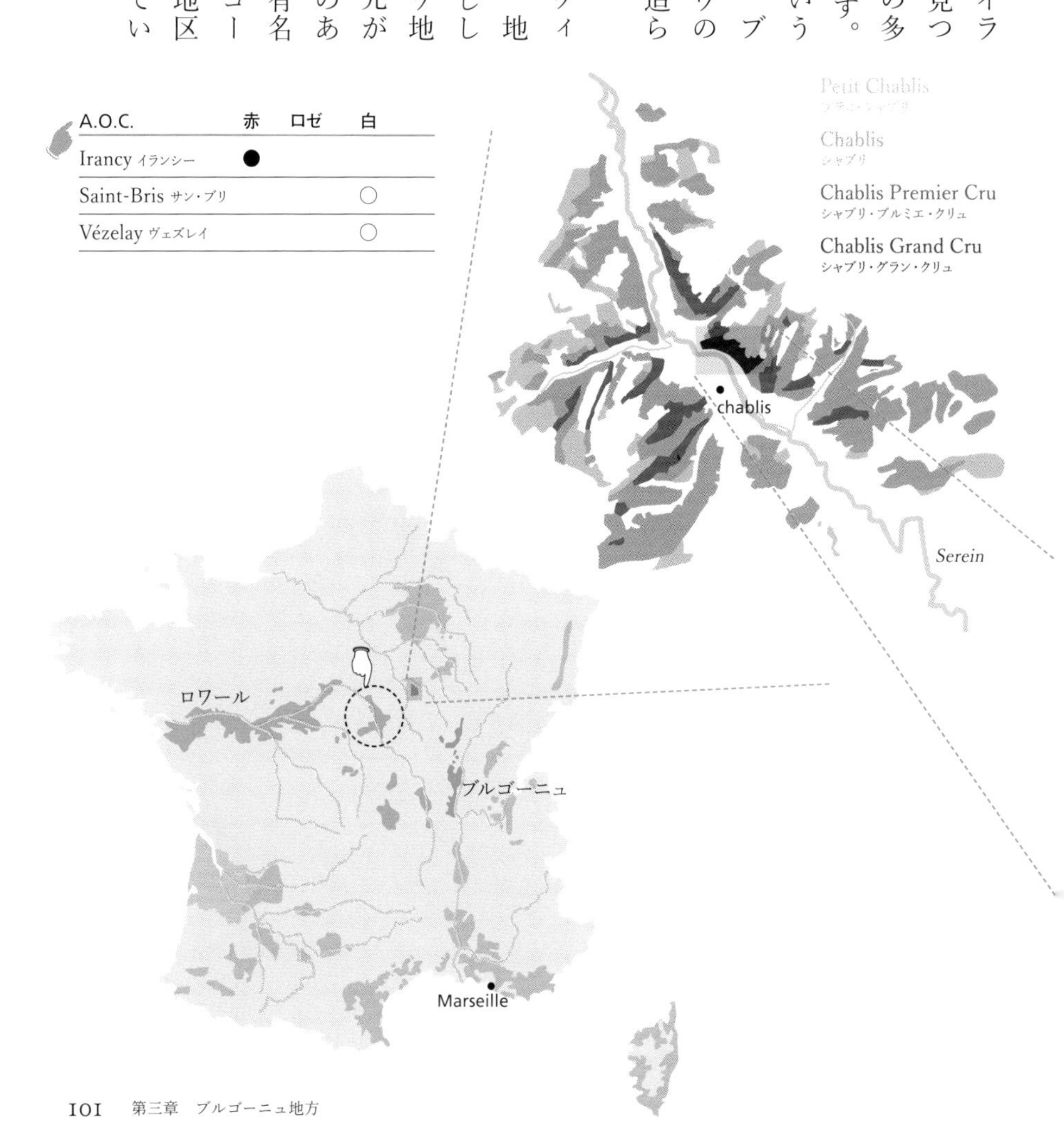

この「サン・ブリ」、ブラインドで飲むとシャルドネだと思ってしまう人が多くて、ソムリエの方でも間違うくらい。ソーヴィニョンなのに、なんでこんなに酸とミネラルが豊富なの？　という、シャブリっぽいキリッとした味わいです。

ソーヴィニョンという品種は、グレープフルーツとか若葉とか、そういう青っぽい若々しいニュアンスが多く含まれている品種ですが――「猫のおしっこ」と言われたりもしますが――でもこのサン・ブリはそういう青臭さがあまり出なくて、グレープフルーツ感＋さわやかな酸とミネラルという、もう、夏に冷やして飲むのにすごくぴったりな白ワインです。最後の「ヴェズレイ（Vézelay）」ですが、これはシャルドネ100％で造られる白ワインのみ生産可能な、2017年認定のA.O.C.です。

こちらもキリッと冷やして楽しみたいワインですね。

というのがシャブリ&グラン・オーセロワ地区です。

A.O.C. コート・ド・ニュイ地区

ここからがブルゴーニュ（Bourgogne）ワインのメインとなるコート・ドール（Côte-d'Cr）（コート・ド・ニュイ地区（Côte de Nuits）とコート・ド・ボーヌ地区（Côte de Beaune））です。

まずコート・ド・ニュイ地区からいきましょう（☛）。

ブドウ畑は、南北約20kmに渡り広がっていて、長期熟成型の赤ワインが多く生産されています。

Dijon
Côte de Nuits
コート・ド・ニュイ
Beaune

イメージ的に、シャブリ（Chablis）地区の南だから、このコート・ド・ニュイ地区でシャルドネ（Chardonnay）（白ワイン）が作られて、次のコート・ド・ボーヌ地区でピノ・ノワール（Pinot Noir）（赤ワイン）が作られていそうですが、逆です。上が赤で下が白。

北から順番に……まず最初にA.O.C.を名乗れる村が、「マルサネ（Marsannay）」❶です。この村の特徴は、一覧表のほうを見ていただくと、マルサネ・ロゼと書いてありますよね（ ）。コート＝ドールでロゼワインを造れる村名A.O.C.は唯一マルサネだけなんです。ピノ・ノワール100％で造られるロゼなんですが、すごくできが良くて、お値段もお手頃なので、この名前を知っておくとロゼを飲みたいときに役立つと思います。

次に、マルサネから下ったところに、「フィサン（Fixin）」❷という村があります。フィサンといったりフィクサンといったりしますが、表を見ていただくと、一番上に、村名A.O.C.、Premier Cru A.O.C.、Grand Cru A.O.C. と書いてありまして、先ほどのマルサネ村は、プルミエ・クリュとグラン・クリュが存在しない村です。A.C.マルサネ（とA.C.マルサネ・ロゼ）という「村名レベル」のワインまでしかない。それに対してフィサンは、プルミエ・クリュまである村だとわかります（ ）。

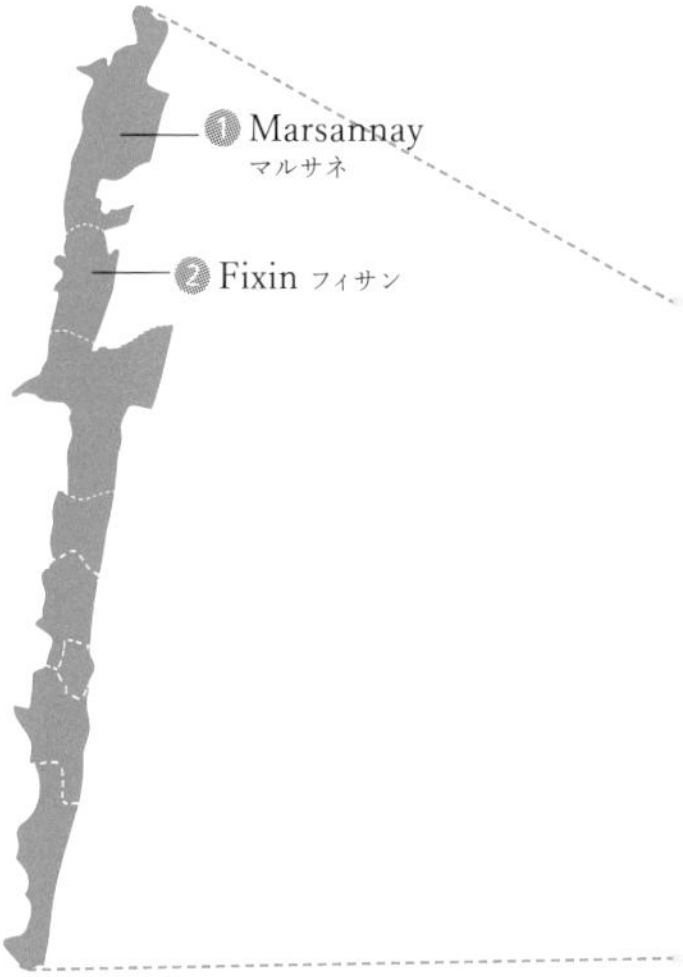

❶ Marsannay マルサネ
❷ Fixin フィサン

村名 A.O.C.	Premier Cru A.O.C.	Grand Cru A.O.C.	赤	ロゼ	白
❶ Marsannay マルサネ			●		○
Marsannay Rosé マルサネ・ロゼ				●	
❷ Fixin フィサン	Fixin Premier Cru		●		○

その次、③番。すごく大きいですよね。これが皆さんもよくご存じのジュヴレ・シャンベルタン村です。「ジュヴレ・シャンベルタン」は、コート・ド・ニュイ地区の村（A.O.C.の村）では面積が一番大きく、さらにこの一覧表を見ていただくとお分かりの通り、グラン・クリュが9つも存在しています（☛）。

中でも一番お高いグラン・クリュが、「シャンベルタン」Ⓕです。なんとかシャンベルタンでなく、ただのシャンベルタンが、ジュヴレ・シャンベルタン村のなかで最高級の畑だと言われています。

これらのグラン・クリュ、それぞれまた味わいが違うので、ジュヴレ・シャンベルタン村のグラン・クリュの飲み比べとかをやると最高に幸せだと思いますが……まあそんな機会はなかなかねぇ……ありませんけど。それくらい、9つもグラン・クリュがある素晴らしい村です。

それとジュヴレ・シャンベルタン村は——あとで一覧表で見ていきますが——プルミエ・クリュも有名な畑がいっぱいあります。今日はせっかくなので、皆さんには「ああグラン・クリュってこんなに数があるんだ」ということと、知っておいたら役立つプルミエ・クリュをお教えしたいと思います。そうするとレストランでワインリストを見て頼まれるときに、「これ、おいしいやつだな」と選んで開けられますので。

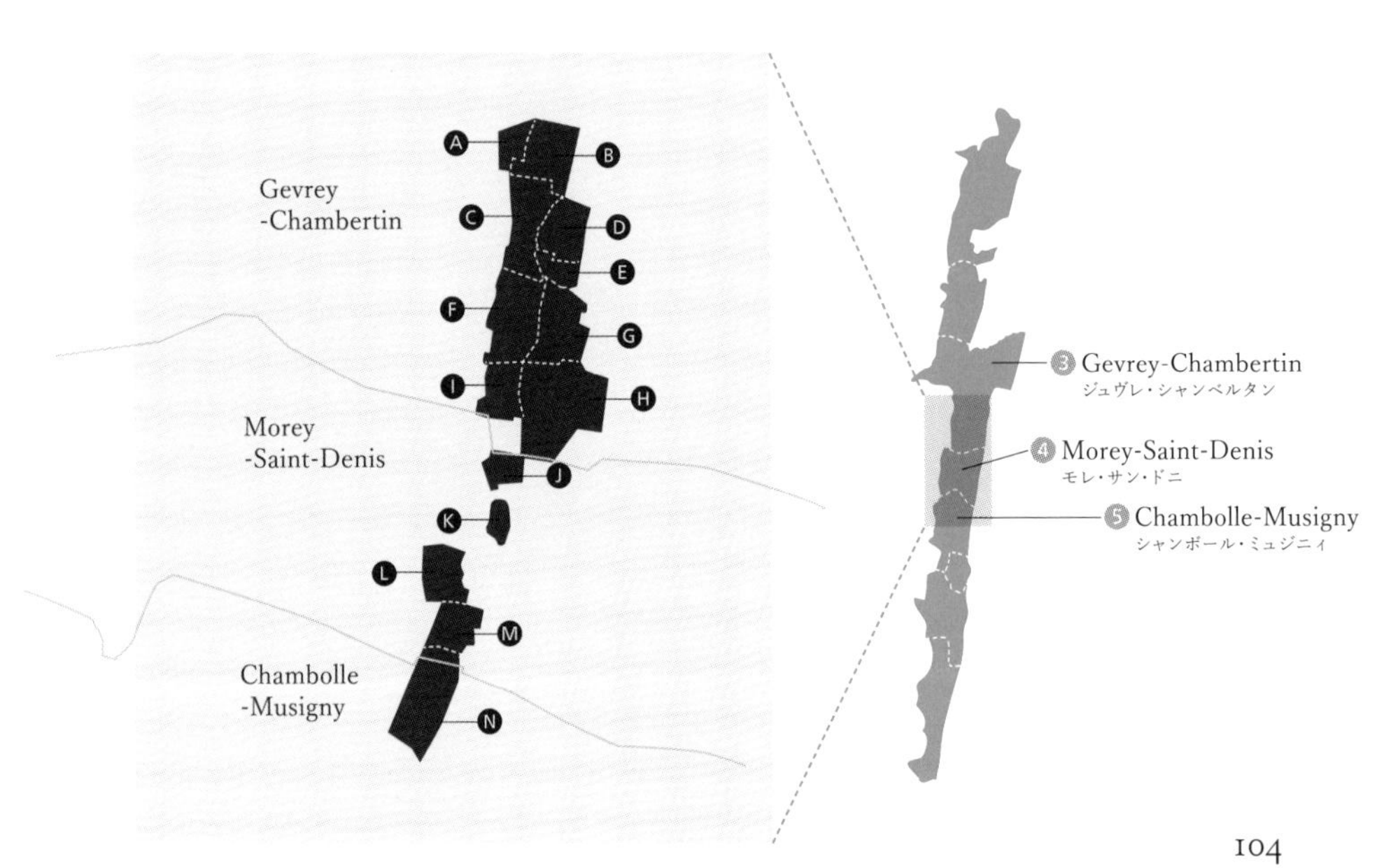

その次がもう一歩南に下って、モレ・サン・ドニ（Morey-Saint-Denis）村④。まあここは正直、その下のシャンボール・ミュジニィ（Chambolle-Musigny）村⑤と上のジュヴレ・シャンベルタン村③に挟まれた村で、この2つの村ほど有名ではないんですが――2つの村が有名すぎるんですが――でもやはりこの2つに挟まれているということは土壌がいいのは間違いなくて、実際グラン・クリュも5つあります。

「クロ・サン・ドニ（Clos Saint-Denis）」Ⓚ、「クロ・デ・ランブレ（Clos des Lambrays）」Ⓛなどあるなかで、「クロ・ド・タール（Clos de Tart）」Ⓜに★を付けているんですが、これはモノポール（Monopole）（単独所有）です。あと「ボンヌ・マール（Bonnes-Mares）」（一部）Ⓝと書いてありますが（☞）、これは次のシャンボール・ミュジニィ村にまたがって存在する特級畑（グラン・クリュ）です。

ボンヌ・マールの畑のほとんどは、シャンボール・ミュジニィ村に位置しているけれども、上のモレ・サン・ドニ村にもほんの一部かかっている……なのでモレ・サン・ドニ村のボンヌ・マールは超貴重。見る機会はかなり少ないです。シャンボール・ミュジニィ村のボンヌ・マールのほうが多い。

村名 A.O.C.	Premier Cru A.O.C.	Grand Cru A.O.C.	赤	ロゼ	白
③ Gevrey-Chambertin ジュヴレ・シャンベルタン	Gevrey-Chambertin Premier Cru		●		
		Ⓐ Ruchottes-Chambertin リュショット・シャンベルタン	●		
		Ⓑ Mazis-Chambertin マジ・シャンベルタン	●		
		Ⓒ Chambertin-Clos de Bèze シャンベルタン・クロ・ド・ベーズ	●		
		Ⓓ Chapelle-Chambertin シャペル・シャンベルタン	●		
	☛	Ⓔ Griotte-Chambertin グリオット・シャンベルタン	●		
		Ⓕ Chambertin シャンベルタン	●		
		Ⓖ Charmes-Chambertin シャルム・シャンベルタン	●		
		Ⓗ Mazoyères-Chambertin マゾワイエール・シャンベルタン	●		
		Ⓘ Latricières-Chambertin ラトリシエール・シャンベルタン	●		
④ Morey-Saint-Denis モレ・サン・ドニ	Morey-Saint-Denis Premier Cru		●		○
		Ⓙ Clos de la Roche クロ・ド・ラ・ロッシュ	●		
		Ⓚ Clos Saint-Denis クロ・サン・ドニ	●		
		Ⓛ Clos des Lambrays クロ・デ・ランブレ	●		
		Ⓜ Clos de Tart★ クロ・ド・タール	●		
		☞ Ⓝ Bonnes-Mares ボンヌ・マール（一部）	●		

で、「シャンボール・ミュジニィ」ですが、この村の特徴としては、生産可能色のところを見ていただきたいんですが(☛)、「村名レベル」と「プルミエ・クリュ」を名乗るには、赤ワインしか造れないよ、という意味で赤だけに●が付いているんですが、「ミュジニィ(Musigny)」Ⓞという特級畑(グラン・クリュ)だけは、白も造っていいんですね(☞)。白のグラン・クリュ・ミュジニィはやはり貴重で、生産量もかなり少ないんですが、存在するということをぜひ知っておいてください。

次に、ヴージョ(Vougeot)⑥という村があります。「クロ・ド・ヴージョ(Clos de Vougeot)」Ⓟという名のグラン・クリュがひとつだけ存在するんですが、これはコート・ド・ニュイ地区のグラン・クリュのなかで面積が最大です。ほんとに大きい畑なので細かく分割所有されて、なんと所有者は、80人以上いるらしいです。

その下に位置する村が、

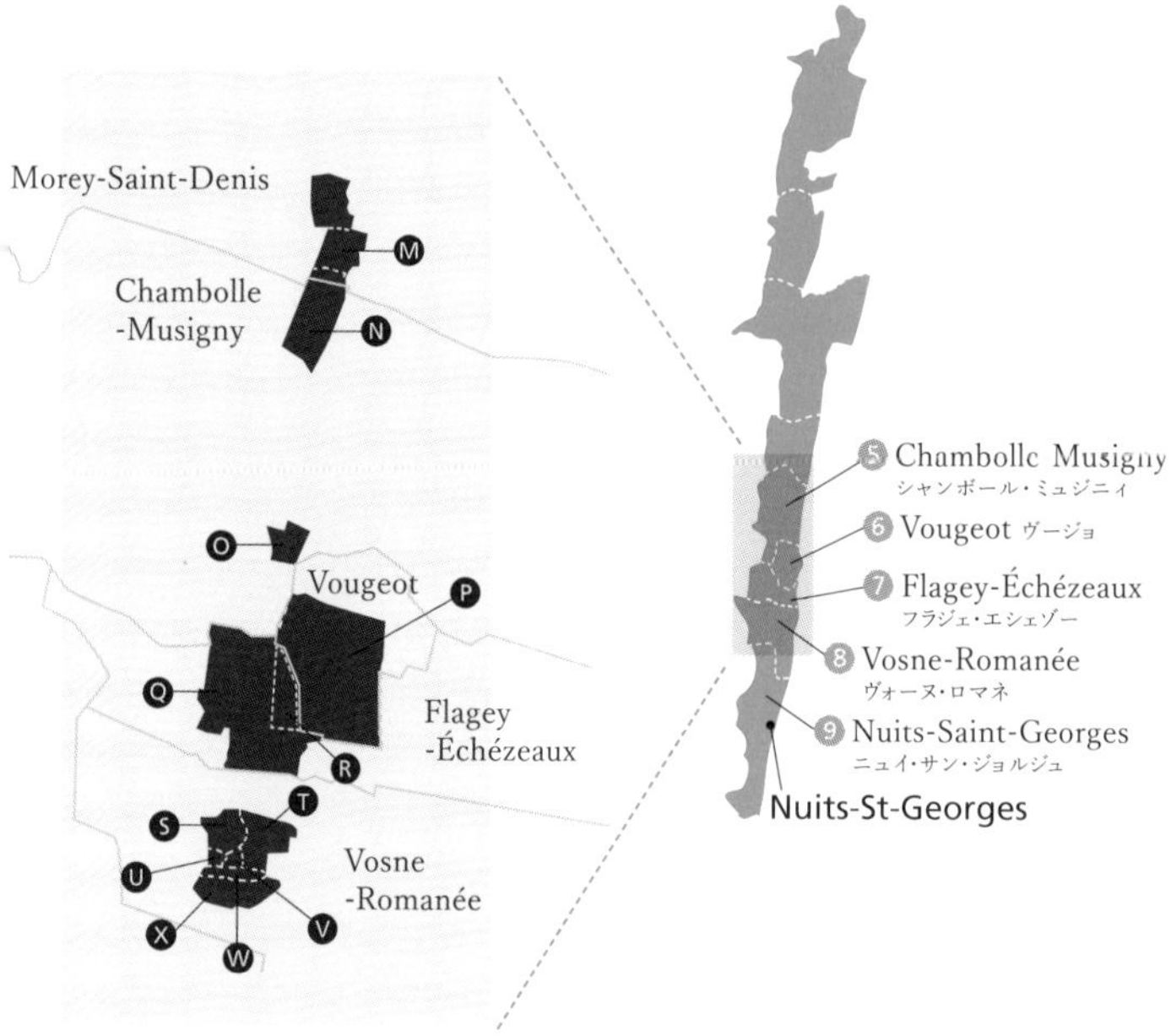

Morey-Saint-Denis
Chambolle-Musigny
Vougeot
Flagey-Échézeaux
Vosne-Romanée
M N O P Q R S T U V W X

⑤ Chambolle Musigny シャンボール・ミュジニィ
⑥ Vougeot ヴージョ
⑦ Flagey-Échézeaux フラジェ・エシェゾー
⑧ Vosne-Romanée ヴォーヌ・ロマネ
⑨ Nuits-Saint-Georges ニュイ・サン・ジョルジュ
Nuits-St-Georges

村名 A.O.C.	Premier Cru A.O.C.	Grand Cru A.O.C.	赤	ロゼ	白
⑤ Chambolle-Musigny シャンボール・ミュジニィ	Chambolle-Musigny Premier Cru	☛	●		
		Ⓝ Bonnes-Mares ボンヌ・マール(大半)	●		
		Ⓞ Musigny ミュジニィ	●	☞	○
⑥ Vougeot ヴージョ	Vougeot Premier Cru		●		○
		Ⓟ Clos de Vougeot (49.25ha) クロ・ド・ヴージョ	●		
⑦ (Flagey-Échézeaux) フラジェ・エシェゾー	(Flagey-Échézeaux Premier Cru)		●		
		Ⓠ Échézeaux エシェゾー	●		
		Ⓡ Grands-Échézeaux グラン・エシェゾー	●		

フラジェ・エシェゾー(Flagey-Échézeaux)村⑦。この村の特徴はですね、ここだけ( )(カッコ)が付いてますよね(☞)。なぜかというと、「村名」と「プルミエ・クリュ」のA.O.C.が存在しないんです。この村で造られた「村名」と「プルミエ・クリュ」のワインは——そのレベルのワインも造られているんですが——この村の名前を名乗れず、すぐ南のヴォーヌ・ロマネ(Vosne-Romanée)村の名前を名乗るようになっています。不思議な感じですが……。村名とプルミエ・クリュのA.O.C.を、フラジェ・エシェゾー村は持っていないんですね。

ただし、フラジェ・エシェゾー村にはグラン・クリュが2つあるんですが、この2つにはA.O.C.が存在します。畑名「エシェゾー(Échézeaux)」Ⓠと「グラン・エシェゾー(Grands-Échézeaux)」Ⓡを名乗れます。「村名」と「プルミエ・クリュ」レベルは「フラジェ・エシェゾー」を名乗れない、というのがこの村の特徴です。

その下、ヴォーヌ・ロマネ(Vosne-Romanée)村⑧。あの「ロマネ・コンティ(Romanée-Conti)」Ⓥの畑がある村です。「グラン・クリュ」は6個あります(☞)。

コート・ド・ニュイ(Cotes de Nuits)地区の一番南が、ニュイ・サン・ジョルジュ(Nuits-Saint-Georges)村⑨。「村名」と「プルミエ・クリュ」までしかありません。

というかたちでコート・ド・ニュイ地区のA.O.C.——なんとなくの位置がわかっていただけたかと思います。この位置関係を知っておくと、土壌のつながりがワインを飲むことで見えてきます。

村名 A.O.C.	Premier Cru A.O.C.	Grand Cru A.O.C.	赤	ロゼ	白
⑧ Vosne-Romanée ヴォーヌ・ロマネ	Vosne-Romanée Premier Cru		●		
		Ⓢ Richebourg リシュブール	●		
		Ⓣ Romanée-Saint-Vivant ロマネ・サン・ヴィヴァン	●		
	☞	Ⓤ La Romanée★ ラ・ロマネ (0.84ha)	●		
		Ⓥ Romanée-Conti★ (1.81ha) ロマネ・コンティ	●		
		Ⓦ La Grande Rue★ (1.65ha) ラ・グランド・リュ	●		
		Ⓧ La Tâche★ ラ・ターシュ	●		
⑨ Nuits-Saint-Georges ニュイ・サン・ジョルジュ	Nuits-Saint-Georges Premier Cru		●		○
Côte de Nuits-Villages コート・ド・ニュイ・ヴィラージュ			●		○

A.O.C. コート・ド・ボーヌ地区

では次、コート・ド・ボーヌ（Côte de Beaune）地区にいきましょう。
コート・ド・ニュイ（Côte de Nuits）地区が細い縦長だったのに比べると、もう少し幅があり、地区名はブルゴーニュ（Bourgogne）ワインの商業的中心地であるボーヌ（Beaune）の街にちなんでいます。

ボーヌ地区は、先ほどのコート・ド・ニュイ地区は白ワインがわずかしか造られてなかったのに比べ、白ワインの生産比率が高く、特に偉大な白ワインの産地として有名です。ブルゴーニュの白ワインのグラン・クリュ（Grand Cru）は、この地区に集中しています。

地図を見ていただくと、まず一番上に①②③って横並びで村がありますが、ペルナン・ヴェルジュレス（Pernand-Vergelesses）村、アロース・コルトン（Aloxe-Corton）村、ラドワ・セリニィ（Ladoix-Serrigny）村という、これら3つの村にまたがって存在するグラン・クリュ（Grand Cru）（畑）が2つあるんです。上下2つの村にまたがるグラン・クリュ――たとえば先ほどの「ボンヌ・マール（Bonnes-Mares）」とか――はいくつかあるんですけど、横並びに3つの村にまたがるグラン・クリュ（しかも2つも）はここだけです。

「コルトン(Corton)」Ⓐと「コルトン・シャルルマーニュ(Corton-Charlemagne)」Ⓑですね。この2つの特級畑(グラン・クリュ)が、3つの村にまたがっています(☛)。

同じひとつの畑なのに、どの村にあるかによって、微妙に生産可能色が異なっていまして、例えば「コルトン」だと、ペルナン・ヴェルジュレス村では赤しか生産しちゃいけないのに(☞)、アロース・コルトン村とラドワ・セリニィ村では赤白両方造っていいよとか(☛)……パズルみたいですけども。

「コルトン・シャルルマーニュ」、聞いたことある方もいると思いますが、素晴らしい白のグラン・クリュとして有名です。ぜひこの名前は覚えておいてください。

この「コルトン・シャルルマーニュ」という畑名ですが、「コルトン」は「アロース・コルトン」の村名から、「シャルルマーニュ」は中世のフランク王国シャルルマーニュ(カール)大帝に由来しています。シャルルマーニュ大帝はこの地の赤ワインを好んで飲んでいたそうですが、大帝の髭が赤ワインで汚れるのを嫌った妃が白ワインをすすめたのが、「コルトン・シャルルマーニュ」誕生のきっかけだそうです!

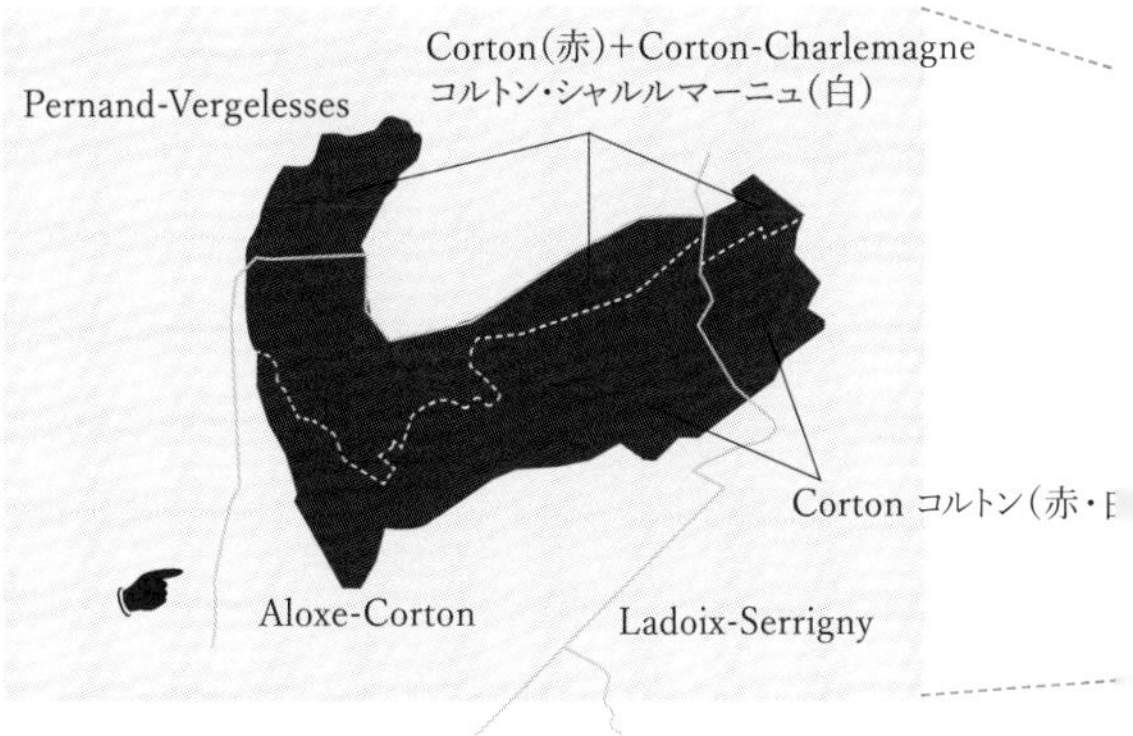

村名 A.O.C.	Premier Cru A.O.C.	Grand Cru A.O.C.	赤	ロゼ	白
❶ Pernand-Vergelesses ペルナン・ヴェルジュレス	Pernand-Vergelesses Premier Cru		●		○
		☞ Ⓐ Corton コルトン(一部)	●		
		Ⓑ Corton-Charlemagne(一部) コルトン・シャルルマーニュ			○
		Ⓒ Charlemagne(一部)			○
❷ Aloxe-Corton アロース・コルトン	Aloxe-Corton Premier Cru		●		○
		☛ Ⓐ Corton(一部)	●		○
		Ⓑ Corton-Charlemagne(一部)			○
		Ⓒ Charlemagne(一部)			○
❸ Ladoix ラドワ	Ladoix Premier Cru		●		○
		☛ Ⓐ Corton(一部)	●		○
		Ⓑ Corton-Charlemagne(一部)			○

ボーヌの街のビストロ「マ・キュイジーヌ」がすごい!

そこから南に、「サヴィニィ・レ・ボーヌ（Savigny-lès-Beaune）」④、「ショレイ・レ・ボーヌ（Chorey-lès-Beaune）」⑤、「ボーヌ（Beaune）」⑥、と「○○ボーヌ」みたいな村が続いていて、どれもグラン・クリュ（Grand Cru）は存在せず、プルミエ・クリュ（Premier Cru）レベルまで（ショレイ・レ・ボーヌは「村名」まで）となっています。

このボーヌ村の中心にあるのが、ボーヌの街です（☜）。だいたいブルゴーニュ（Bourgogne）のワイナリーを訪問して回るときって、まずパリ（Paris）から高速道路にのってディジョン（Dijon）で降りて、ディジョンから真っすぐ南下して、このボーヌの街に向かうんですね。ブドウ畑のなかを国道が通っているため、畑を両側に見ながら、当たり前ですが、ほんとにこの地図どおりに村の名前の看板が順番に出てくるんです。それだけで楽しいんですよ。

で、ボーヌを拠点にして、北のほう（コート・ド・ニュイ（Côte de Nuits））に行って赤ワインの生産者の方に会ったり、南のほう（ムルソー（Meursault）村とか）に行って、白ワインの生産者の方に会ったりするんですが、このボーヌに、世界中のソムリエが集まると言われるビストロがあるんです。「マ・キュイジーヌ（Ma Cuisine）」というビストロなんですが、ワインリストがむちゃくちゃ分厚くて、直接生産者の方も来るからなのか、ワインのお値段がパリ

④ Savigny-lès-Beaune サヴィニィ・レ・ボーヌ
⑤ Chorey-lès-Beaune ショレイ・レ・ボーヌ
⑥ Beaune ボーヌ
● Beaune ☜
⑦ Pommard ポマール
⑧ Volnay ヴォルネイ

のワイン屋さんで買うよりも、このお店で飲んだほうがぜんぜん安い。
ブルゴーニュのワインはもちろんのこと、ボルドー（Bordeaux）やローヌ（Rhône）、シャンパーニュ（Champagne）もいろいろ揃っていて、そこに行くのが毎回楽しみなんです。ある程度の人数で行ったほうが……6人ぐらいいたほうがいろんな種類のワインが開けられます。もし皆さん、ワインツアーでブルゴーニュを巡りたいなというときは、ぜひこのボーヌのマ・キュイジーヌに行ってみてください。ブルゴーニュの郷土料理もあるし、ピジョン（鳩）などもすごいおいしくて……どのお料理を頼んでも外れがないし、食後のチーズの品揃えも素晴らしく、どなたにおすすめしても必ず喜んでもらえる、私一押しのワインビストロです！

ボーヌの街は、他にもワインバーなどがいろいろあって、小さな街なんですが、まさしくブルゴーニュワインの中心地、という感じです。

アルザス（Alsace）地方の場合、ストラスブール（Strasbourg）が北にあって一番大きいんですが、ただワイン生産地の拠点としては、中心にあるコルマール（Colmar）という小さな村で、それと同じ構図ですね。ブルゴーニュも、街としてはディジョンのほうがぜんぜん大きい。でもやっぱりこのボーヌがブルゴーニュワインの拠点となっています。

ボーヌから南に下って、「ポマール（Pommard）」⑦、「ヴォルネイ（Volnay）」⑧と続くのですが、この辺りの村名は、皆さんグラスワインとかで飲まれたことがあるA.O.C.だと思います。

ポマールとヴォルネイの特徴としては、赤しか生産しちゃいけない（☛）。コート・ド・ボーヌ（Côte de Beaune）地区はだいたいどの村でも白ワインを造っているんですが、ポマール、ヴォルネイに関しては赤だけ。かなりめずらしいです。

村名 A.O.C.	Premier Cru A.O.C.	Grand Cru A.O.C.	赤	ロゼ	白
④ Savigny-lès-Beaune サヴィニィ・レ・ボーヌ	Savigny-lès-Beaune Premier Cru		●		○
⑤ Chorey-lès-Beaune ショレイ・レ・ボーヌ			●		○
⑥ Beaune ボーヌ	Beaune Premier Cru		●		○
⑦ Pommard ポマール	Pommard Premier Cru	☛	●		
⑧ Volnay ヴォルネイ	Volnay Premier Cru	☛	●		

次に、「モンテリ（Monthélie）」⑨、「サン・ロマン（Saint-Romain）」⑩、「オーセイ・デュレス（Auxey-Duresses）」⑪、地図を見ていただくと横並びになっていますが、まあこれらは余力があればチェックしてください。ただこの先はぜひ知っておきましょう。

まず、「ムルソー（Meursault）」⑫ですね。赤ワインも造られているんですが、白ワインで有名な村です。で、重要なのは、ムルソーにグラン・クリュがないよ、という点です(☜)。こんなに有名な村なのに、グラン・クリュがなくてプルミエ・クリュまで。ただし、非常に有名なプルミエ・クリュが多数あるというのがムルソー村の特徴です。

⑭の「サン・トーバン（Saint-Aubin）」、酸がキリリとした、ミネラル豊富な白ワインとして有名です。⑮の「ピュリニィ・モンラッシェ（Puligny-Montrachet）」と、⑯の「シャサーニュ・モンラッシェ（Chassagne-Montrachet）」、この2つも確実に押さえておきたい村です。

ムルソー、ピュリニィ・モンラッシェ、シャサーニュ・モンラッシェ——この3つの村は、特においしい白ワインを選ぶときの銘柄としてぜひ覚えておいてください。

この3つの村の白ワインの味わいについては後ほど。まずは畑について。

ピュリニィ・モンラッシェ村とシャサーニュ・モンラッシェ村には、またがって存在するグラン・クリュが2つありまして、まず、「モンラッシェ（Montrachet）」Ⓓ。「なんとかモンラッシェ」ではなく、ただの「モンラッシェ」が、これらのグラン・クリュのなかで最高級の畑となっています。さっきの「シャンベルタン（Chambertin）」と一緒ですね。なんとかシャンベルタンでなく、ただのシャンベルタンが最高級でした。

そして「バタール・モンラッシェ（Bâtard-Montrachet）」Ⓔというグラン・クリュも、両方の村にまたがっている畑です。

村名 A.O.C.	Premier Cru A.O.C.	Grand Cru A.O.C.	赤	ロゼ	白
⑨ Monthélie モンテリ	Monthélie Premier Cru		●		○
⑩ Saint-Romain サン・ロマン			●		○
⑪ Auxey-Duresses オーセイ・デュレス	Auxey-Duresses Premier Cru		●		○
⑫ Meursault ムルソー	Meursault Premier Cru	☜	●		○
⑬ Blagny ブラニィ	Blagny Premier Cru		●		
⑭ Saint-Aubin サン・トーバン	Saint-Aubin Premier Cru		●		○

ピュリニィにだけあるグラン・クリュが、「シュヴァリエ・モンラッシェ」(Chevalier-Montrachet) Fと「ビアンヴニュ・バタール・モンラッシェ」(Bienvenues-Bâtard-Montrachet) G。シャサーニュにだけが、「クリオ・バタール・モンラッシェ」(Criots-Bâtard-Montrachet) Hとなっています。

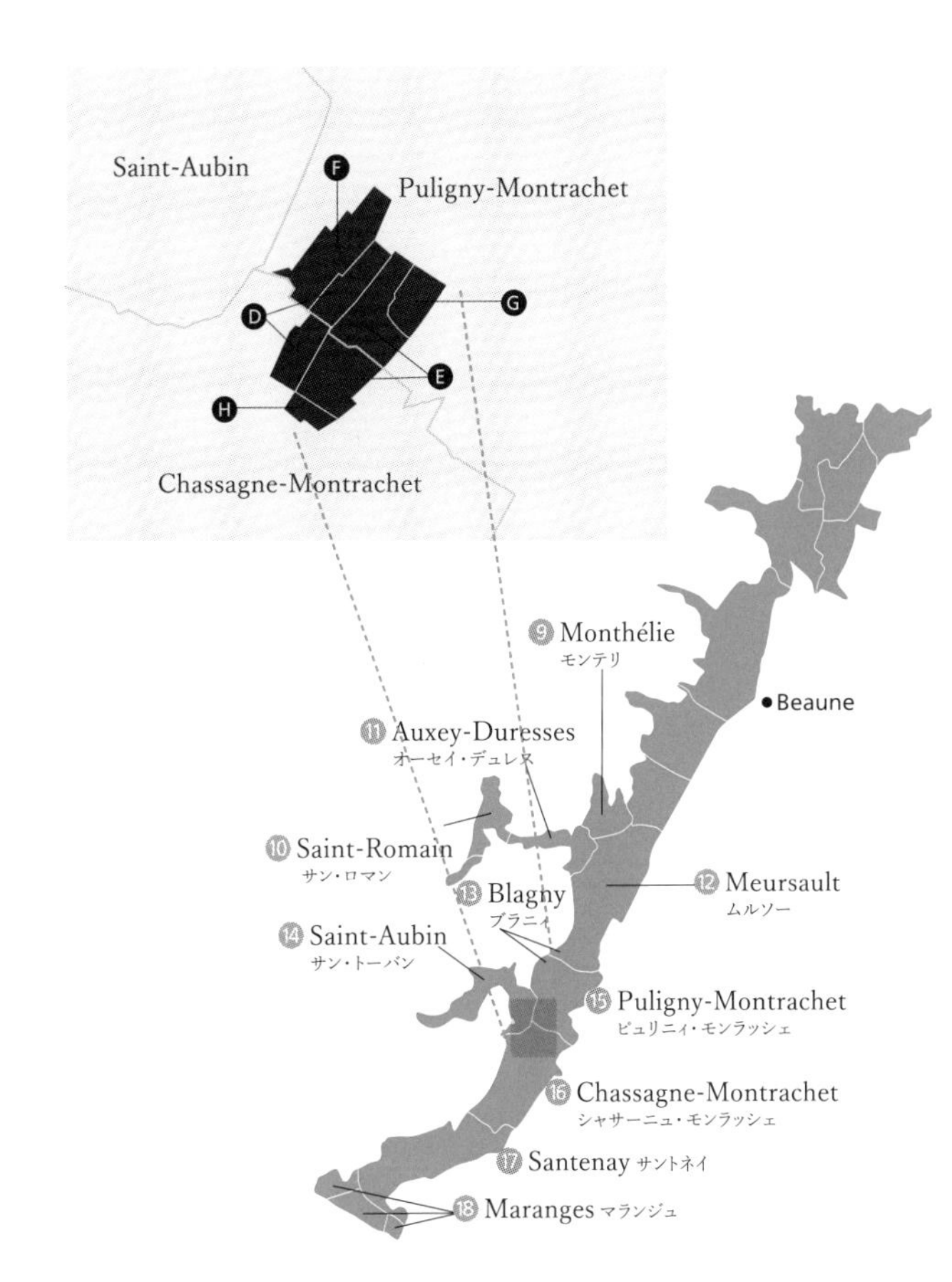

村名 A.O.C.	Premier Cru A.O.C.	Grand Cru A.O.C.	赤	ロゼ	白
15 Puligny-Montrachet ピュリニィ・モンラッシェ	Puligny-Montrachet Premier Cru		●		○
		D Montrachet モンラッシェ(一部)			○
		E Bâtard-Montrachet(一部) バタール・モンラッシェ			○
		F Chevalier-Montrachet シュヴァリエ・モンラッシェ			○
		G Bienvenues-Bâtard-Montrachet ビアンヴニュ・バタール・モンラッシェ			○
16 Chassagne-Montrachet シャサーニュ・モンラッシェ	Chassagne-Montrachet Premier Cru		●		○
		D Montrachet(一部)			○
		E Bâtard-Montrachet(一部)			○
		H Criots-Bâtard-Montrachet (1.57ha) クリオ・バタール・モンラッシェ			○
17 Santenay サントネイ	Santenay Premier Cru		●		○
18 Maranges マランジュ	Maranges Premier Cru		●		○
Côte de Beaune コート・ド・ボーヌ			●		○
Côte de Beaune-Villages コート・ド・ボーヌ・ヴィラージュ			●		

両方の村にまたがっているグラン・クリュですが、ラベルからは、それがどっちの村の畑なのかはわかりません。プルミエ・クリュの場合は村名も書かれてありましたが、グラン・クリュの場合は畑名しか……たとえば「A.C.グラン・クリュ・モンラッシェ」としか書かれてないので。なので、あとは生産者（ドメーヌ）を見て、「どっちの村の畑で造っている人だな」って推測していくかたちになります。

最後、「サントネイ（Santenay）」⑰、「マランジュ（Maranges）」⑱というA.O.C.がありますが、まあボーヌより南は、ムルソー、サン・トーバン、ピュリニィ・モンラッシエ、シャサーニュ・モンラッシェをご存知だったら、十分ワインリストでいろいろ楽しいワインが選べると思います。

これらのA.O.C.の一覧表を覚えていただくと、自分がどの村のワインを飲んだかがよくわかると思うので、ぜひご活用ください。

A.O.C. コート・シャロネーズ地区

以上が、ブルゴーニュ（Bourgogne）の最重要地区、コート・ドール（Côte-d'Or）（コート・ド・ニュイ（Côte de Nuits）地区②＋コート・ド・ボーヌ（Côte de Beaune）地区④）でした（☛）。ここから先は、コート・ドールほどは高級ではありませんが、わりとリーズナブルでいいワインの産地が続きます。

地図に戻っていただくと、コート・シャロネーズ(Côte Chalonnaise)地区⑥。味わいとしてはフルーティで軽やかな、バランスのとれたコストパフォーマンスの高い、赤・白ワインが生産される地区です。

このなかで皆さんが一番飲む機会が多いA.O.C.としては、「リュリー(Rully)」かなと(☞)。シャルドネ(Chardonnay)100%で造られたリュリーの白。コスパが良いものが多いので、これはぜひ知っておいていただくといいと思います。

あとはA.C.「ブーズロン(Bouzeron)」(☛)。これだけがブルゴーニュ地方の村名A.O.C.の中でアリゴテ(Aligoté)100%で造られている白ワインで——他は基本的にシャルドネ100%ですが——そんなにたくさん日本に入ってきているわけではないんですが、お目見えする機会はあります。アリゴテは、軽やかでキリッとした酸味とミネラルが特徴で、私自身、夏に本当によく飲むアペラシオン(Appellation)なんです。

A.O.C. マコネ地区

その下がマコネ(Mâconnais)地区⑦です。ここ、めちゃくちゃ面積が大きいですよね。ボージョレ(Beaujolais)地区を除いた5地区のなかでは面積最大です。

土壌も多様で、石灰岩や泥灰岩の土壌はシャルドネ(Chardonnay)に、花崗岩の砂質土壌はガメイ(Gamay)に向いていて、でも基本的には——80%は——シャルドネが栽培されてます。

マコネ地区のシャルドネは、コート・ド・ボーヌ(Côte de Beaune)地区と比べて、お値段もリーズナブルで、味わいもフルーティで軽やか(コート・シャロネーズ(Côte Chalonnaise)地区と似ています)。

〈コート・シャロネーズ地区〉

	村名 A.O.C.	Premier Cru A.O.C.	赤	ロゼ	白
☛	Bouzeron ブーズロン				○
☞	Rully リュリー	Rully Premier Cru	●		○
	Mercurey メルキュレ	Mercurey Premier Cru	●		○
	Givry ジヴリ	Givry Premier Cru	●		○
	Montagny モンタニィ	Montagny Premier Cru			○

覚えておいていただきたいA.O.C.として、「マコン・ヴィラージュ（Mâcon Villages）」という地区名レベルのA.O.C.があります。これ、マコネ地区で「栽培面積・生産量最大」なんです。村名A.O.C.には、「ヴィレ・クレッセ（Viré-Clessé）」、「サン・ヴェラン（Saint-Véran）」、「プイイ・フュイッセ（Pouilly-Fuissé）」、「プイイ・ロッシェ（Pouilly-Loché）」、「プイイ・ヴァンゼル（Pouilly-Vinzelles）」などがあって、これらは値段的にもお安めで、でもおいしいので、グラスワインで出されているレストランも多いんですね。「今日シャルドネ飲みたいな、そんなに高くなくて、でもおいしいのが飲みたいな」と思ったら、このヴィレ・クレッセやサン・ヴェラン、プイイ・フュイッセなどを。そういう意味では知っておくと役に立つA.O.C.ですね。また、この5つの村名A.O.C.の中で、「プイイ・フュイッセ」の銘醸畑が、2020年にこの地区初のプルミエ・クリュ（Premier Cru）として認定されました。このことは、マコネ地区にとって非常に誇らしいできごとです！

ブルゴーニュ（Bourgogne）地方でも、南に行くと気候も温暖になって、酸よりは果実味のニュアンスの強いシャルドネが育ちやすいので、そういう感じで、その時の気分やお食事とのバランスで、北のほうの村か南のほうの村か、という選び方をしていただくといいと思います。

A.O.C. ボージョレ地区

では最後、ブルゴーニュ（Bourgogne）地方の最南端、そして栽培面積最大のボージョレ（Beaujolais）地区⑧についてお話ししましょう。

〈マコネ地区〉

地区名 A.O.C.	村名 A.O.C.	赤	ロゼ	白
Mâcon マコン		●	●	○
Mâcon+Commune マコン+コミューン		●	●	○
Mâcon Villages マコン・ヴィラージュ				○
	Viré-Clessé ヴィレ・クレッセ			○
	Saint-Véran サン・ヴェラン			○
	Pouilly-Fuissé プイイ・フュイッセ			○
	Pouilly-Loché プイイ・ロッシェ			○
	Pouilly-Vinzelles プイイ・ヴァンゼル			○

ロゼ・白ワインも造られてはいますが、ほとんどがガメイ（Gamay）から造られる赤ワインで、95%をも占めます。ボージョレ地区は、北部のほうが「花崗岩」のいい土壌になっています。

10の村名A.O.C.（☛）がありまして、これを総称して「クリュ・デュ・ボージョレ（Crus du Beaujolais）」といっています。

10の村名を知らなくても、村名の下に「クリュ・デュ・ボージョレ」と書かれていることが多いので大丈夫です。ラベルに「クリュ・デュ・ボージョレ」とあったら、「あ、いいボージョレなんだな」と判断できます。オススメは、特に長期熟成型のワインを生み出すといわれる「モルゴン（Morgon）」と「ブルイイ（Brouilly）」です。

ボージョレ・ヌーヴォーの造り方

ボージョレ・ヌーヴォー（Beaujolais Nouveau）とは、ボージョレ地区で造られたヌーヴォー（新酒）のことです。

新酒って何かと言うと、こういうものです。

このあたりのブドウの収穫は毎年9月中頃に行われますが、ヌーヴォーはその2ヵ月後、11月の第3木曜日から販売（解禁）されます。これはフランスワイン法で決められています。日本でも毎年、必ず飛行機の映像が出てきて、「ボージョレ・ヌーヴォー届きました！」

〈ボージョレ地区〉

地区名A.O.C.	村名A.O.C.	赤	ロゼ	白
Beaujolais ボージョレ		●	●	○
Beaujolais Supérieur ボージョレ・シュペリュール		●		
Beaujolais+Commune ボージョレ+コミューン		●	●	○
Beaujolais Villages ボージョレ・ヴィラージュ		●	●	○
☛	Saint-Amour サン・タムール	●		
	Juliénas ジュリエナ	●		
	Chénas シェナ	●		
	Moulin-à-Vent ムーラン・ナ・ヴァン	●		
	Fleurie フルーリー	●		
	Chiroubles シルーブル	●		
	Morgon モルゴン	●		
	Régnié レニエ	●		
	Brouilly ブルイイ	●		
	Côte de Brouilly コート・ド・ブルイイ	●		

みたいにニュースになりますよね。要するに、樽で長期熟成させたりせず、その年のブドウの収穫を祝うみたいな、搾りたてのフレッシュさを活かして造るワインのことを、「ヌーヴォー」（新酒）といいます。

フランスでは、この新酒を造っていいA.O.C.が決められていて、ボージョレ以外にもローヌ（Rhône）とかラングドック（Languedoc）とかいくつかあるものの、なぜか日本では、広告代理店が仕掛けたのか、商業ベースに則って戦略的に売られているのが、ボージョレ地区のヌーヴォー、ボージョレ・ヌーヴォーなんですね。日本が最大の輸出先となっていて、たぶんフランス人より日本人のほうが多く飲んでいると思います（笑）。

ヌーヴォーは、いわゆるふつうのワインとはちょっと違う造り方をします。

赤ワインの場合は一般的に、ブドウを潰して皮と種をそのブドウジュースと一緒に漬け込みながらアルコール醗酵させていきます。それによって、種や皮の渋み（タンニン）や色素（アントシアニン）を醸し出していくわけですが、それには時間がかかります。

ヌーヴォーの場合、摘んできたブドウを潰さず、大きなタンクのなかに入れて、そして二酸化炭素（炭酸ガス）の気流中にブドウを置いておくと、ブドウ自身が細胞内醗酵を起こして、次々に破裂していく。外から潰すのではなく、内側から破裂させていって、色が濃いブドウジュースになったところで、皮と種を取り除く。そのあと酵母を加えて、アルコール醗酵……。ボージョレでは伝統的に、この二酸化炭素を直接注入せずに自然に発生させています。縦型の大きなステンレスタンクにブドウを上からどんどん入れていくことで、下のほうのブドウが重みで潰れ、果汁が流れ出て自然に醗酵が始まり二酸化炭素が発生するんです。

そういう造り方をしたワインの特徴として、皮と種を漬け込まないため、苺キャンディーのような、果実味の強い味わいになっています。ただし長期熟成にはぜんぜん向かない。イタリアでもドイツでも新酒は基本的には同じように造られています。

ボージョレ地区では、ヌーヴォーだけでなく、通常の醸造方法からの赤、ロゼ、白ワインも造られていますので、ガメイ(Gamay)からのとてもおいしい赤ワイン、シャルドネ(Chardonnay)からのチャーミングな白ワインも存在している、ということもぜひ知っておいてください。近年、特にガメイは高級すぎるピノ・ノワール(Pinot Noir)に代わる赤ワインとして世界的にも注目されています。

以上、各地区のA.O.C.について見てきました。

ここで、全域・広域のA.O.C.について少し見ていきましょう。全域・広域のA.O.C.ワインはその土地の主要品種で造られていて、A.C.ブルゴーニュ(Bourgogne)の白だとシャルドネ主体、赤だとピノ・ノワール主体。リーズナブルなのに、その土地の個性は感じられるので、各地方を学ぶとき、まずは全域・広域のA.O.C.から試してみてはいかがでしょうか。

〈ブルゴーニュ全域・広域の主なA.O.C.〉

生産地域	A.O.C.	赤	ロゼ	白
全域	Bourgogne	●	●	○
	Bourgogne Passe-Tout-Grains ブルゴーニュ・パス・トゥ・グラン	●	●	
	Bourgogne Aligoté ブルゴーニュ・アリゴテ			○
	Coteaux Bourguignons コトー・ブルギニョン	●	●	○
	Crémant de Bourgogne クレマン・ド・ブルゴーニュ		発	発
Grand Auxerrois グラン・オーセロワ	Bourgogne Côtes d'Auxerre ブルゴーニュ・コート・ドーセール	●	●	○
Beaujolais ボージョレ	Bourgogne Gamay ブルゴーニュ・ガメイ	●		
Yonne ヨンヌ県	Bourgogne Tonnerre ブルゴーニュ・トネール			○
Côte-d'Or コート・ドール県	Bourgogne Côte d'Or ブルゴーニュ・コート・ドール	●		○
Hautes Côtes de Nuits オート・コート・ド・ニュイ	Bourgogne Hautes Côtes de Nuits ブルゴーニュ・オート・コート・ド・ニュイ	●	●	○
Hautes Côtes de Beaune オート・コート・ド・ボーヌ	Bourgogne Hautes Côtes de Beaune ブルゴーニュ・オート・コート・ド・ボーヌ	●	●	○
Côte Chalonnaise コート・シャロネーズ	Bourgogne Côte Chalonnaise ブルゴーニュ・コート・シャロネーズ	●	●	○
Rhône ローヌ県(リヨン周辺)	Coteaux du Lyonnais コトー・デュ・リヨネ	●	●	○

ブルゴーニュの覚えておきたいプルミエ・クリュ

ではここから先は、コート・ド・ニュイ（Côte de Nuits）地区とコート・ド・ボーヌ（Côte de Beaune）地区の代表的なプルミエ・クリュ（Premier Cru）について見ていきたいと思います。

ブルゴーニュ（Bourgogne）の33のグラン・クリュ（Grand Cru）は、先ほど見たように、この2つの地区に集中していましたが、それくらい素晴らしい畑が集中しているエリアですので、当然いいプルミエ・クリュ（畑）もたくさんありまして——ブルゴーニュ全体では600以上もありますが——そのなかでも、「これ、知っておいたほうがいいよ」というのだけピックアップしてみました。まあ私の主観……というか単に自分が好きなものなんですけども（笑）。ジュヴレ・シャンベルタン（Gevrey-Chambertin）村だと、まずは「クロ・サン・ジャック（Clos Saint-Jacques）」。あと下から2番目の「レ・カズティエ（Les Cazetiers）」、一番下の「シャンポー（Champeaux）」。この3つはぜひ押さえてほしいプルミエ・クリュです。次、モレ・サン・ドニ（Morey-Saint-Denis）村だと、「クロ・ソルベ（Clos Sorbè）」。シャンボール・ミュジニィ（Chambolle-Musigny）村だと、「レ・ザムルーズ（Les Amoureuses）」——「恋人たち」という意味のプルミエ・クリュで、グラン・クリュ並みのお値段なんです。もう、味わいは本当に素晴らしい！　そして、ヴォーヌ・ロマネ（Vosne-Romanée）村だと、「レ・スショ（Les Suchots）」とか「レ・ショーム（Les Chaumes）」、これらをチェックしておいてください。

ちなみに、違う「村」なのに、同じ名前のプルミエ・クリュがありますよね。例えば「レ・クラ（Les Cras）」（♡）はシャンボール・ミュジニィ村にも、ヴージョ（Vougeot）村にもありますが、これは単に名前が一緒なだけで、まったく関係ありません。苗字が違って名前が同じ二人みたいな感じです。

〈コート・ド・ニュイ地区の代表的なプルミエ・クリュ〉

村		Premier Cru
Fixin フィサン		Clos de la Perrière クロ・ド・ラ・ペリエール
		Clos du Chapitre クロ・デュ・シャピートル
		Hervelets エルヴレ
		Clos Napoléon クロ・ナポレオン
Gevrey-Chambertin ジュヴレ・シャンベルタン	◆	Clos Saint-Jacques クロ・サン・ジャック
		Lavaux Saint-Jacques ラヴォー・サン・ジャック
		Aux Combottes オー・コンボット
	◆	Les Cazetiers レ・カズティエ
	◆	Champeaux シャンポー
Morey-Saint-Denis モレ・サン・ドニ	◆	Clos Sorbè クロ・ソルベ
		La Bussière ラ・ビュシエール
		Clos des Ormes クロ・デ・ゾルム
Chambolle-Musigny シャンボール・ミュジニィ	◆	Les Amoureuses レ・ザムルーズ
		Les Charmes レ・シャルム
	☞	Les Cras レ・クラ
		La Combe d'Orveau ラ・コンブ・ドルヴォー
Vougeot ヴージョ		Le Clos Blanc ル・クロ・ブラン
	☞	Les Cras レ・クラ
		Clos de la Perrière クロ・ド・ラ・ペリエール
Vosne-Romanée ヴォーヌ・ロマネ		Cros Parantoux クロ・パラントゥー
		Aux Malconsorts オー・マルコンソール
		Les Beaux Monts レ・ボー・モン
	◆	Les Suchots レ・スショ
		Clos des Réas クロ・デ・レア
	◆	Les Chaumes レ・ショーム
Nuits-Saint-Georges ニュイ・サン・ジョルジュ		Les Saint-Georges レ・サン・ジョルジュ
		Les Vaucrains レ・ヴォークラン
		Les Cailles レ・カイユ
		Clos des Corvées クロ・デ・コルヴェ
		Clos de la Maréchale クロ・ド・ラ・マレシャル

次がコート・ド・ボーヌ地区の代表的なプルミエ・クリュということで、ポマール（Pommard）村だと「レ・グラン・ゼプノ（Les Grands Epenots）」ですね。ヴォルネイ（Volnay）村だと、「サントノ（Santenots）」が有名です。で、ムルソー（Meursault）村。この4つはぜひ！「ペリエール（Perrières）」、「シャルム（Charmes）」、「ジュヌヴリエール（Genevrières）」、そして「レ・グート・ドール（Les Gouttes d'Or）」です。ムルソー村にはグラン・クリュが存在しない分、トップクラスのプルミエ・クリュがズラリ、という感じです。

サン・トーバン（Saint-Aubin）村は、「アン・レミイ（En Remilly）」。これも素晴らしい畑なんです。ピュリニィ・モンラッシェ（Puligny-Montrachet）村だと、「レ・ピュセル（Les Pucelles）」、「ル・カイユレ（Le Cailleret）」、「レ・フォラティエール（Les Folatières）」、など。シャサーニュ・モンラッシェ（Chassagne-Montrachet）村だと、「モルジョ（Morgeot）」、「レ・シャンガン（Les Champs Gain）」、「レ・シュヌヴォット（Les Chenevottes）」などなど。もうどちらの村のプルミエ・クリュもスター選手だらけなんです！


こういう感じで、「プルミエ・クリュ」レベルになるとかなり味わい深いので、今チェックしたものを飲まれると、すごく楽しめると思います！

あなた色に染まるシャルドネ

以上がブルゴーニュ（Bourgogne）地方についてです。

どういう地区があって、どういう村があって、どういう畑があるのか、A.O.C.について詳しく見てきましたが、いかがでしたでしょうか。

一応ここまでで普段なら終わりなんですが、このブルゴーニュについては、もう少し、ちょっと各村の「味わいの特徴」について、解説しておきたいと思います。

〈コート・ド・ボーヌ地区の代表的なプルミエ・クリュ〉

村	Premier Cru
Pernand-Vergelesses ペルナン・ヴェルジュレス	Les Fichots レ・フィショ
Aloxe-Corton アロース・コルトン	Les Chaillots レ・シャイヨ
Ladoix-Serrigny ラドワ・セリニィ	Hautes Mourottes オート・ムーロット
Savigny-lès-Beaune サヴィニィ・レ・ボーヌ	Aux Vergelesses オー・ヴェルジュレス
Beaune ボーヌ	Clos des Mouches クロ・デ・ムーシュ
Pommard ポマール	◆ Les Grands Epenots レ・グラン・ゼプノ
Volnay ヴォルネイ	◆ Santenots サントノ
Monthélie モンテリ	Les Duresses レ・デュレス
Auxey-Duresses オーセイ・デュレス	Les Duresses レ・デュレス
Meursault ムルソー	◆ Perrières ペリエール
	◆ Charmes シャルム
	◆ Genevrières ジュヌヴリエール
	◆ Les Gouttes d'Or レ・グート・ドール
Saint-Aubin サン・トーバン	◆ En Remilly アン・レミイ
Puligny-Montrachet ピュリニィ・モンラッシェ	Les Combettes レ・コンベット
	◆ Les Pucelles レ・ピュセル
	◆ Le Cailleret ル・カイユレ
	◆ Les Folatières レ・フォラティエール
	Clavaillon/Clavoillon クラヴァイヨン/クラヴォワイヨン
	Champ Canet シャン・カネ
Chassagne-Montrachet シャサーニュ・モンラッシェ	◆ Les Champs Gain レ・シャン・ガン
	◆ Morgeot モルジョ
	En Cailleret アン・カイユレ
	◆ Les Chenevotte レ・シュヌヴォット
	La Boudriotte ラ・ブードリオット
Santenay サントネイ	La Comme ラ・コム

最初にお話ししたように、村ごとの味わいの差——そのワインがその村のテロワール（Terroir）をいかに反映しているか——を知ることが、ブルゴーニュワインを理解するうえで重要なんですね。

　まず白ワイン。シャルドネ（Chardonnay）は、世界中のワイン産地で栽培され、そして成功している（栽培しやすい）白ブドウ品種ですが、もともとはブルゴーニュが原産です。シャルドネの一番の適地、もっとも良さが発揮される冷涼な気候と石灰質土壌によって、ミネラル感と、繊細で上品な果実味のあるワインとなります。

　シャルドネはもともとの個性が少ないブドウ品種でもあるので、その土壌の影響や、造り手さんの個性が非常に出てきやすい、と言えます。

　個性としては「ニュートラル」。だからこそ世界各地で造られるシャルドネのワインは、それぞれがとてもユニークです。樽熟成の有無などを含め、造り手のアプローチでどんな色にも染まることのできる、そんなブドウ品種です。

　なので、ブルゴーニュのなかでも、北部、中部、南部で、白ワインの味わいははっきりと変わってきます。

北部、中部、南部でそれぞれ味わいが違う

　まず北部。シャブリ（Chablis）地区ですが、先ほどお話ししたように、貝殻の化石なんかを多く含むキンメリッジアン土壌となっていて、そこで造られるワインには、海藻や貝殻

を連想させる豊富なミネラル感、青りんごやレモンなどの鋭くさわやかな酸味、キレのよい味わいが表れるのが特徴です。

もちろんシャブリ地区のすべてのシャルドネ（Chardonnay）に青りんごやレモンのニュアンスが入っているかと言えばそうじゃないんですが、全体的な特徴としては、こういう味わいの白ワインになりやすい。飲んだあとの余韻としては、海のミネラルらしい塩味とか苦味……悪い意味の苦味じゃなくて、ワインにコクを与えるような、いい意味での苦味がちゃんと広がっていく。

次に中部。コート・ド・ボーヌ（Côte de Beaune）地区では、繊細な酸味や、白桃や洋ナシのような風味のワインが造られます。白桃ってイメージしてもらうとおわかりのとおり、桃の優しい甘い香りに加えて、じつは酸味もしっかり入っていますよね。そのニュアンスがこのコート・ド・ボーヌで作られるシャルドネにはよく表れます。

あと、この地区では伝統的に、熟成させるときにオークの小樽が使われます。ステンレスタンクでなく、樽で醗酵・熟成を行うため、複雑で厚みのある、長期熟成タイプの白ワインができるんですね。

そして南部。先ほどのマコネ（Mâconnais）地区ですが、南のほうになると気温も上がり、ブドウもよく熟すので、酸味は柔らかくなり、白桃というより黄桃のようなニュアンス……甘味がある、トロピカルフルーツのようなニュアンスが強くなります。

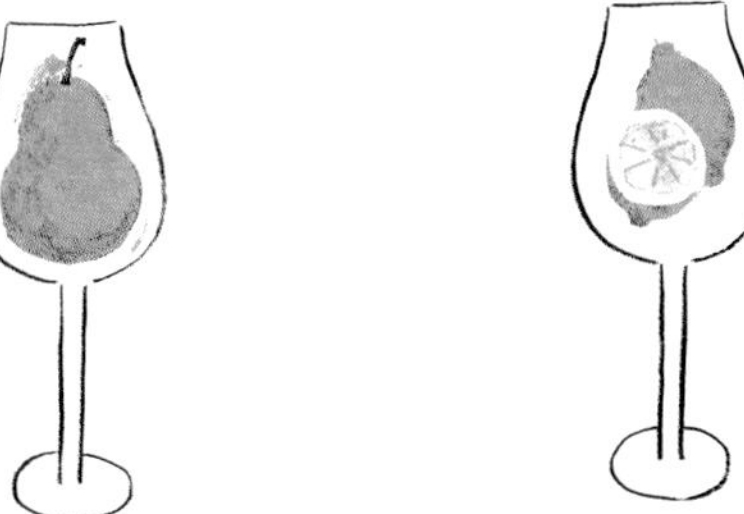

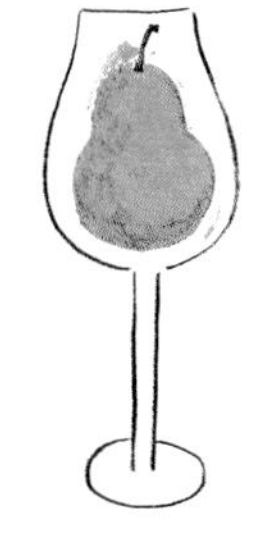

ブルゴーニュ白ワインの神髄——ムルソー、ピュリニィ、シャサーニュ

先ほど、コート・ド・ボーヌ（Côte de Beaune）地区の代表的な白ワインとして挙げた、ムルソー（Meursault）、ピュリニィ・モンラッシェ（Puligny-Montrachet）、シャサーニュ・モンラッシェ（Chassagne-Montrachet）

この3つの村の味わいの差を押さえておけば、ブルゴーニュ（Bourgogne）の白のなんとなくの骨格はできあがって、理解しやすくなると思います。

まず「ムルソー」ですが、コート・ド・ボーヌ地区最大の村で、この3つのなかではもっとも柔らかく芳醇……リッチな感じで、香りにヘーゼルナッツやバターなどが特徴的に感じられる白ワインが多い。

ムルソーの白ワイン、樽熟されているものが多いんですが、ピュリニィとシャサーニュに比べると、ちょっと濃いめの色合いで、樽の利かせ方もややしっかりめのスタイルになっています。

あと、何度もいってますが、グラン・クリュ（Grand Cru）はないです。でも村名レベルもたいへん優れていて、プルミエ・クリュ（Premier Cru）としては、——4つの畑が特に特に有名……というのがムルソー村です。

男性で例えると
こんな感じ？

酸・ミネラル・花・果物のニュアンスの差

「ピュリニィ・モンラッシェ（Puligny-Montrachet）」と「シャサーニュ・モンラッシェ（Chassagne-Montrachet）」、どちらも見かける機会が多いと思いますが、それぞれの村の特徴を押さえておいてください。

まずピュリニィ・モンラッシェですが、ムルソー（Meursault）とシャサーニュに比べると、果実味が抑えられている分、強靭なミネラルと酸がしっかり入っている印象です。一番エレガントで繊細な白ワインという感覚があります。

シャサーニュ・モンラッシェは、ピュリニィの南に位置して、もちろん白が有名なんですが、じつは赤の生産量も意外に多いため、シャサーニュのピノ・ノワール（Pinot Noir）からの赤を飲む機会もあると思います。私はシャサーニュの赤もすごく好きです。

白は、白桃や洋ナシのようなフルーティーな香りが特徴で、ピュリニィ・モンラッシェと比べると、ミネラルや酸はやや丸みがあり穏やか。なので、ちょっと酸味が穏やかなほうが好きな方はシャサーニュを選ばれますし、酸のきれいなニュアンスが好きな方はピュリニィを選ばれる傾向にあるといえます。

造り手の人柄とワインの味わいは一致する？

私もこの3つの村の白ワインを飲む機会は多いんですが、そのときのお料理の感じとか、自分の体調や気分などで、元気だったら「ムルソー（Meursault）にしようかな」みたいに分けながら飲んでいます。

シャサーニュ・モンラッシェ（Chassagne-Montrachet）村に、「ピエール－イヴ・コラン－モレ（Pierre-Yves Colin-Morey）」という、私がすごく好きな造り手さんがいまして、マルク・コラン（Marc Colin）という有名な造り手さんの息子さんで、早い時期に独立し、自分のドメーヌ（Domaine）をやられている、という方です。彼の弟さんや妹さんたちはお父さんのドメーヌを継いでらっしゃるみたいです。

まずは、お父さんのマルクさんの白ワイン、レストランのワインリストで見かける機会があれば、ぜひ一度飲んでいただきたいと思います。彼は、シャサーニュだけじゃなく、ムルソーとピュリニィ（Puligny）、サン・トーバン（Saint-Aubin）も造っていて、とてもおいしいんです。ブルゴーニュ（Bourgogne）の造り手さんは、複数の（村の）畑で、それぞれのA.O.C.を造っている、という場合もけっこうあります。マルク・コランさんは、私にとって「酸の魔術師」。彼のワインはそれぐらいシャルドネ（Chardonnay）の酸味とミネラルがきれいに表現されています。

以前、息子のピエール・イヴさんに会いに行ったら、すごくイケメン、常にレディ・ファーストなジェントルマンで、もう一気に惚れちゃった！　みたいな感じ（笑）。彼のワインは、お父さんと比べると、より樽を香ばしくしたような香りが特徴です。

ブルゴーニュのワイン生産者の方って、ふつうもっと素朴な感じなんですよね。私の大好きな造り手さんで、「ドメーヌ・ラモネ（Domaine Ramonet）」――ラモネおじさんと勝手に呼んでいるのですが――という方がいて、その方なんかは自分が卸しているワイン屋さんでよく立ち飲みしていて、「また会ったね」みたいな感じで。いつも長靴で農作業の格好のまんま、畑から直接来ている感じ……そういう方が多いんです。

一方ピエール・イヴさんは、格好もパリッとしたシャツにジーンズとかで、ワイン

をデギュスタシオン（テイスティング）するサロンもきれいに整えていて、絵が飾ってあって、ほんとモダンでセンスがいい。

実際にドメーヌに行ってみると、そのワインの味わいの特徴が、そのままそのドメーヌのあり方にも出てるな、って感じます。ふくよかな味わいのワインだと、その造り手さんの性格や見た目も（笑）けっこうふくよかだったりもするんですが、ピエール・イヴさんみたいにきれいにぜんぶ整えている方はやっぱりワインの味わいもパキッときまっています。造り手の性格と造られたワインはけっこう一致すると思います。

親から子へワイン造りは受け継がれていく

ワイン造りは、基本的には親から子へ、代々受け継がれていきます。やっぱり畑を所有してブドウを育てるため、なかなか売ったり買ったりできません。なので、子供は必然的に畑を受け継いでワイン造りをする運命にあります。小さな頃から家の仕事を手伝いながら、おじいちゃん、お父さんから学んでいく。

でも最近の30代くらいの若い世代の醸造家になると、そうやって家で教わりつつ、「一度外も見てこい」ということで、自分が尊敬する醸造家の元に修業に行ったり、大学で醸造学を基礎から学んだりして、もともとの家のやり方を少しずつ変えていく人も多いみたいです。昔はもっと農家色が前面に出ていて、高卒でそのまま働いていたりしていたのに、最近の跡取りは、けっこう近代的な感じになっているみたいですね。

赤、最高峰の3つの村――ジュヴレ・シャンベルタン、シャンボール・ミュジニィ、ヴォーヌ・ロマネ

次に赤ワインのほうも見ていきましょう。

特に――ジュヴレ・シャンベルタン（Gevrey-Chambertin）、シャンボール・ミュジニィ（Chambolle-Musigny）、ヴォーヌ・ロマネ（Vosne-Romanée）、この3つの村の味わいの差は、ぜひ押さえていただきたいと思います。

まず、「ジュヴレ・シャンベルタン」。石灰岩に粘土や酸化鉄を多く含む土壌で生まれるブドウから、長期熟成型の、骨格のしっかりした、土やスパイスの香りが強く、タンニンが豊かな男性的な印象の赤ワインになります。

畑の面積も大きく、コート＝ドール（Cote-d'or）最多の9つのグラン・クリュ（Grand Cru）も然る（さ）ことながら、先ほどチェックしていただいたプルミエ・クリュ（Premier Cru）――「クロ・サン・ジャック（Clos Saint-Jacques）」や「レ・カズティエ（Les Cazetiers）」に代表される素晴らしい1級畑も多いうえに、優良生産者が多く集まっています。

お肉――特に鳩のローストなど――とかに合わせてスパイシーなニュアンスのブルゴーニュ（Bourgogne）が飲みたいなと思ったら、ジュヴレ・シャンベルタンを選ばれるのがすごくいいと思います。

次に、「シャンボール・ミュジニィ」。こちらは、「ジュヴレ・シャンベルタン」が男性的であったのに対して、繊細で女性的なワインを造る村とされています。

女性で例えると
こんな感じ？

Gevrey-Chambertin

ピノ・ノワール（Pinot Noir）の特徴として、小さいベリー系の赤い実のニュアンス——という香りの特徴があるんですが——それが一番きれいに出るのが、このシャンボール・ミュジニィ村だといわれています。タンニンもきめ細やかで滑らか。そういう意味で女性的と称されます。

そして最後、「ヴォーヌ・ロマネ」。「ロマネ・コンティ（Romanée-Conti）」や「ラ・ターシュ（La Tâche）」、「リシュブール（Richebourg）」といった、代表的なグラン・クリュを見てもおわかりのように、もっとも華やかで、よく官能的なワインを造る村といわれています。

まあ「官能的」っていわれても……ねえ（笑）。ワインの何が官能的なのかは主観が入るので説明が難しいところですが、実際この3つの村のワインを飲み比べてみると、たぶんそのニュアンスがなんとなくわかると思います。シャンボール・ミュジニィが「繊細で女性的、華やかでチャーミングな感じ」だとしたら、ヴォーヌ・ロマネのほうは「うん、確かに官能的だな」、ジュヴレ・シャンベルタンを飲むと、「確かに男らしいな」っていう、この違いをぜひ感じていただきたいと思います。そんなにすごくわかりやすい差、というわけではないんですが、意識して飲むと差が見えてきます。

ヴォーヌ・ロマネは、ジュヴレ・シャンベルタンと比べると、土っぽさや骨格の強さがなく、エレガンスやフィネス（優雅さ）が前面に表れていて、シャンボール・ミュジニィに比べると、ボディに厚みがあって、より強い印象——というのがヴォーヌ・ロマネの特徴です。

Vosne-Romanée

Chambolle-Musigny

とんかつに合う白ワイン

最後に、ブルゴーニュ(Bourgogne)の地方料理についてお話ししておきましょう。

先ほどお話ししたボーヌ(Beaune)のビストロ「マ・キュイジーヌ(Ma Cuisine)」のメニューにも地方料理はたくさんありますが、たとえば「ジャンボン・ペルシエ(Jambon Persillé)」（ハムとパセリのゼリー寄せ）。これにはブルゴーニュの南のほうのちょっとふくよかな白や、軽めの赤との相性がバッチリです。

あと「エスカルゴ(Escargots à la Bourguignonne)」もじつはブルゴーニュの郷土料理なんですよ。パセリとニンニクのみじん切りを練りこんだ「エスカルゴバター」を絡めていただくのが一般的な食べ方で、すっきりとした「シャブリ(Chablis)」を合わせていきます。

他に私が好きなのは、「ウフ・アン・ムーレット(Oeuf en Meurette)」、赤ワイン仕立てのポーチ・ド・エッグです。煮込んだ赤ワインの中に白い卵が浮いている感じなので、見た目は正直に言って、ワーおいしそう！　とはあまり思えないかもしれませんが、でもソースに、きのこや干しぶどうが入っていたりして、何ともいえないおいしさが口の中に広がります。これにはコート・ドール(Côte-d'Or)の軽めの赤——たとえば「マルサネ(Marsannay)」とか。

そして王道は、「ブッフ・ブルギニョン(bœuf Bourguignon)」。フランスの家庭料理を代表する、牛肉の赤ワイン煮込みで、これもブルゴーニュ発祥といわれています。牛肉の旨味に負けない骨格と力強さを持つ「ジュヴレ・シャンベルタン(Gevrey-Chambertin)」なんかを合わせると最高ですね！

日本の家庭料理だと、私は、とんかつにブルゴーニュの白——「ムルソー(Meursault)」とか

「シャサーニュ（Chassagne）」とか――を合わせるのが大好きです。お肉に白？と思われるかもしれませんが、まずとんかつの衣の、あの揚げた香ばしさと、木樽から来る香ばしいトースト香との相性はすごいですし、お肉がロースだったら脂身の甘味とムルソーやシャサーニュの芳醇さとのマリアージュも楽しめます。ワインがスイスイ入っちゃう（笑）。「シャンボール・ミュジニィ（Chambolle-Musigny）」みたいな、口当たりが滑らかでチャーミングな赤には、やさしい味わいの西京漬け（お魚、鶏など）なんかも合いますよ。

というように、ワインありきで献立を考えるのも面白いと思います。


今回は、ブルゴーニュ地方をお勉強しましたが、いかがでしたでしょうか。

ブルゴーニュはボルドー（Bordeaux）と並ぶフランスの二大名醸地のひとつ――つまりは世界最高峰のワイン産地なのです。「シャトー（Château）」という、わりと大きな単位で複数のブドウ品種をアッサンブラージュ（Assemblage）（調合）してワインを造るボルドーに対して、ブルゴーニュでは主に「ドメーヌ（Domaine）」という小さな単位でピノ・ノワール（Pinot Noir）やシャルドネ（Chardonnay）から単一品種のみでワインを造っているというのが一番の特徴です。単一品種で造るがゆえに、村や畑のテロワール（Terroir）の違いやヴィンテージの特徴をいかにワインに映し出すかが造り手の腕の見せどころとなります。単においしいかどうかだけでなく、そういった違いをワインの中に見つけることもブルゴーニュワインの楽しみ方のひとつです！

余談ですが、「ブルゴーニュ」のことを英語で「バーガンディー（Burgundy）」といいます。ちなみに、「ボルドー」は英語でも「ボルドー」です。

といったところで、今日の授業は終わりです。今夜はとんかつにしようかな（笑）。

4日目

第四章

ボルドー地方

ボルドーとは

今回はボルドー（Bordeaux）地方について勉強していきましょう。

ボルドー市を中心に広がっている大西洋に面した地域で、ブルゴーニュ（Bourgogne）地方と並ぶ二大ワイン産地です。世界中でもっとも愛されているワインが、ボルドーワインとブルゴーニュワインといっても過言ではないと思います。

ボルドーワインの味わいの特徴は、なんといっても「複雑さと力強さ」。長期熟成できる、寝かせることで魅力が花開いていく赤ワインが数多く造られています。

ボルドーといえば「赤ワイン」というイメージが強いと思いますが、実際に生産量9割近くが赤ワインです。あと、「五大シャトー（Château）」ってきっと聞いたことありますよね。

何が五大なのか？　そのあたりもお話ししていきましょう。

もうひとつのポイントとしては、貴腐ワインですね。

白ブドウに貴腐菌が付着して貴腐化……皮に穴が空いて実（み）の水分が蒸発して、そのまま腐ってしまう場合もあるのですが、気温や湿度などの条件がいいと、ブドウの実が木になったまま干しブドウのような糖度の高いブドウ（貴腐ブドウ）になります。

それで造った甘口のワインを「貴腐ワイン」といいます。

世界三大貴腐ワインのひとつ「ソーテルヌ（Sauternes）」が造られているのが、

〈ボルドー地方概要〉

栽培面積	約11万ha （ほぼすべてがA.O.C.ワイン）
年間生産量	約489万hℓ （赤ワインが大半を占める）

ここボルドーのソーテルヌ村(A.C.ソーテルヌ)なんです。食後のデザートワインとしてはもちろん、よくフレンチのレストランでフォアグラに合わせたりしますが、なかでも最高級銘柄が「シャトー・ディケム(Château d'Yquem)」。ソーテルヌがボルドー地方に位置する村であることも意外に知られてなかったりしますので、そういった地理的な部分なども含めてお勉強していきましょう。

最高級赤ワインの産地――メドック地区

まずボルドー(Bordeaux)地方の地図を見てください。ジロンド(Gironde)河という大きな河が大西洋に流れ込んでいます(☛)。それに注ぐ2つの支流、ドルドーニュ(Dordogne)河とガロンヌ(Garonne)河があります。まずこの3つの河の名前と位置を覚えてください。けっこうキーポイントになってきます。

ボルドーのワイン生産地区は、ぜんぶ河沿いにある、というのが特徴です。

そして、河の右岸と左岸で土壌が違うため、作られるブドウ品種も変わってきます。ボルドーワインを語るときは、何河の右岸か、左岸かで捉えていくとわかりやすいです。*

最初に、どんな地区があるのか、ざっと見ていきましょう。

＊ 上流から下流に向かって、右側が「右岸」、左側が「左岸」です。

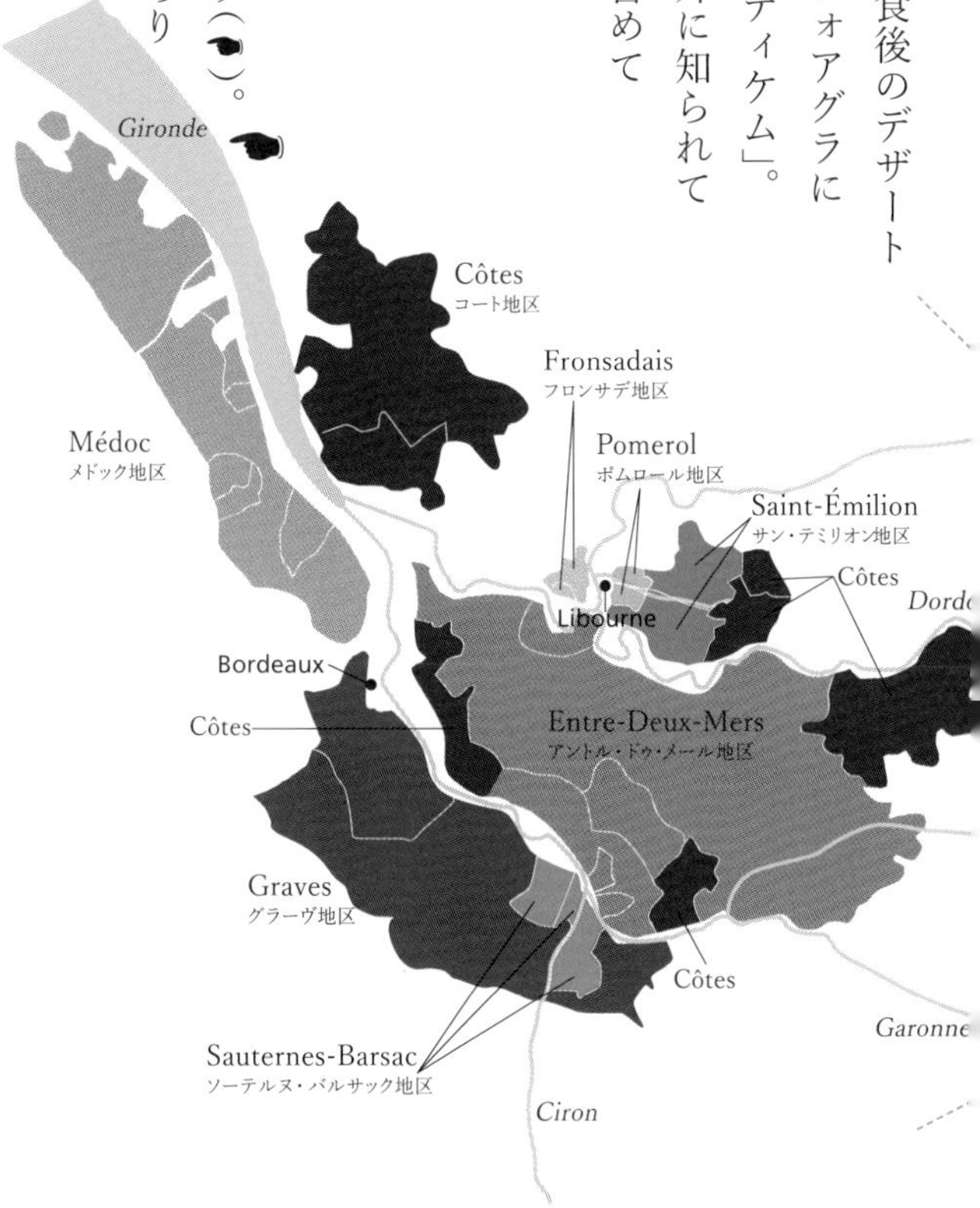

まずメドック（Médoc）地区。ジロンド河の左岸に位置しています。
皆さんがよく知っているような高級ボルドーワインの多くがここで造られています。

なかでも特に、上流に位置するオー・メドック（Haut-Médoc）②ですね（☛）。
上流のオー・メドック②と下流のメドック①をまとめて「メドック地区」と言ってますが、このオー・メドックのなかの村で、ぜひ知っておいていただきたい有名な村——村名A.O.C.がある村——がこちらです。

「サン・テステフ（Saint-Estèphe）」❸、「ポイヤック（Pauillac）」❹、「サン・ジュリアン（Saint-Julien）」❺、「リストラック・メドック（Listrac-Médoc）」❻、「ムーリ（・アン・メドック）（Moulis (-en-Médoc)）」❼、「マルゴー（Margaux）」❽。

一番上流にあるのが有名なマルゴー村です。
あの「シャトー・マルゴー（Château Margaux）」が造られている村ですね。

ガロンヌ河の両岸に広がる産地——
グラーヴ地区、ソーテルヌ-バルサック地区、
アントル・ドゥ・メール地区

メドック（Médoc）地区の南にボルドー（Bordeaux）市（ボルドーの街）があって、その南、ガロンヌ（Garonne）河左岸に沿って広がっているのが、グラーヴ（Graves）地区です。

このなかで必ず知っておいていただきたい産地が、「ペサック・レオニャン（Pessac-Léognan）」⑨。ここでも高級な赤ワインが造られています。

グラーヴ地区のなかに、セロンス（Cérons）村⑪、バルサック（Barsac）村⑫、ソーテルヌ（Sauternes）村⑬が入っていまして――まとめてソーテルヌ-バルサック地区と言いますが――これらの村では貴腐ワインが造られています。ここにシロン（Ciron）川という小さな川が流れていますよね（）。この川があることで、周りのブドウ畑に霧が発生し、貴腐菌にとって必要な湿度や温度などをもたらすんですね。

そしてこの一番大きな一帯（）。

ガロンヌ河とドルドーニュ（Dordogne）河のあいだに挟まれたこの一帯は、河と河のあいだということで、アントル・ドゥ・メール（Entre-Deux-Mers）（英語でBetween Two Seas）、２つの海に挟まれているところ、という名前になっています。ガロンヌ河右岸と、ドルドーニュ河左岸で栽培されているブドウ品種が違っているので、ワインのタイプも変わってくる、というのが面白いところです。

なかでも、ガロンヌ河右岸の、「カディヤック（Cadillac）」㉙、「ルーピアック（Loupiac）」㉚、「サント・クロワ・デュ・モン（Sainte-Croix-du-Mont）」㉛の3つの村の場所を見てください。

ここもまた、シロン川からの影響を受けるため、じつはこれらの村でも貴腐ワインが造られています。

〈Médoc メドック地区〉

① Médoc メドック
② Haut-Médoc オー・メドック
❸ Saint-Estèphe サン・テステフ
❹ Pauillac ポイヤック
❺ Saint-Julien サン・ジュリアン
❻ Listrac-Médoc リストラック・メドック
❼ Moulis (-en-Médoc) ムーリ（・アン・メドック）
❽ Margaux マルゴー

〈Graves グラーヴ地区〉

❾ Pessac-Léognan ペサック・レオニャン
⑩ Graves グラーヴ

〈Sauternes-Barsac ソーテルヌ-バルサック地区〉

⓫ Cérons セロンス
⓬ Barsac バルサック
⓭ Sauternes ソーテルヌ

〈Entre-Deux-Mers アントル・ドゥ・メール地区〉

㉗ Entre-Deux-Mers アントル・ドゥ・メール
㉘ Graves de Vayres グラーヴ・ド・ヴェール
㉙ Cadillac カディヤック
㉚ Loupiac ルーピアック
㉛ Sainte-Croix-du-Mont サント・クロワ・デュ・モン
㉜ Entre-Deux-Mers Haut-Benauge アントル・ドゥ・メール・オー・／Bordeaux Haut-Benauge ボルドー・オー・ブノージュ

点在しているコート地区

では次、ワイン産地が点在しているコート（Côtes）地区ですね。ここは、3本の河沿いに点在し、いずれも「コート＝丘」という名のとおり、丘陵地の斜面に、⑭〜⑳のエリアに渡りブドウ畑が広がっています。

ドルドーニュ河右岸の産地――フロンサデ地区、ポムロール地区、サン・テミリオン地区

そして最後、サン・テミリオン（Saint-Émilion）地区。ボルドー（Bordeaux）のなかで、オー・メドック（Haut-Médoc）地区に次いで有名な地区です。これら3つの地区のなかで、サン・テミリオン村㉕とポムロール（Pomerol）村㉓、この2つの村の位置、ぜひ覚えておいてください。

以上8つの地区からボルドー（Bordeaux）は構成されていまして、だいたいの位置関係を頭に入れつつ、それぞれの地区でどういうワインが造られているか、見ていきましょう。

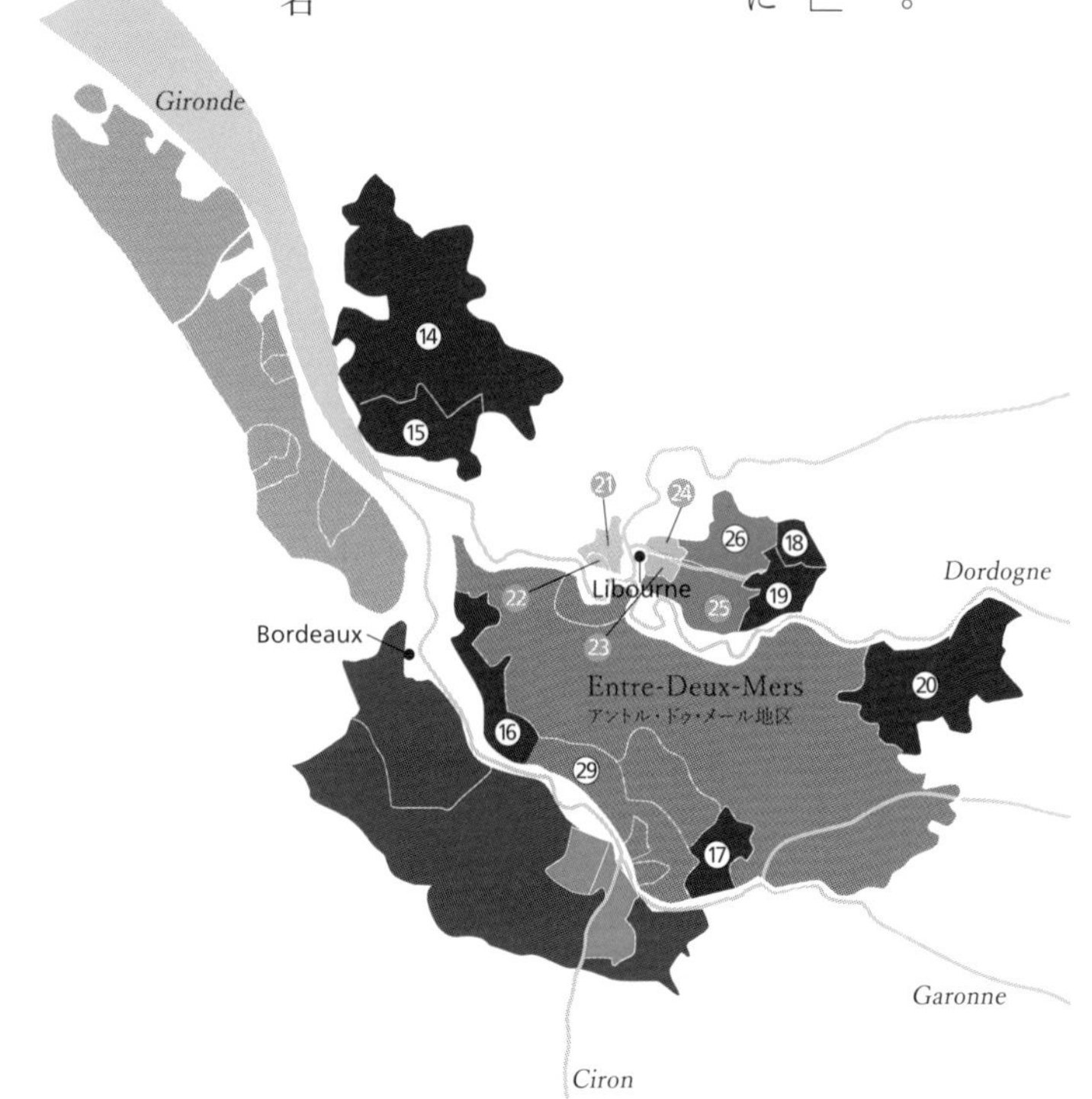

ボルドーワインとブルゴーニュワインの決定的な違い

ボルドー（Bordeaux）は黒ブドウの栽培面積が約9割、白ブドウはたった1割です。

A.O.C.の数は、ブルゴーニュ（Bourgogne）の約100個に比べると、ボルドーは約50個と少ないんですが、ただしフランスのワイン産地のなかで、A.O.C.の栽培面積が最大なのはここボルドーです（ボルドーのブドウ栽培面積は約11万ha。これが世界中のワイン産地のブドウ栽培面積の基準ともなっていて、よく、ボルドーの何倍とか、ボルドーの何分の一とか、そういう表現がされています）。

I.G.P.でもなく、Vinでもない A.O.C.ランクの「いいワイン」を、もっとも多く生産している地方がボルドーなんです（造られるワインのほぼすべてがA.O.C.ワインで、I.G.P.とテーブルワインレベルはあまり造られていません）。

ボルドーは、ブルゴーニュと共に二大名醸地として有名なわけですが、じつはこの2つ、ワインの造り方に決定的な違いがあります。

ブルゴーニュでは、赤ワインはピノ・ノワール（Pinot Noir）、白ワインはシャルドネ（Chardonnay）、と単一品種での醸造が主ですが、ボルドーは、複数のブドウ品種をブレンドして、赤ワイン、

〈Côtes コート地区〉

⑭ Blaye ブライ
⑮ Côtes de Bourg コート・ド・ブール
⑯ Cadillac Côtes de Bordeaux カディヤック・コート・ド・ボルドー（㉙のエリアも含む）
⑰ Côtes de Bordeaux-Saint-Macaire コート・ド・ボルドー・サン・マケール
⑱ Francs Côtes de Bordeaux フラン・コート・ド・ボルドー
⑲ Castillon Côtes de Bordeaux カスティヨン・コート・ド・ボルドー
⑳ Sainte-Foy Côtes de Bordeaux サント・フォワ・コート・ド・ボルドー

〈Fronsadais フロンサデ地区〉

㉑ Fronsac フロンサック
㉒ Canon Fronsac カノン・フロンサック

〈Pomerol ポムロール地区〉

㉓ Pomerol ポムロール
㉔ Lalande-de-Pomerol ラランド・ド・ポムロール

〈Saint-Émilion サン・テミリオン地区〉

㉕ Saint-Émilion サン・テミリオン
㉖ Saint-Émilion Satellite サン・テミリオン衛星地区

白ワインが造られています。これがブルゴーニュとボルドーの最大の違いです。
「ボルドーの赤」というと、「メルロ(Merlot)とカベルネ・ソーヴィニョン(Cabernet Sauvignon)、どっち?」みたいな聞き方をする人もいるんですが、ふつうは「メルロ主体で造られているか、カベルネ・ソーヴィニョン主体で造られているか」なんですね。

カベルネ・ソーヴィニョン主体のワインのなかにもメルロが入っていたり、その他カベルネ・フラン(Cabernet Franc)、プティ・ヴェルド(Petit Verdot)というブドウ品種が入っていたりします。カベルネ・ソーヴィニョン100%の五大シャトーって基本的になくて、別のブドウ品種も混ざっているんですね。*1

ボルドーワインは、アッサンブラージュ(Assemblage)(ブレンド)して造られる、これをまず押さえておいてください。*2

シャトーとドメーヌ——造り手と畑の関係

ブルゴーニュ(Bourgogne)の場合、ブドウ栽培もワイン造りも自分たちでやる生産者のことを「ドメーヌ(Domaine)」と言いましたが、ボルドー(Bordeaux)では「シャトー(Château)」と言います。フランス語で「お城」という意味で、ボルドーの生産者は、「シャトー・○○」という名前が多いです。

ブルゴーニュのドメーヌとボルドーのシャトーは同じ意味だと思ってもらって大丈夫なんですが、ただシャトーのほうが——名前からも想像できるように——スケールが大きい感じですね。ブルゴーニュと同じように家族経営の方もいれば、大きなシャトーになると営業マンもいるし、より会社に近いかたちになっています。

*1　ごくまれにカベルネ・ソーヴィニョン100%で造られたヴィンテージもあります。たとえば、1961年のシャトー・ラフィット・ロッチルド(Château Lafite-Rothschild)など。

*2　生産者によってブレンドの時期は異なります。たとえば、樽熟を始める前にブレンドする人もいれば、樽熟が終わって瓶詰めをするときにブレンドする人もいます。

「コマンドリー・ド・ボルドー」(Commanderie de Bordeaux)というボルドーワインを日本で広めることを目的とした団体がありまして、そこが主催する会のひとつに、20、30軒くらいのシャトーの方を囲んでのワイン会があるんですが、そこに来ている方も、シャトーのファミリーの人だったり、営業マンだったりと様々です。

ちなみに以前参加させていただいたとき、最後にチャリティーのワイン・オークションがありまして、2万、3万……って値段が上がっていって、そのお金は寄付されることになるんですが、私は落としたいのが2つあって、最後じゃんけんになって2つとも落としました(笑)。

そのワインがほしかった、ということもあるんですが、それよりもそれに付随していた、そのシャトーにディナー付きで泊まれる権利が魅力的だったので。シャトーのなかには、サロンや宿泊施設が併設されているところがけっこうあるんですね。

もうひとつのワインには、そのシャトーがある地区で多数のシャトーのオーナーたちが集まって開催する大きいワイン会に参加できる権利。この2つをじゃんけんで勝って手に入れたので、ボルドーに行ってきました。

実は私、じゃんけん強いんです。じゃんけんは確率論でもあって、数学講師でもある私にとっては、確率論はワインと同じくらい専門分野。本一冊分ぐらいお話ししたいのですが、話が逸れてしまうのでまた別の機会に……。

〈各地方によって瓶のかたちが異なります〉

では、ボルドーで栽培されているブドウの品種を、ちょっと見ていきます(☛)。

白ブドウはシンプルです。ほぼこの3種と思ってくださって結構です。

貴腐ワインを造るためのセミヨン(Sémillon)。ただしセミヨンは貴腐ワインにしか用いられないわけではなくて、ふつうの辛口の白ワインもセミヨンから造ったりします。

それからソーヴィニヨン(・ブラン)(Sauvignon Blanc)。ロワール(Loire)地方の代表的な品種のひとつですが、ボルドーのソーヴィニヨンとロワールのソーヴィニヨンは、味わいがまたぜんぜん違っていて面白いです。ボルドーのほうが樽をきかせたものも多く、しっかりとして濃い感じ。ロワールは、酸のニュアンスがさわやかで、軽やかな印象です。

黒ブドウは、メルロ(Merlot)。フランスで栽培されているブドウ品種でもっとも栽培面積が大きくて、ボルドーでも生産量最大。続いて、カベルネ・ソーヴィニヨン(Cabernet Sauvignon)とカベルネ・フラン(Cabernet Franc)……となっています。

畑にランク付けするブルゴーニュと、人にランク付けするボルドー

前回お話ししたように、ブルゴーニュ(Bourgogne)では畑ひとつひとつを「地方名(Générales)」「村名(Communales)」「1級畑(プルミエ・クリュ)」「特級畑(グラン・クリュ)」と細かく格付けしていました。なのでブルゴーニュのA.O.C.の数は100個もあったわけです。それに対して、ボルドー(Bordeaux)は50個です。

ボルドーは、ブルゴーニュみたいに畑ひとつひとつを格付けしていません。シャトー(Château)が複数の畑を所有して、その複数の畑の異なるブドウをブレンドして造るやり方なので、畑単位で格付けする意味がなかったんです。

☛〈ボルドー地方の主要品種〉

白ブドウ	セミヨン、ソーヴィニヨン(・ブラン)、ミュスカデル
黒ブドウ	メルロ(栽培面積最大)、カベルネ・ソーヴィニヨン、カベルネ・フラン、マルベック、プティ・ヴェルド

ボルドーのA.O.C.はこんなかたちになっています(☜)。

一番下が「地方名」ワイン(たとえばA.C.ボルドー)、真ん中が「地区名」ワイン(たとえばA.C.メドック(Médoc))、一番上が「村名」ワイン(たとえばA.C.マルゴー(Margaux))と3つの階層になっています。

ただ、一番上の「A.C.○○村」のワインと言っても、そこにはいろんな造り手(シャトー)がいて、それぞれがその村のいくつかの畑のブドウをブレンドしてワインを造っています。同じ「A.C.○○村」のワインでも味わいが様々です。すごくいいものもあれば、そうでもないものもある。

そこでボルドーの人たちは、その○○村のなかの「シャトー」を格付けしていったんです。ブルゴーニュでは「ドメーヌ(Domaine)」は格付けされていません。あくまで「畑」が格付けされていました。ところがボルドーでは「畑」でなく「人」(シャトー)を格付けした。それも、両者のワイン造りの違い——ブルゴーニュが「ひとつの畑のブドウ100%で造る」に対して、ボルドーは「複数の畑のブドウを混ぜて造る」——というところからもきています。

シャトーの格付けは、地区ごとに行われたのですが、ただしすべての地区で行われたわけではなく、メドック地区、グラーヴ(Graves)地区、ソーテルヌ-バルサック(Sauternes-Barsac)地区、サン・テミリオン(Saint-Émilion)地区の4地区だけです。

格付けについてお話しする前に、各地区のA.O.C.について……どのような村(村名A.O.C.)があるのか? 赤、ロゼ、白、貴腐がどこでどのように造られているのか? 各地区のイメージをもう少しはっきりさせていきましょう。

A.O.C. メドック地区

まず「メドック（Médoc）」①と「オー・メドック（Haut-Médoc）」②。ボルドー（Bordeaux）地方全体が海洋性気候なので緯度のわりには温暖なのですが、この一帯は大西洋に近く標高も低いため特に温暖な気候です。

上質なワインはオー・メドックに集中しています。実際メドック地区の格付けされたシャトー（Château）は、すべてオー・メドックのなかに位置しています（ひとつだけ例外があるのですが、後ほどお話しします）。

砂利質土壌で水はけが良く、いいブドウが育つんですね。カベルネ・ソーヴィニョン（Cabernet Sauvignon）は砂利質土壌を好むため、多く栽培されています。

A.C.メドック、A.C.オー・メドックの生産可能色は赤のみです（🍷）。つまり、このメドック地区では、基本赤ワインしか造ってはいけない規定になっています。もし白ワインを造ったとしたら、「村名A.O.C.」も「地区名A.O.C.」も名乗れないため、単に「A.C.ボルドー」という一番大きな枠しかラベルに原産地を記載できません。

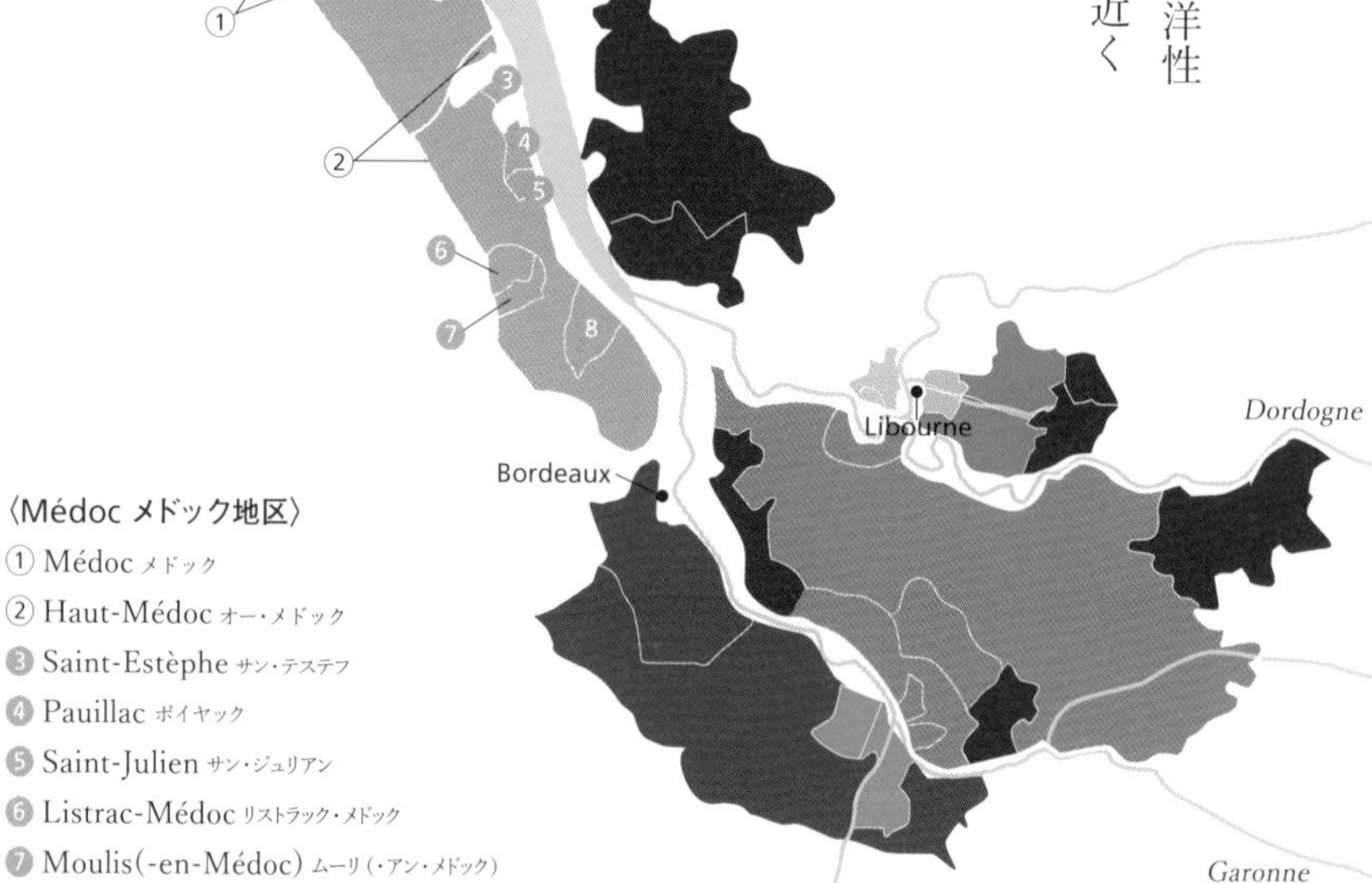

主要品種はカベルネ・ソーヴィニョン（Cabernet Sauvignon）。メドック地区のワイン（赤ワイン）はカベルネ主体、これをまず覚えておきましょう。

この地図には書いてませんが、❸〜❽以外にも村がたくさんあってワインが造られています。ただそれらの村には「村名A.O.C.」はありません。メドック地区では６つの有名な村にだけ「村名A.O.C.」が存在します。

なので６つの村以外の村は、「地区名A.O.C.」――A.C.メドック①、A.C.オー・メドック②――を名乗るわけですが、ただこの「地区名A.O.C.」も、名乗れる「村」があらかじめ決まっています。「A.C.メドック」を名乗れる村は20ぐらい。「A.C.オー・メドック」を名乗れる村としては30くらいで、たとえば、リュドン（Ludon）村、マコー（Macau）村、サン・ローラン（Saint-Laurent）村などがあります（☞）。ちょっとこのあたり、ソムリエ試験的なことですけれども。

まあ、これらの村にそれぞれの「村名A.O.C.」を名乗らせず、「A.C.オー・メドック」を名乗らせているのは、やっぱり「オー・メドック」はレベルも高くブランド力があるからでしょうね。そうやってボルドーでは村ごとにどのA.O.C.を名乗れるかが明確に決まっているわけです。

そして、ボルドーワインを語るときに絶対に外せない、オー・メドック地区にある６つの村というのが、こちらです。

地区名 A.O.C.	村名 A.O.C.	産出村	赤	ロゼ	白
① Médoc メドック			●		
② Haut-Médoc オー・メドック			●		
		☞ Ludon リュドン			
		Macau マコー			
		Saint-Laurent サン・ローラン			
	❸ Saint-Estèphe サン・テステフ		●		
	❹ Pauillac ポイヤック		●		
	❺ Saint-Julien サン・ジュリアン		●		
	❻ Listrac-Médoc リストラック・メドック		●		
	❼ Moulis(-en-Médoc) ムーリ・(アン・メドック)		●		
	❽ Margaux マルゴー		●		
		Arsac アルサック			
		Cantenac カントナック			
		Labarde ラバルド			
		Soussans スッサン			
		Margaux			

〈メドック地区〉

土壌	砂利質（水はけがよい）
生産可能色	赤のみ
主要品種	黒ブドウ：カベルネ・ソーヴィニョン

❸ サン・テステフ（Saint-Estèphe）
❹ ポイヤック（Pauillac）
❺ サン・ジュリアン（Saint-Julien）
❻ リストラック・メドック（Listrac-Médoc）
❼ ムーリ(・アン・メドック)（Moulis(-en-Médoc)）
❽ マルゴー（Margaux）

いいボルドーワインを飲むときには、
ラベルにA.O.C.の村名が、たとえば
Appellation Saint-Estèphe Contrôlée（アペラシオン・サン・テステフ・コントローレ）
といったかたちで書いてあるので、
皆さんぜひこの6つ、知っておいてください。
「あ、サン・テステフ村のワインなんだ」
「ポイヤック村のワインなんだ」
と村を押さえていただいて、それからその村の
い、どのシャトーが自分は好きか……飲んでいくと、
その村(土壌)とそれぞれの造り手(シャトー)によって、
同じカベルネ・ソーヴィニヨン主体でも、味わいが
けっこう変わってくるんですよ。

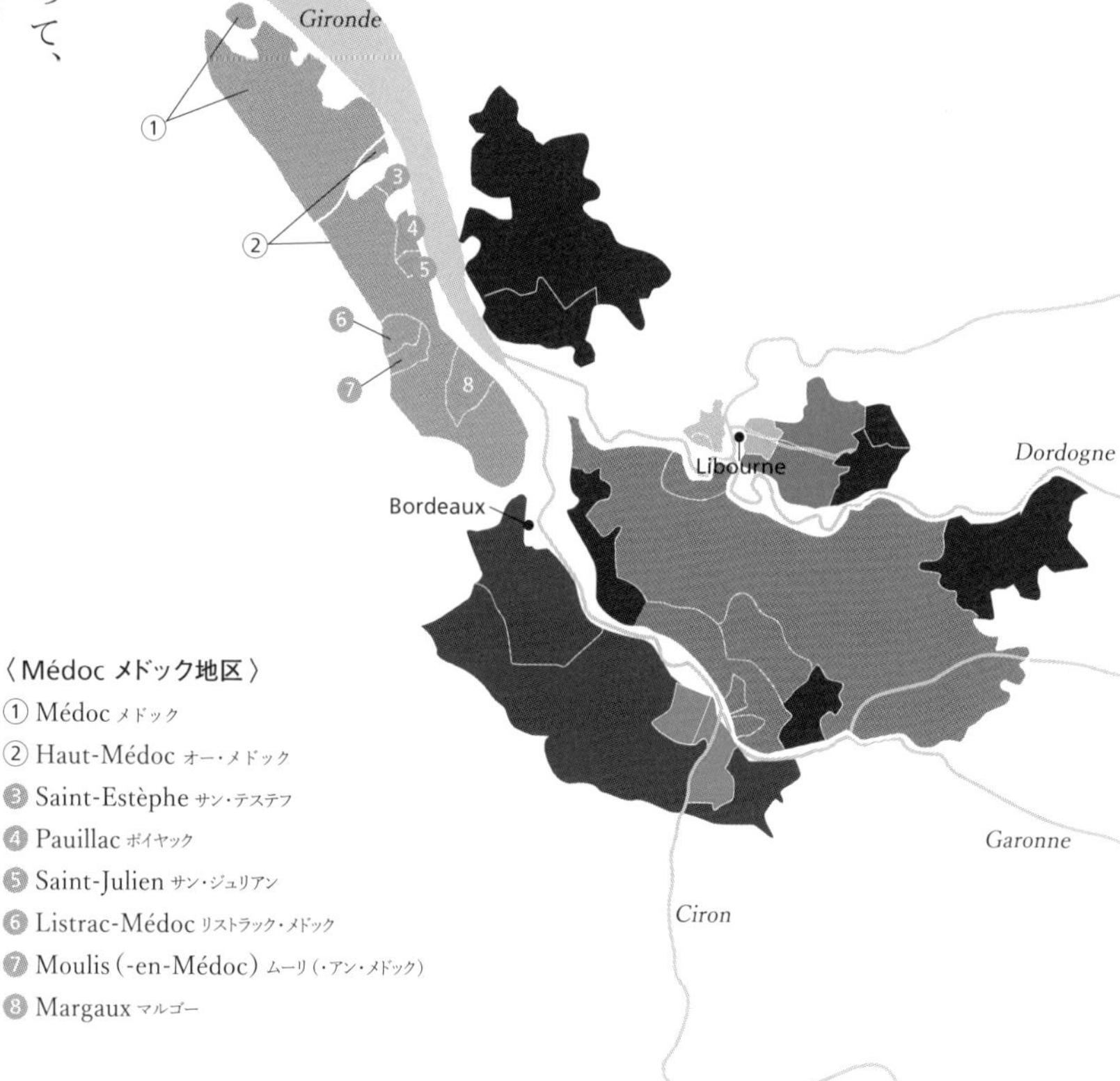

〈Médoc メドック地区〉
① Médoc メドック
② Haut-Médoc オー・メドック
❸ Saint-Estèphe サン・テステフ
❹ Pauillac ポイヤック
❺ Saint-Julien サン・ジュリアン
❻ Listrac-Médoc リストラック・メドック
❼ Moulis (-en-Médoc) ムーリ(・アン・メドック)
❽ Margaux マルゴー

最後のマルゴー村ですが、じつは「A.C.マルゴー」を名乗れる「村」は、マルゴー村以外にもありまして、マルゴー村のそばにある、アルサック（Arsac）、カントナック（Cantenac）、ラバルド（Labarde）、スッサン（Soussans）この4つの村は「A.C.マルゴー」を名乗ることができます（自分たちの村名A.O.C.は存在しません）。まあ「マルゴー」はすごいブランド力なので、「マルゴー」を名乗れるんだったら、そっちのほうがいいですよね（笑）。

というようなかたちでメドック地区は構成されてます。

ところで、「メドック・マラソン」ってご存じですか？　このメドック地区で毎年開催されるフルマラソンなんですが、いろんなシャトー◯◯（なんとか）が、それぞれのワインを出してくれて、走っている人だけタダで飲むことができる（笑）。毎年なにかしらのテーマがあって、そのテーマに合うコスプレをしてワインを飲みながら走る。前夜祭があって、そのスタートが22時ぐらい。けっこういいワインが出るので、参加者の皆さんは飲みたいじゃないですか。夜中の2時くらいまで飲んで、で翌日、朝から走る（笑）。かなりハードですよね。

ちなみに優勝者には体重分のボルドーワインがプレゼントされるそうです！

A.O.C. グラーヴ地区

ではその次、メドック（Médoc）地区からボルドー（Bordeaux）市を挟んで南に広がっているのがグラーヴ（Graves）地区です。「グラーヴ」とはフランス語で小石とか砂利という意味になりまして、その名のとおり土壌は砂利質です（メドック地区と同じ）。特にグラーヴ北部（ボルドー市のすぐ南）にある「ペサック・レオニャン（Pessac-Léognan）」⑨、ここは優良産地となっています。

グラーヴ地区はメドック地区とは違って、生産可能色が赤・白となっています（●）。白ワインも地区名A.O.C.（A.C.グラーヴ）を名乗ることが認められているんですね。

主要品種は、黒ブドウはカベルネ・ソーヴィニヨン（Cabernet Sauvignon）とメルロ（Merlot）。白はソーヴィニヨン（・ブラン）（Sauvignon (Blanc)）とセミヨン（Sémillon）。白ワインの生産量は赤ワインの1／4程度ですが、他の地区に比べると白ワインを多く造っているといえます。

グラーヴ地区のなかで皆さんに知っておいてほしい村は、何といっても、ペサック・レオニャン⑨です。「ペサック・レオニャン」とは、ペサック村、レオニャン村、タランス（Talence）村、マルティヤック（Martillac）村など複数の村の総称（村名A.O.C.）で、ラベルに「A.C.ペサック・レオニャン」と書いてあると、「なかなかいい赤ワイン（あるいは白ワイン）だな」、と選ぶことができます。

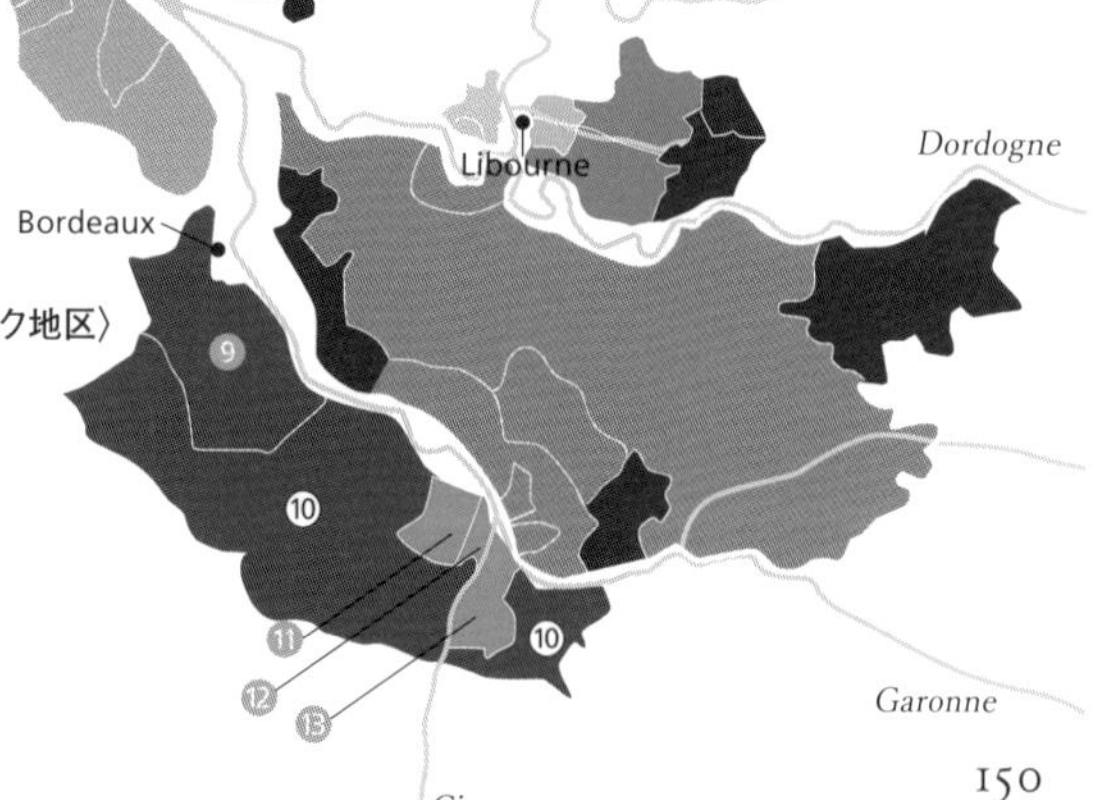

〈Graves グラーヴ地区〉
⑨ Pessac-Léognan ペサック・レオニャン
⑩ Graves グラーヴ

〈Sauternes-Barsac ソーテルヌ-バルサック地区〉
⑪ Cérons セロンス
⑫ Barsac バルサック
⑬ Sauternes ソーテルヌ

ボルドー市を挟んで、北部の「マルゴー(Margaux)」⑧と南部の「ペサック・レオニャン」⑨。上下のこの2つの位置関係、ぜひ把握しておいてください。

A.O.C. ソーテルヌ-バルサック地区

グラーヴ(Graves)地区のなかに、もうひとつの重要な一角がありまして、それがソーテルヌ(Sauternes)村⑬とバルサック(Barsac)村⑫(合わせてソーテルヌ-バルサック地区)。シロン(Ciron)川を挟んだこの一帯は、貴腐ワインの有名な産地です。

シロン川の影響……水蒸気や、昼と夜の温度差などのいくつもの自然条件によって、川沿いの畑のブドウ(白ブドウのセミヨン)に貴腐菌が付きやすくなります。「セミヨン(Sémillon)」は、もともとブドウ自体の糖度も高めですが、貴腐化することでより糖度の高いブドウになり、天然の甘口ワインができるわけです(ほとんどの貴腐ワインは、セミヨン主体でソーヴィニヨン・ブラン(Sauvignon Blanc)などが少し入っています)。

	地区名 A.O.C.	村名 A.O.C.	産出村	赤	ロゼ	白
⑩	Graves グラーヴ			●		○
	Graves Supérieures グラーヴ・シュペリュール					半甘・甘
⑨		Pessac-Léognan ペサック・レオニャン		●		○
			Cadaujac カドォジャック			
			Léognan レオニャン			
			Martillac マルティヤック			
			Pessac ペサック			
			Talence タランス			
			Villenave-d'Ornon ヴィルナーヴ・ドルノン			

〈グラーヴ地区〉

土壌	砂利質
生産可能色	赤・白(辛・半甘・甘)
主要品種	白ブドウ:ソーヴィニヨン、セミヨン 黒ブドウ:カベルネ・ソーヴィニヨン、メルロ

	村名 A.O.C.	産出村	赤	ロゼ	白
⑪	Cérons セロンス				貴・熟*1
⑫	Barsac バルサック	Barsac *2			貴腐*1
⑬	Sauternes ソーテルヌ				貴腐*1
		Barsac *2			
		Bommes *3 ボンム			
		Fargues *3 ファルグ			
		Preignac *3 プレニャック			
		Sauternes			

〈ソーテルヌ-バルサック地区〉

土壌	砂利質
生産可能色	白のみ
主要品種	白ブドウ:セミヨン

＊1 貴腐または過熟ブドウで造られる
＊2 Barsac村はA.C.BarsacとA.C.Sauternesどちらかを名乗ることができる
＊3 これら3つの村は村名A.O.C.が存在しないので、A.C.Sauternesを名乗ることができる

A.O.C. コート地区

次は、3つの河川、ジロンド(Gironde)河、ガロンヌ(Garonne)河、ドルドーニュ(Dcrdogne)河沿いに点在するワイン産地、コート(Côtes)地区――⑭～⑳のエリアに広がっています――を見てみましょう。

A.O.C.名に「コート＝丘」とあるように、いずれの産地のブドウ畑も丘陵地の斜面に広がっている、というのが特徴の地区です。全域の「A.C.コート・ド・ボルドー(Côtes de Bordeaux)」の生産可能色が赤のみであるのに対し、「産地名付きコート・ド・ボルドー」は赤のみ、白のみ、赤・白、など様々なパターンがあります。

A.O.C. フロンサデ地区、ポムロール地区、サン・テミリオン地区

続いて、ドルドーニュ(Dordogne)河右岸の3つの地区――フロンサデ(Fronsadais)、ポムロール(Pomerol)、サン・テミリオン(Saint-Émilion)地区を見ていきましょう。大西洋から離れるにしたがって標高が高くなっていくので、このあたりは少し涼しくなります。これらのエリアでは、なんといってもサン・テミリオン村㉑とポムロール村⑲が代表

です。
「ボルドー（Bordeaux）のいいワイン」といえば、メドック（Médoc）、サン・テミリオン、ポムロールというのが一般的ですが、最初にお話ししたように、ボルドーではA.O.C.の階層構造が「村名レベル」まででしかなかったので、メドック、グラーヴ（Graves）、ソーテルヌ－バルサック（Sauternes-Barsac）、サン・テミリオンだけは、自分たちで独自の格付けを行いました。それは、やっぱりこの4つは本当にいいワインを産出する地区だからなんですね。

そんなボルドーにおける最重要地区のひとつ、「サン・テミリオン」ですが、ここまで上流にくると、土壌は粘土石灰質がメインになります。主要品種はメルロ（Merlot）。生産可能色も赤だけ。

ボルドー全域の捉え方として、「左岸」が砂利質の傾向が強く、「右岸」が粘土質の傾向が強い――さらに言うと、下流が砂利質の傾向が強く、上流に行くほど粘土質の傾向が強い――と言えます。端的に言うと、水はけのいい砂利質でよく育つブドウがカベルネ・ソーヴィニヨン（Cabernet Sauvignon）。粘土質でよく育つブドウがメルロ。そう思っておいてください。

A.O.C.としてはちゃんと「サン・テミリオン」や「ポムロール」という名前が入っていたりします。あと「フロンサック（Fronsac）」も。なのでラベルを見るときも、オー・メドック（Haut-Médoc）地区のように細かく村名があるわけではないので、見やすいと思います。

〈Côtes コート地区〉

⑭ Blaye ブライ
⑮ Côtes de Bourg コート・ド・ブール
⑯ Cadillac Côtes de Bordeaux カディヤック・コート・ド・ボルドー（㉙のエリアも含む）
⑰ Côtes de Bordeaux-Saint-Macaire コート・ド・ボルドー・サン・マケール
⑱ Francs Côtes de Bordeaux フラン・コート・ド・ボルドー
⑲ Castillon Côtes de Bordeaux カスティヨン・コート・ド・ボルドー
⑳ Sainte-Foy Côtes de Bordeaux サント・フォワ・コート・ド・ボルドー

〈Fronsadais フロンサデ地区〉

㉑ Fronsac フロンサック
㉒ Canon Fronsac カノン・フロンサック

〈Pomerol ポムロール地区〉

㉓ Pomerol ポムロール
㉔ Lalande-de-Pomerol ラランド・ド・ポムロール

〈Saint-Émilion サン・テミリオン地区〉

㉕ Saint-Émilion サン・テミリオン
㉖ Saint-Émilion Satellite サン・テミリオン衛星地区

〈コート地区〉

生産可能色	赤・白
主要品種	白ブドウ：ソーヴィニョン、セミヨン、ミュスカデル 黒ブドウ：メルロ、カベルネ・ソーヴィニョン、カベルネ・フラン

地区名A.O.C.	村名A.O.C. 産出村	赤	ロゼ	白
全域	Côtes de Bordeaux コート・ド・ボルドー	●		
Gironde 河右岸	⑭ Blaye Côtes de Bordeaux ブライ・コート・ド・ボルドー	●		○
	⑭ Blaye ブライ	●		
	⑭ Côtes de Blaye コート・ド・ブライ			○
	⑮Côtes de Bourg コート・ド・ブール	●		○
Garonne 河右岸	⑯ Cadillac Côtes de Bordeaux カディヤック・コート・ド・ボルドー	●		
	⑯ Premières Côtes de Bordeaux プルミエール・コート・ド・ボルドー			半甘・甘
	⑰Côtes de Bordeaux-Saint-Macaire コート・ド・ボルドー・サン・マケール			辛〜甘
Dordogne 河右岸	⑱Francs Côtes de Bordeaux フラン・コート・ド・ボルドー	●		辛・甘
	⑲Castillon Côtes de Bordeaux カスティヨン・コート・ド・ボルドー	●		
Dordogne 河左岸	⑳Sainte Foy Côtes de Bordeaux サント・フォワ・コート・ド・ボルドー	●		辛〜甘

〈フロンサデ－ポムロール－サン・テミリオン 地区〉

土壌	粘土石灰質(フロンサデ、サン・テミリオン) 粘土質(ポムロール)
生産可能色	赤のみ
主要品種	黒ブドウ：メルロ

地区／村名	A.O.C.	赤	ロゼ	白
Fronsadais フロンサデ	㉑ Fronsac フロンサック	●		
	㉒ Canon Fronsac カノン・フロンサック	●		
Pomerol ポムロール	㉓ Pomerol ポムロール	●		
	㉔ Lalande-de-Pomerol ララント・ド・ポムロール	●		
Saint-Émilion サン・テミリオン	㉕ Saint-Émilion サン・テミリオン	●		
	㉕ Saint-Émilion Grand Cru サン・テミリオン・グラン・クリュ	●		
㉖ Saint Émilion Satellite サン・テミリオン衛星地区	Lussac Saint-Émilion リュサック・サン・テミリオン	●		
	Montagne Saint-Émilion モンターニュ・サン・テミリオン	●		
	Puisseguin Saint-Émilion ピュイスガン・サン・テミリオン	●		
	Saint-Georges Saint-Émilion サン・ジョルジュ・サン・テミリオン	●		

〈ボルドーとブルゴーニュの対比〉

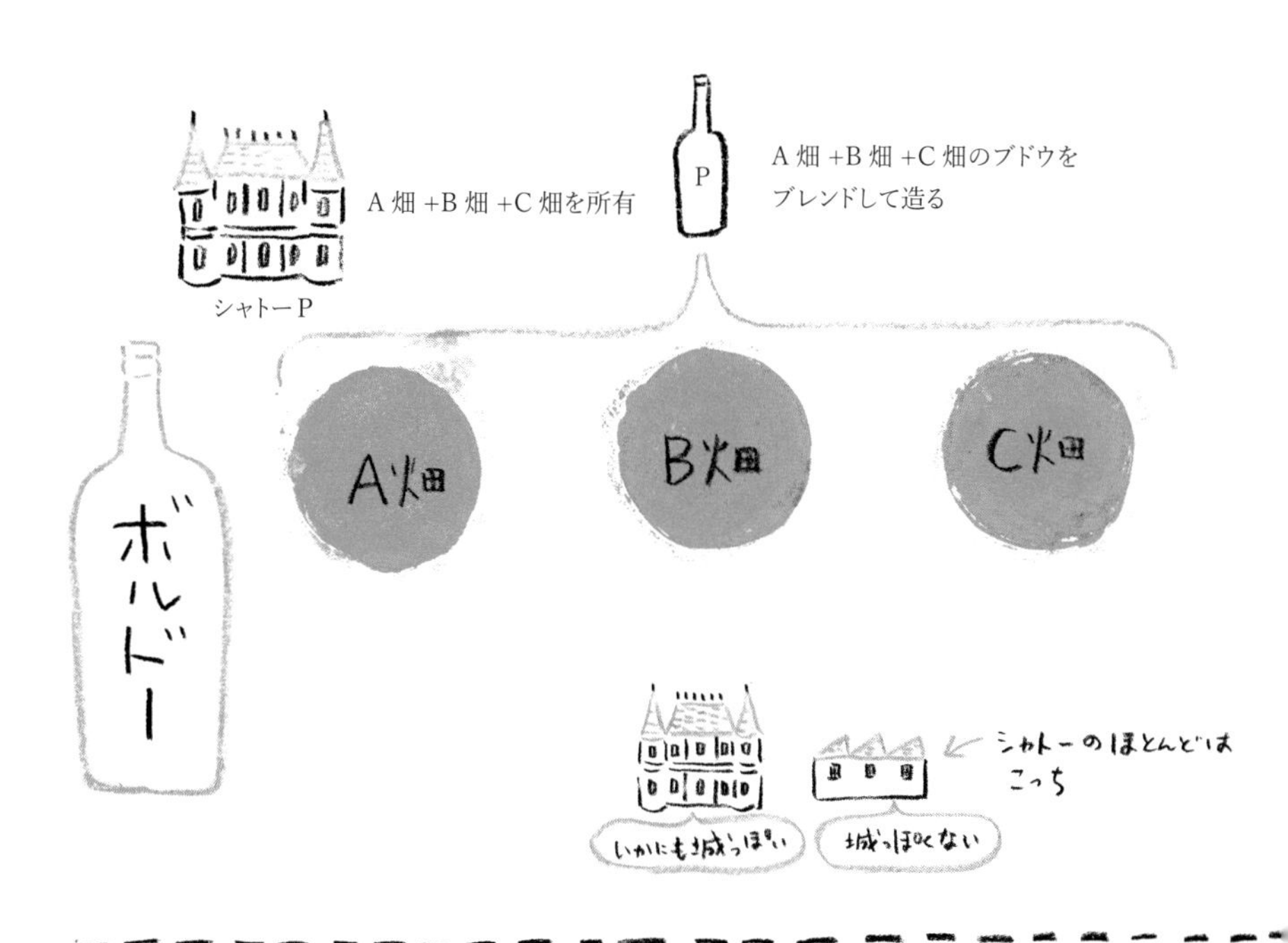

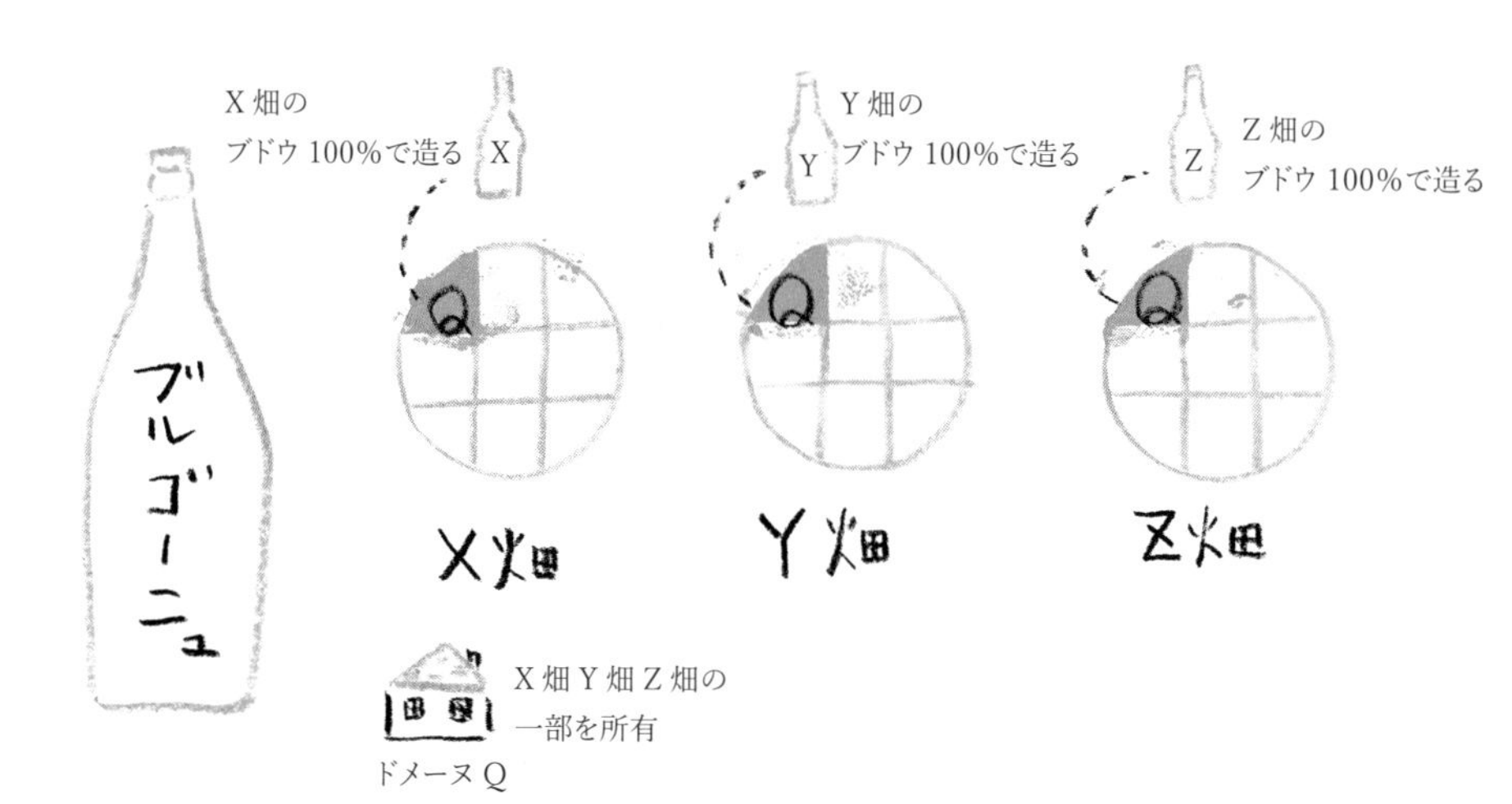

A.O.C. アントル・ドゥ・メール地区

最後にアントル・ドゥ・メール（Entre-Deux-Mers）地区。

ポイントは、ドルドーニュ（Dordogne）河の左岸側㉗㉘㉜と、ガロンヌ（Garonne）河の右岸側㉙㉚㉛で造られるワインが違うということと、あとボルドー（Bordeaux）のなかで一番白ワインが生産されているよ、ということです。ライトボディでカジュアルな辛口白ワインの産地になっています。

アペラシオン（Appellation）は、アントル・ドゥ・メール全域の地区レベルのA.O.C.があって、そのなかに、ガロンヌ河右岸のA.O.C.と、ドルドーニュ河左岸のA.O.C.があります。

右岸と左岸で栽培されているブドウ品種が違うため、生産可能色もA.O.C.によってけっこう違います（全域のA.O.C.は白のみ）。

ボルドーの「ライトな感じの白ワインをガブ飲みしたいな」と思ったら、A.C.「アントル・ドゥ・メール」㉗、おすすめです。外れは少ないですよ。

あと「ルーピアック（Loupiac）」㉚と「サント・クロワ・デュ・モン（Sainte-Croix-du-Mont）」㉛、そしてこの2つの村を含む「カディヤック（Cadillac）」㉙は、先ほどお話ししたようにシロン（Ciron）川の影響を受ける一帯で、貴腐ワインが造られています。

Gironde
Médoc
メドック地区
Libourne
Dordogne
Bordeaux
Entre-Deux-Mers
アントル・ドゥ・メール地区
Garonne
Ciron

〈Entre-Deux-Mers アントル・ドゥ・メール地区〉

㉗ Entre-Deux-Mers アントル・ドゥ・メール
㉘ Graves de Vayres グラーヴ・ド・ヴェール
㉙ Cadillac カディヤック
㉚ Loupiac ルーピアック
㉛ Sainte-Croix-du-Mont サント・クロワ・デュ・モン
㉜ Entre-Deux-Mers Haut-Benauge アントル・ドゥ・メール・オー・ブノージュ／Bordeaux Haut-Benauge ボルドー・オー・ブノージュ

日本で見ることが多いのは、ルーピアック㉚かと思うんですが、ソーテルヌ−バルサック(Sauternes-Barsac)地区の貴腐ワインと比べると値段が多少お手頃のものが多いので、ルーピアック㉚やサント・クロワ・デュ・モン㉛を知っておいていただければ、リーズナブルでおいしい貴腐ワインが手に入る、といえます。

あと、ボルドー全域のA.O.C.として、いうまでもなく「A.C.ボルドー」があります。スーパーやコンビニなどでも見かけることのあるリーズナブルなボルドーワインの大半はこのアペラシオンです。実は、「A.C.ボルドー」の赤ワインの多くは、このアントル・ドゥ・メール地区で生産されているんです。

これほど赤ワインが生産されている地区なのに、地区名A.O.C.は白ワインの生産しか認められていない、ということを知っておいてください(☜)。

なので、ここで造られる大量の赤ワインは、A.O.C.としては「A.C.ボルドー」を名乗る他ありません。まあ、でもやっぱり「アントル・ドゥ・メールって何?」って感じなので、A.O.C.も「ボルドー」を名乗ったほうが「フランスの赤ワイン」として一般の方にはわかりやすいですよね。

〈アントル・ドゥ・メール地区〉

土壌	多様	
生産可能色	全域	赤・白
	Garonne河右岸	白(甘)
	Dordogne 河左岸	赤・白(辛〜甘)
主要品種	白ブドウ:ソーヴィニョン、セミヨン	
	黒ブドウ:メルロ、カベルネ・ソーヴィニョン	

	A.O.C.	赤	ロゼ	白
全域	㉗ Entre-Deux-Mers アントル・ドゥ・メール	●		○ ☜
Dordogne 河左岸	㉘ Graves de Vayres グラーヴ・ド・ヴェール	●		辛〜甘
	㉜ Entre-Deux-Mers Haut-Benauge アントル・ドゥ・メール・オー・ブノージュ			○
	㉜ Bordeaux Haut-Benauge ボルドー・オー・ブノージュ			辛〜甘
Garonne 河右岸	㉙ Cadillac カディヤック			貴腐
	㉚ Loupiac ルーピアック			貴腐
	㉛ Sainte-Croix-du-Mont サント・クロワ・デュ・モン			貴腐

A.C.ボルドーの赤ワイン、さすがにメドック(Médoc)地区などの高級ワインとは異なりますが、でもやっぱり「ボルドーのブドウ品種」という個性はちゃんと感じられます。A.C.ブルゴーニュ(Bourgogne)とA.C.ボルドーの最大の差は、赤で言えば、ピノ・ノワール(Pinot Noir)か、カベルネ・ソーヴィニヨン(Cabernet Sauvignon)もしくはメルロ(Merlot)主体なのか、というところで、味わいがぜんぜん違うため、たとえばご自宅でお手頃な赤ワインを楽しむときは、脂身の多い豚のソテーなどにはタンニンが強いA.C.ボルドーを、焼き鳥など軽めのお肉料理には、なめらかな味わいのA.C.ブルゴーニュを合わせる――というように選んでいきます。

あと全域のA.O.C.で、「A.C.ボルドー・シュペリユール(Bordeaux Supérieur)」というのがありまして(☛)、成城石井などでも売られていますが、基本的にはA.C.ボルドーと同じ全域のA.O.C.で、辛口の赤ワインと、なんと白ワインは甘口のみ(☜)が生産可能なんです。生産量は「A.C.ボルドー」の1/3以下で、生産条件も厳しくなっていて、赤ワインだとより果実の凝縮感がある味わいに仕上がります。

セミヨンで造る珍しい泡――クレマン・ド・ボルドー

全域のA.O.C.でもうひとつ、「クレマン・ド・ボルドー(Crémant de Bordeaux)」ですね(☛)。クレマン、覚えてますか？　クレマン・ド・○○というと、フランスのスパークリングワインのなかでも、瓶内二次醗酵で造られたものでしたね。フランスのどの地方

〈Bordeaux 全域のA.O.C.〉

	赤	ロゼ	白
Bordeaux ボルドー	●	●	○
☛ Bordeaux Supérieur ボルドー・シュペリユール	●		甘☜
Bordeaux Claret ボルドー・クラレ	●		
Bordeaux Clairet ボルドー・クレレ		●(クレレ)*	
☛ Crémant de Bordeaux クレマン・ド・ボルドー		発	発

* Clairet(クレレ)とは、赤とロゼの中間の濃い色合いのロゼ

でもクレマンを名乗っていいというわけではなくて、「クレマン・ド・ボルドー」とか、「クレマン・ド・ブルゴーニュ（Crémant de Bourgogne）」、「クレマン・ダルザス（Crémant d'Alsace）」というように、選ばれた地域（8つ）でのみ造ることが許されています。

シャンパーニュ（Champagne）の場合、白ブドウのシャルドネ（Chardonnay）と、黒ブドウのピノ・ノワール（Pinot Noir）、（ピノ・）ムニエ（Pinot Meunier）のブレンドがスタンダードでしたが、クレマン・ド・〇〇の場合は、その地域のブドウ品種で造られるので、味わいがぜんぜん変わってくるんですよね。

クレマン・ド・ボルドーの白は、セミヨン（Sémillon）主体で造られていることが多くて、なかなかセミヨン主体の泡って飲むことがないので――主体なので、ソーヴィニヨン（・ブラン）（Sauvignon Blanc）やミュスカデル（Muscadelle）も入っていたりしますが――いろんな地方のクレマンを飲み比べてみると、その土地の個性が見えるのでとても面白いと思います。香りも味わいもかなり違いますよ。

以上がボルドーのA.O.C.です。

ではここから、その先の「格付け」についてお話ししていきましょう。

メドック地区の格付け――61のシャトーを5つのランクに分類

もう一度復習ですが、ボルドー(Bordeaux)地方はブルゴーニュ(Bourgogne)地方と違い、畑名レベルのA.O.C.(プルミエ・クリュ(Premier Cru)とグラン・クリュ(Grand Cru))は存在しません。A.O.C.は村名レベルまで。村のなかに複数の畑があって、多くの生産者がいるわけで、「うちのシャトー(Châteaux)はこれだけいいワインを造っているのに、なんで同じ村というだけで他と同じ扱いなんだ?」みたいになってきます、「村名」レベルまでしか名乗れないとなると。

そこで、メドック(Médoc)、グラーヴ(Graves)、ソーテルヌ-バルサック(Sauternes-Barsac)、サン・テミリオン(Saint-Émilion)、の4地区は、独自に自分たちの地区内のシャトー(生産者)を格付けしていきました。

まずメドックの格付けが最初に行われました。

１８５５年に……今から１７０年くらい前になりますが、メドック地区にある優秀なシャトーを57(56+1)選び、5つのランクに分けました。このときの格付けが、基本的に現在まで引き継がれ、現在は61のシャトーが選ばれています。ひとつのシャトーは１９７３年に2級から1級に昇格したのですが、それ以外は新たに格付けされたものを除き１７０年近く変わっていない。これが本当にフランスらしいところです。

メドック地区(と、あとソーテルヌ地区)は、１８５５年、パリ万博を機に、ナポレオン3世の指示で格付けが行われました。ボルドー市の商工会議所が、ひとつひとつのシャトーを評価していったんですね。当時は、57のシャトーが選ばれ、さらにそれを1級から5級までに振り分けました。いわゆる「五大シャトー」とは、1級に選ばれた5つのシャトーのことをいうわけです。

まあ、ソムリエ試験を受ける方は、現在の61シャトー、要暗記です。あとそれぞれのシャトーのA.O.C.も。つまり、そのシャトーがどの村にあるのかも知っていなきゃいけません。ちょっと大変ですが、楽しいですよ。

ただ、あくまでこれはひとつの基準であって、味わいが、たとえば2級と5級だとどっちがおいしく感じるかというのは正直好みによりけりです。5級のほうがおいしいと感じられるものもあれば、「さすが2級だな」と思うものもある。ただ1級は……長期熟成させた五大シャトーに関しては、もう、本当においしいです！

〈メドック地区の格付け〈1級〉〉

私が「ワインってすごい！」と思ったきっかけ

1級（プルミエ・グラン・クリュ Premiers Grands Crus）の五大シャトー Château だけは絶対知っておいて下さい。

シャトー・ラフィット・ロッチルド Château Lafite-Rothschild
シャトー・ラトゥール Château Latour
シャトー・ムートン・ロッチルド Château Mouton-Rothschild
シャトー・マルゴー Château Margaux
シャトー・オー・ブリオン Château Haut-Brion

最初の3つは、「A.C.ポイヤック（Pauillac）」ということで（☛）、ポイヤック村に位置するシャトーです。それくらいポイヤック村、土壌がいいといえます。

そして、映画『失楽園』にも出てきた「シャトー・マルゴー」。もちろんこれはマルゴー村（A.C.マルゴー）です。

で最後、「シャトー・オー・ブリオン」。これ、ちょっと不思議なんです。

このA.O.C.を見てもらうとおわかりのとおり、ペサック・レオニャン（Pessac-Léognan）（☞）と書いてありますね。ペサック・レオニャンってメドック（Médoc）地区ではなくて、グラーヴ（Graves）地区に位置するアペラシオン（Appellation）なんですよね。グラーヴ地区にあるこのシャトーのワインは、あまりにもおいしかったので、1855年のメドック地区の格付けの際に、例外的にランクインしたんです。当時まだグラーヴ地区の格付けはなかったですし……。

ちなみにこのシャトー・オー・ブリオン、後にグラーヴ地区の格付けが始まったときにもランクインします。両方で格付けされているのは、オー・ブリオンだけです。

私が初めて赤ワインのおいしさに目覚めたのは、この五大シャトーのうちのひとつ、「シャトー・ムートン・ロッチルド（1978年）」です。

ワイン好きの両親が飲んでいて、それまで私は「赤ワインはあんまり……」って感じだったんですが、でも「おいしいからちょっと飲んでみたら」といわれて口にしてみたら……。もう完全にレンガ色なんです、色が枯れて。香りも、おいしい赤ワインが長期熟成したときに出る特徴的な香りとして、

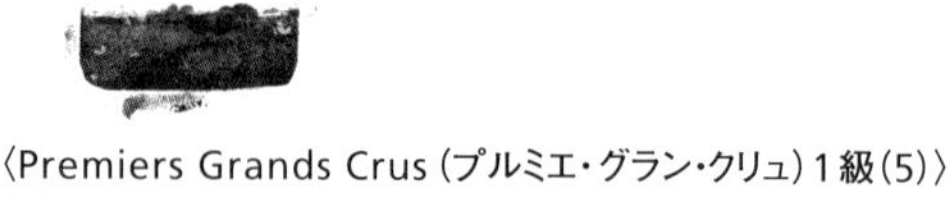

〈Premiers Grands Crus（プルミエ・グラン・クリュ）1級（5）〉

名称	A.O.C.	産出村
Château Lafite-Rothschild ラフィット・ロッチルド	④ Pauillac ポイヤック ☛	
Château Latour ラトゥール		
Château Mouton-Rothschild ムートン・ロッチルド		
Château Margaux マルゴー	⑧ Margaux マルゴー	Margaux
Château Haut-Brion オー・ブリオン	⑨ Pessac-Léognan ペサック・レオニャン ☞	Pessac ペサック (Graves地区)

「トリュフ」とか「腐葉土」とか「なめし皮」っていわれますが、本当にそういう香りがして、「ワインってすごい！」と思ったきっかけが、このシャトー・ムートン・ロッチルドです。

五大シャトーのなかで、このシャトー・ムートン・ロッチルドだけは、1855年の格付けのときは2級だったんです。でも1973年に1級に昇格しました。なので「五大シャトー」って言い方は、ここ50年くらいなんですよね。その前までは「四大シャトー」でした。

というのが、メドックの1級です。

メドック地区の格付け〈2級〉 どれも有名すぎる14のシャトー

次に2級ですね。有名なの、いっぱいありますが、「シャトー・モンローズ（Château Montrose）」は、ぜひ知っておいてほしいです。「シャトー・ピション・ロングヴィル・バロン（Château Pichon-Longueville Baron）」も有名ですし……どれも有名すぎてこれだけ知っておけば、とはいえないんですが、「シャトー・コス・デストゥルネル（Château Cos d'Estournel）」、「シャトー・ローザン・セグラ（Château Rauzan-Ségla）」とかこのあたりでしょうか。

2級は、A.C.「サン・ジュリアン（Saint-Julien）」とA.C.「マルゴー（Margaux）」のワインがけっこう多いんですね（☛）。プレゼントするときとか、このあたりは「すごくいい赤ワインをプレゼントした」ってことになりますね。

〈Deuxièmes Grands Crus（ドゥジェム・グラン・クリュ）2級（14）〉

名称	A.O.C.	産出村
◆ Château Cos d'Estournel コス・デストゥルネル	❸ Saint-Estèphe サン・テステフ	
◆ Château Montrose モンローズ		
◆ Château Pichon-Longueville Baron ピション・ロングヴィル・バロン	❹ Pauillac ポイヤック	
Château Pichon-Longueville Comtesse de Lalande ピション・ロングヴィル・コンテス・ド・ラランド		
Château Ducru-Beaucaillou デュクリュ・ボーカイユ	❺ Saint-Julien サン・ジュリアン（☛）	
Château Gruaud-Larose グリュオ・ラローズ		
Château Léoville-Barton レオヴィル・バルトン		
Château Léoville-Las Cases レオヴィル・ラス・カーズ		
Château Léoville-Poyferré レオヴィル・ポワフェレ		
Château Durfort-Vivens デュルフォール・ヴィヴァンス	❽ Margaux マルゴー（☛）	Margaux
Château Lascombes ラスコンブ		
Château Rauzan-Gassies ローザン・ガシー		
◆ Château Rauzan-Ségla ローザン・セグラ		
Château Brane-Cantenac ブラーヌ・カントナック		Cantenac カントナック

メドック地区の格付け〈3級〉

バレンタインのときに並ぶハートマークのラベル

次に3級です。メドック（Médoc）地区の61の格付けシャトー（Château）のなかで、1級の「五大シャトー」に次いで有名なシャトーは、2級ではなく、この3級のなかの「シャトー・パルメール（Château Palmer）」。人気が高く、お値段も1.5級ぐらいの感覚です。

あと、「カロン・セギュール（Château Calon-Ségur）」ってご存じですか？ ラベルがハートマークになっていて、バレンタインのときによくワイン屋さんに並ぶんですよね。もともと、ラベルにハートマークが描いてあったので、たぶん日本の輸入業者さんがバレンタインのときにプロモートしたんだと思うんですが、実はメドック3級の赤ワインなので、プレゼントするときにも、単にラベルがかわいいから、だけじゃなく、「メドック3級のいいやつだよ」と言えば、より喜ばれると思います。やっぱり3級だけあっていい熟成をするので、古いものだと、また素晴らしくいいです。

3級は圧倒的に「A.C.マルゴー（Margaux）」が多いですね（☛）。

〈Troisièmes Grands Crus（トロワジェム・グラン・クリュ）3級（14）〉

名称	A.O.C.	産出村
◆Château Calon-Ségur カロン・セギュール	❸ Saint-Estèphe サン・テステフ	
Château Lagrange ラグランジュ	❺ Saint-Julien サン・ジュリアン	
Château Langoa-Barton ランゴア・バルトン		
Château Ferrière フェリエール	❽ Margaux マルゴー ☛	Margaux マルゴー
Château Malescot Saint-Exupéry マレスコ・サン・テグジュペリ		
Château Marquis d'Alesme-Becker マルキ・ダレーム・ベケール		
Château Boyd-Cantenac ボイド・カントナック		Cantenac カントナック
Château Cantenac-Brown カントナック・ブラウン		
Château Desmirail デスミライユ		
Château d'Issan ディサン		
Château Kirwan キルヴァン		
◆Château Palmer パルメール		
Château Giscours ジスクール		Labarde ラバルド
Château La Lagune ラ・ラギュンヌ	② Haut-Médoc オー・メドック	Ludon リュドン

「畑」でなく「造り手」に魅了される

1級が5つ。2級、3級がそれぞれ14ずつ、4級は10あります（5級が一番多くて、18）。4級では、「シャトー・ラフォン・ロシェ（Château Lafon-Rochet）」。あとは、「シャトー・タルボ（Château Talbot）」。

私の知り合いの方でタルボをよく開ける方がいらして、それは「○級だからどうこう……」というのではなく、もうその味がお好きなんですね。いつも「1級のシャトー・マルゴー（Château Margaux）よりおいしいよ」とおっしゃいます。

面白いことに、ボルドー（Bordeaux）ワイン好きの方は、格付けは関係なく自分の好きなシャトーが決まっている人が多いんですよ。もちろん、味わいの特徴はそれぞれの地区や村で違ってくるんですが、ボルドーの場合、ブドウを混ぜる割合がシャトーによって変わってくるし、どのタイミングでブレンドするかも違うので、シャトーごとの味の違いがはっきりしてるんですよね。年ごとにブレンドの割合も微妙に異なるので、味わいも多少変わってきます。ただやっぱり樽の使い方とか醸造期間とか、そのシャトーらしさはちゃんと出るんですね。「これが好き」となったら、その味わいやラベルも含めてそのシャトーに惹きつけられる――それが、ボルドーワインの特徴です。

ブルゴーニュ（Bourgogne）の場合だと、「ドメーヌ（Domaine）（生産者）で選ぶ」というより、まず「この村が好き」「この畑が好き」というのがあって、その好きな村・畑のなかでいろんな造り手さんごとの違いを楽しむ、という方も多いと思うんですが、ボルドーの

〈Quatrièmes Grands Crus（カトリエム・グラン・クリュ）4級（10）〉

名称	A.O.C.	産出村
◆Château Lafon-Rochet ラフォン・ロッシェ	❸ Saint-Estèphe サン・テステフ	
Château Duhart-Milon Rothschild デュアール・ミロン・ロッチルド	❹ Pauillac ポイヤック	
Château Beychevelle ベイシュヴェル	❺ Saint-Julien サン・ジュリアン	
Château Branaire-Ducru ブラネール・デュクリュ		
Château Saint-Pierre サン・ピエール		
◆Château Talbot タルボ		
Château Marquis de Terme マルキ・ド・テルム	❽ Margaux マルゴー	Margaux マルゴー
Château Pouget プージェ		Cantenac カントナック
Château Prieuré-Lichine プリウレ・リシーヌ		
Château La Tour-Carnet ラ・トゥール・カルネ	② Haut-Médoc オー・メドック	Saint-Laurent サン・ローラン

場合は「この村が好き」という入り方でなく、「このシャトーが好き」とピンポイントでひとつのシャトーに惚れる感じです。

なので、あとでまた出てくるんですけど、それぞれのシャトーではこういう格付けされた最高級ワイン以外にも、たいていはセカンド・ワイン（Second Wine）なども造っているので、食事の際は、そのシャトーのセカンド・ワインからスタートして、最後は一番そのシャトーを代表するワインに……という楽しまれ方をする方も多いです。

格差をつけすぎずに上げていく？

基本的にワインは、食事が進むごとにだんだんレベル——熟成の進み具合や複雑さや価格など——を上げていくというのが常識となっていますが、一方でだんだん酔っぱらっていくので、酔っぱらってしまったときにすごくいいワインを飲むのももったいない気もしますよね（笑）。

フランス人はお酒が強いから、だんだん上げていけるんですけど、日本人にはそのやり方はちょっと合わないかもしれません。

ただ、だんだん上げていくと言っても、そんなに極端には上げません。お料理の格にもよりますが。3杯くらい飲むとしたら、1杯め、2杯め、3杯めの差が激しすぎると、いい記憶になりにくい。格差がありすぎると、前のものが「なんだったんだろう」って思ってしまう（笑）。一点豪華主義というのもありますが、私としてはひとつ前の印象を崩さない程度の上げ方ぐらいがちょうどいいですね。

シャトーをたて直す

前回ボルドー（Bordeaux）に行ったとき、まず「シャトー・マルゴー（Château Margaux）」を訪問しました。シャトー自体の建物もすごくきれいで、これくらい大きな有名なシャトーになると見学ツアーもあって、一般の方が行ってもすごく楽しめると思います。事前に申し込みをして、英語かフランス語か選べて、決まった時間にツアーが始まる。シャトーによってはテイスティングもその場でできる場合があります（もちろん有料です）。ブルゴーニュ（Bourgogne）のドメーヌ（Domaine）の場合、小さな造り手さんが多いのであんまりそういう見学ツアーみたいなものはやっていないんですが、ボルドーのシャトーは仕組みがちゃんとできあがっているんですね。

見学は朝イチから行くんですけど――私はなるべく多くの生産者を回りたいので――朝起きて最初に飲むのが赤ワイン。シャンパーニュ（Champagne）だったら朝起きてすぐ飲んでもぜんぜんいいんですが（笑）、ボルドーはそこがきつい。しっかりとした赤ワインを朝からテイスティングするので、相当タフじゃないと……。

〈Cinquièmes Grands Crus（サンキエム・グラン・クリュ）5級（18）〉

名称	A.O.C.	産出村
Château Cos-Labory コス・ラボリ	③ Saint-Estèphe サン・テステフ	
Château Batailley バタイィ	④ Pauillac ポイヤック	
Château Haut-Batailley オー・バタイィ		
Château Clerc-Milon クレール・ミロン		
Château Croizet-Bages クロワゼ・バージュ		
Château Lynch-Bages ランシュ・バージュ		
Château Lynch-Moussas ランシュ・ムーサ		
Château Haut-Bages-Libéral オー・バージュ・リベラル		
Château d'Armailhac* ダルマイヤック		
Château Grand-Puy-Ducasse グラン・ピュイ・デュカス		
Château Grand-Puy-Lacoste グラン・ピュイ・ラコスト		
Château Pédesclaux ペデスクロー		
Château Pontet-Canet ポンテ・カネ		
Château du Tertre デュ・テルトル	⑧ Margaux マルゴー	Arsac アルサック
Château Dauzac ドーザック		Labarde ラバルド
◆ Château Belgrave ベルグラーヴ	② Haut-Médoc オー・メドック	Saint-Laurent サン・ローラン
Château de Camensac ド・カマンサック		
Château Cantemerle カントメルル		Macau マコー

＊1989年より名称変更、旧名は1976年よりChâteau Mouton Baronne Philippe シャトー・ムートン・バロンヌ・フィリップ

そんなボルドーのシャトー巡りですが、シャトー・マルゴーに行ったあと、2級の「シャトー・モンローズ（Château Montrose）」に行き、それから5級の「シャトー・ベルグラーヴ（Château Belgrave）」を回ってきたんですけど、やっぱりそれぞれ特徴的で味わいも違います。

この5級のベルグラーヴなんですが、1級・2級のシャトーは、会社としてしっかりしているところが多いんですが、その下のシャトーになると、より家族経営っぽくなるので、相続税の問題などいろいろあって、たまに自分たちでシャトーを保てなくなる人たちもいるんですよね。

すると、大きな会社がそのシャトーを買い取ります。2007年にこのベルグラーヴは、「ティエノ（Thienot）」というシャンパーニュの会社に買われました。そこからきれいに整備し直して、もともとの誇りあるベルグラーヴに生き返らせた。

ブルゴーニュでも畑が売りに出されることがあります。過去に「グラン・クリュ・モンラッシェ（Grand Cru Montrachet）」の小さな区画が売りに出されて、最終的に中国の方が買ったことがあったらしいんですけど、もうありえないくらいの高値だったらしいです。[*1]

ブルゴーニュだとひとりの人が持っている区画が小さいからいいですけど、ボルドーだとシャトーごと買い取らきゃいけないので、大手企業ぐらいしか買えない。もちろん1級から5級までの格付けされている61のシャトー以外にも、シャトーはいっぱいあって……ボルドー全体で約6000軒くらいあるので、存続していくのが大変なところも出てくるわけです。

＊1　こういう場合、優秀なスタッフをどこかから引き抜いてきて、そうやって造ったワインを自分のブランドとして売っていくわけです。それでも最初の何年かは試行錯誤しながらやっていって、10年後くらいに初めてのワインがリリースされる、といった感覚です。

〈シャトー・マルゴー〉

メドック地区の格付け〈クリュ・ブルジョワ級〉

1〜5級には入らない約250の優れたシャトー

メドック(Médoc)のワインを飲むときに、ぜひ知っておいて頂きたいんですが、ラベルのA.C.メドックの下に「Crus Bourgeois(クリュ・ブルジョワ)」と書いてあるものがあります。これは何かというと、1855年のメドックの格付けとは別の新たな格付けです。現在メドック地区に存在する約250のシャトー(Château)がクリュ・ブルジョワに選ばれています。*2

メドック地区には約1000のシャトーがあるのですが、1855年に格付けされたシャトーはたった56シャトー（残りひとつはペサック・レオニャン(Pessac-Léognan)地区）に過ぎませんでした。そのとき、格付けされなかった大多数のシャトーは当然怒りますよね。もちろん抗議などもあったみたいなんですが、そう簡単には覆りません。

そこで、それらのシャトーのオーナーたちが中心となって自分たちのワインに新たな格付けをしようとして生まれたのが、クリュ・ブルジョワというわけです。

紆余曲折を経て、1932年に一応、完成します（その時点では省庁の認可を受けた公式の格付けではありませんでした）。その後、1990年代に政府からのお墨付きを得ようという動きがあって、2003年にようやく農務省の省令でクリュ・ブルジョワが公式の格付けとして発表されました。

しかし、やっぱり揉めるんですね……。

知人のボルドー(Bordeaux)のワイン商に聞いたのですが、この公式の格付けにも不満を持つ人たちが訴訟を起こして、結局2007年にいったん無効となってしまったようです。

*2 約250のシャトーの中で、大半が「クリュ・ブルジョワ」に選ばれます。残りはその上位階級の「クリュ・ブルジョア・シュペリュール(Crus Bourgeois Supérieur)」と最高位の「クリュ・ブルジョワ・エクセプシオネル(Crus Bourgeois Exceptionnel)」に選ばれています。

やはり本当に自信のあるシャトーはクリュ・ブルジョワでなく61のグラン・クリュ（Grand Cru）に入りたいし、とりあえずクリュ・ブルジョワでもいいから入りたかったのに入れなかったシャトーももちろん納得しないので、絶対に話が丸く収まりませんよね。

その後シャトーのオーナー達は、メドック・クリュ・ブルジョワ連盟を作り、格付けではなく、ひとつの認定として「クリュ・ブルジョワ」の名称復活を発表し、認定を与えることにしました。なんだか良かったですね。さらに、2020年には上位格付けも復活し、この年から格付けは5ヴィンテージ（Vintage）有効となりました。

私もボルドーを飲むとき、「クリュ・ブルジョワ」をよく選びます。もちろん全ての名前は知らないので、「クリュ・ブルジョワ」って書いてあるかどうか……たとえば、ブルゴーニュ（Bourgogne）だとプルミエ・クリュ（Premier Cru）と書いてあると「相当いい畑だな」と思えるような感覚で、「そこそこいいシャトーだな」と思える、そういう目印になっています。

皆さんにはぜひこのあたり……お高い格付けワインでもなく、リーズナブルなA.C.ボルドーでもないこのあたりをねらって飲んでいただたくと、けっこうおいしく、幅広く学べると思います。

約170年前の最初の格付け当時と比べると、今はワイン造りの技術そのものも格段に上がっていますし——フランスに限った話ではないですが——基本的にワインはおいしくなっています。ステンレスのタンクだったり、糖度計だったり、いつごろ収穫すればブドウが一番いい状態かなど、栽培技術や醸造技術も格段に進歩しているの

で、新しい評価が出てくるのも納得です。

メドック地区の格付け〈セカンド・ワイン〉

各シャトーの、もうひとつのラインナップ

次に、これもよく聞く言葉で「スゴン・ヴァン(Second Vin)」。英語でセカンド・ワイン(Second Wine)。これは、そのシャトー(Château)を代表するワインとまではいかないけれども、そのシャトーの個性がしっかりと反映された上質でリーズナブルなセカンドラインのワインです。

そのシャトーが持っている畑のなかでも、一番いいところで採れるブドウは代表ワインに使って、その両側の畑はセカンド・ワインに使おうとか、若い木からのブドウで造ったワインはセカンド・ワインにしようとか、醸造初期の熟成段階で決めたり、いろいろです。

ボルドー(Bordeaux)ではセカンド・ワインはよく造られているので、自分が好きなシャトーのセカンド・ワインの名前を知っておくと役に立ちます。

〈五大シャトーのセカンド・ワイン〉

Château Lafite-Rothschild シャトー・ラフィット・ロッチルド	→	Carruades de Lafite カリュアド・ド・ラフィット
Château Latour シャトー・ラトゥール	→	Les Forts de Latour レ・フォール・ド・ラトゥール
Château Mouton-Rothschild シャトー・ムートン・ロッチルド	→	Le Petit Mouton de Mouton Rothschild ル・プティ・ムートン・ド・ロッチルド
Château Margaux シャトー・マルゴー	→	Pavillon Rouge du Château Margaux パヴィヨン・ルージュ・デュ・シャトー・マルゴー
Château Haut-Brion シャトー・オー・ブリオン	→	Le Clarence de Haut-Brion ル・クラレンス・ド・オー・ブリオン

ソーテルヌ–バルサック地区の格付け（1855年）

シャトー・ディケムが並ぶロンドンのワインショップ

次に、ソーテルヌ–バルサック（Sauternes-Barsac）の格付けですね。すべて貴腐ワインです。

なんといっても、ソーテルヌで一番知っておいていただきたいのは、「シャトー・ディケム（Château d'Yquem）」です（👁）。世界で一番有名な貴腐ワインです。

先日ロンドン（London）で一番大きいといわれているワインショップに行ったんですが、その一角がシャトー・ディケムのコーナーになっていて、「世界で一番揃っている」と。ディケムが生産されている年のほぼすべてのヴィンテージ（Vintage）がありました。マグナムボトルもあれば、ハーフボトルもあり、ほとんど揃っていて、圧巻。オーナーがロシアの方なんですが、さすがロシア人ぽいなーって感じですね。でもお値段も目が飛び出るほど高かったです（笑）。そもそも英国はワインの値段が高いんですけど、まあそれくらい世界中の人が愛してやまない貴腐ワインがシャトー・ディケムです。で、やっぱり本当においしいです。

ソーテルヌ–バルサック地区も、メドック（Médoc）地区と同じ1855年に格付けを開始しました。シャトー・ディケムだけが特1級（プルミエ・クリュ・シュペリュール（Premier Cru Supérieur））、その下に

〈Sauternes-Barsac ソーテルヌ–バルサック地区〉
⑪ Cérons セロンス
⑫ Barsac バルサック
⑬ Sauternes ソーテルヌ

プルミエ・クリュ（Premiers Crus）が11シャトー、ドゥジエム・クリュ（Deuxièmes Crus）が15シャトーとなっています。

プルミエ・クリュのなかでも、日本で見る機会が多いのは、「シャトー・クリマンス（Château Climens）」とか、「シャトー・クーテ（Château Coutet）」、「シャトー・ギロー（Château Guiraud）」などでしょうか。

貴腐ワインは、辛口のワインに比べると味わいの差はわかりにくいかもしれません。貴腐ワインの味わいのポイントは、甘みの感じられ方です。いいものになるほど、複雑だけど甘ったるくない、きれいな甘さになります。

〈ソーテルヌ–バルザック地区の格付け〉

名称	A.O.C.(産出村)
Premier Cru Supérieur プルミエ・クリュ・シュペリュール(1)	
☛ Château d'Yquem ディケム	⑬ Sauternes ソーテルヌ
Premiers Crus プルミエ・クリュ(11)	
◆ Château Climens クリマンス	⑫ Barsac バルサック
◆ Château Coutet クーテ	
Château Clos-Haut-Peyraguey クロ・オー・ペラゲ	⑬ Sauternes(Bommes ボンム)
Château de Rayne Vigneau ド・レイヌ・ヴィニョー	
Château Lafaurie-Peyraguey ラフォリ・ペラゲ	
Château La Tour Blanche ラ・トゥール・ブランシュ	
Château Rabaud-Promis ラボー・プロミ	
Château Sigalas Rabaud シガラ・ラボー	
Château Rieussec リューセック	⑬ Sauternes(Fargues ファルグ)
Château Suduiraut スデュイロー	⑬ Sauternes(Preignac プレニャック)
◆ Château Guiraud ギロー	⑬ Sauternes
Deuxièmes Crus ドゥジェム・クリュ(15)	
Château Caillou カイユ	⑬ Sauternes(Barsac)
Château de Myrat ド・ミラ	
Château Doisy Daëne ドワジ・デーヌ	
Château Doisy-Védrines ドワジ・ヴェドリーヌ	
Château Suau スオ	
Château Broustet ブルーステ	⑫ Barsac
Château Doisy-Dubroca ドワジ・デュブロカ	
Château Nairac ネラック	
Château Romer ロメール	⑬ Sauternes(Fargues)
Château Romer du Hayot ロメー・デュ・アヨ	
Château de Malle ・ド・マル	⑬ Sauternes(Preignac)
Château d'Arche ダルシュ	⑬ Sauternes
Château Filhot フィロ	
Château Lamothe ラモット	
Château Lamothe-Guignard ラモット・ギニャール	

＊(　)内はA.O.C.名と産出村が違うときの産出村名

グラーヴ地区の格付け（1953年、59年）☛

赤か白か、格付けされているかされていないか

次にグラーヴ（Graves）地区の格付け。

最初の格付けからほぼ100年後、1953年になって初めてグラーヴの格付けが行われました。もうひとつ「59年」と書かれていますが（☛）、最初の格付けにいろんな不満が出て、裁判が起きたりして、59年に修正されて、それでようやくグラーヴの格付けが安定したと（笑）。

1855年の頃はそんなに揉めなかったと思うんですよね。でもそこから100年くらい経って、ワインの流通もだんだん大きくなって、動くお金も大きくなったからでしょうか……（その最たるものが、次にお話しするサン・テミリオン（Saint-Émilion）地区かなと）。

メドック（Médoc）地区の格付けの話のとき、このグラーヴ地区（ペサック・レオニャン（Pessac-Léognan））の「シャトー・オー・ブリオン（Château Haut-Brion）」が、グラーヴ地区であるにもかかわらず、メドック地区の格付け1級に選ばれた、とお話ししましたが、この1953年のグラーヴの格付けでもシャトー・オー・ブリオンは選ばれていて、両地区で格付けされています。

グラーヴの格付けの特徴としては、メドックのように○（なん）級とかでなく、格付けされているか、されていないかだけ。そのシャトーが赤白両方造っているにもかか

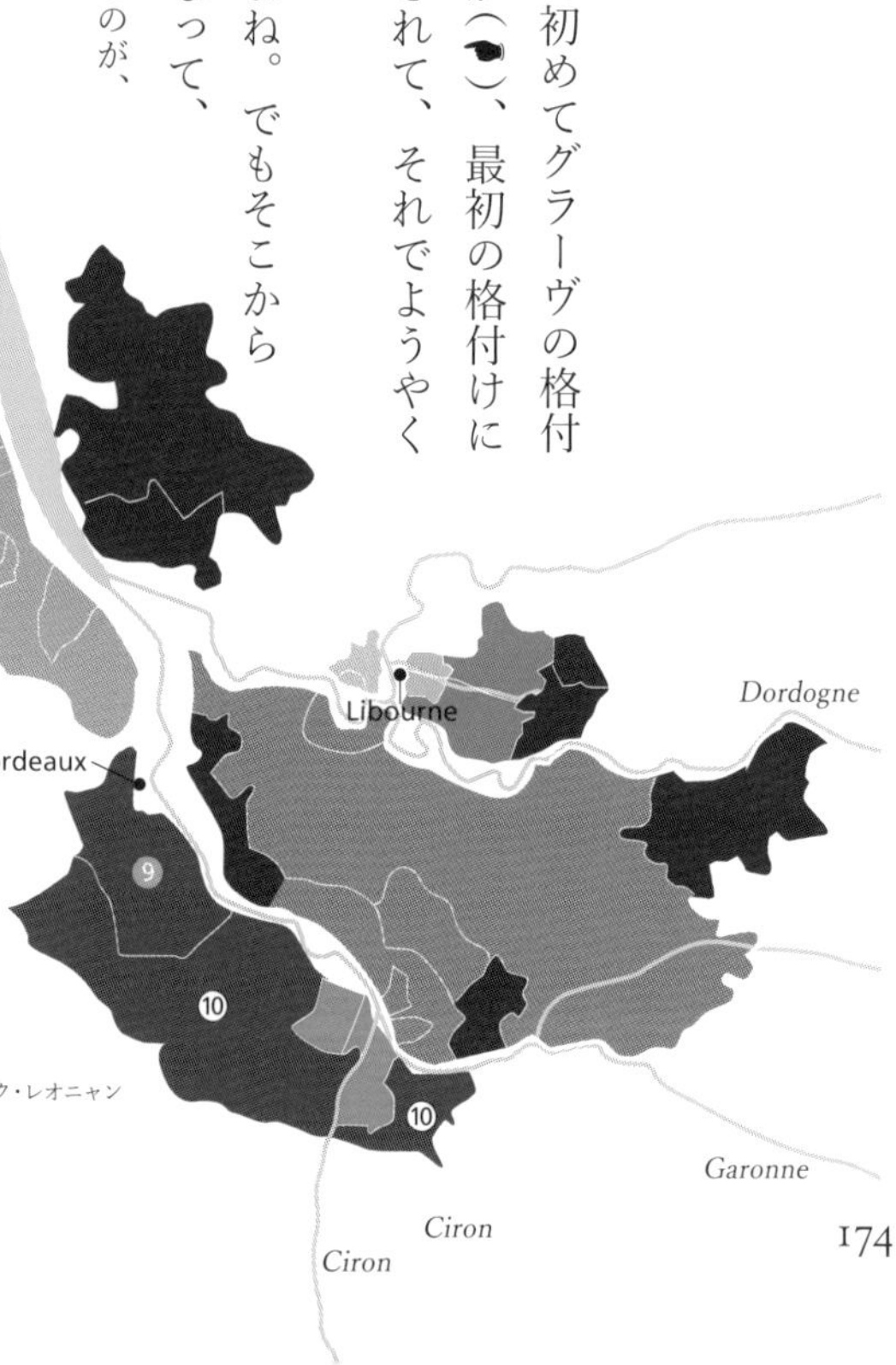

Libourne
Dordogne
Bordeaux
Garonne
Ciron
Ciron

〈Graves グラーヴ地区〉
⑨ Pessac-Léognan ペサック・レオニャン
⑩ Graves グラーヴ

わらず、赤だけが格付けされているとか、白だけが格付けされているとか、赤と白両方格付けされているとか、細かく分かれています（☞）。

たとえばシャトー・オー・ブリオン、白もすごくおいしいです。ヴィンテージ（Vintage）によっては1本20万円以上するものもあります。なのに、この白は格付けされていません。赤だけが格付けされています。

あと有名なところでは、「シャトー・カルボニュー（Château Carbonnieux）」とかいろいろありますが、まあオー・ブリオンを知っておいてもらったら、間違いないです。なかなか飲めるワインではないですけども。

10年ごとになんだか揉めている……

サン・テミリオンの格付け（1955、69、86、96、06、12、22年）☞

次にサン・テミリオン（Saint-Émilion）ですね。グラーヴ（Graves）の格付けから遅れること1年……ちょうどメドック（Médoc）の格付けから100年後の1955年にサン・テミリオンの格付けが行われました。

基本的には「10年ごとに見直そう」という規定になっているので、このように年号が並んでいても問題ないんですけど（☞）、でもこれ、きれいに10年ごとになってないですよね。じつは毎回のように裁判が起きて、揉めては修正して……を繰り返して

〈グラーヴ地区の格付け〉

名称	ワインのタイプ	産出村
Château de Fieuzal ド・フューザル	赤	Léognan レオニャン
Château Haut-Bailly オー・バイイ	赤	Léognan レオニャン
◆Château Haut-Brion オー・ブリオン	赤	Pessac ペサック
Château La Mission-Haut-Brion ラ・ミッション・オー・ブリオン	赤	Talence タランス
Château La Tour-Haut-Brion ラ・トゥール・オー・ブリオン	赤	Talence タランス
Château Pape Clément パプ・クレマン	赤	Pessac
Château Smith-Haut-Lafitte スミス・オー・ラフィット	赤	Martillac マルティヤック
Château Bouscaut ブスコー	赤・白	Cadaujac カドォジャック
◆Château Carbonnieux カルボニュー	赤・白	Léognan
Château Latour Martillac ラトゥール・マルティヤック	赤・白	Martillac
Château Malartic-Lagravière マラルティック・ラグラヴィエール	赤・白	Léognan
Château Olivier オリヴィエ	赤・白	Léognan
Domaine de Chevalier ドメーヌ・ド・シュヴァリエ	赤・白	Léognan
Château Couhins クーアン	白	Villenave-d'Ornon ヴィルナーヴ・ドルノン
Château Couhins-Lurton クーアン・リュルトン	白	Villenave-d'Ornon ヴィルナーヴ・ドルノン
Château Laville Haut-Brion ラヴィユ・オー・ブリオン	白	Talence

＊A.O.C. 名はすべて Pessac-Léognan ペサック・レオニャン❾です。

いるからです（笑）。２００６年の格付けのときですが、このときも裁判がいくつも起こって、結局、２００８年に元の「96年の格付け」が適用されることになったんです。そこへさらに、２００６年に新たに昇格した生産者が加えられ、この暫定措置は２０１１年まで有効とされました。現在、最新の格付けは２０２２年認定のものとなっています。

格付けの見直しは、サン・テミリオンの人たちがやるんですけど、今のご時世、利権とかがからんでくるじゃないですか。やっぱりこの人たちにとっては格付けされているかされていないかで、ワインの売り値がぜんぜん変わってくるし、輸出量も変わってくるし、もう生活がかかっているから、みんな必死です。

やっぱり「10年に一回更新」ってするからこういうことになるんですよね。一見そのほうが、シャトー（Château）も落とされないように努力するから良さそうなんですけど——あまり努力してないワイン生産者もいるでしょうから——でもやっぱりものすごく揉めている（笑）。

その点、最初のメドックは平和と言えば平和です。

基本的に、格付けはもう揺るがすことができない、と皆が納得している（納得するしかない）。だから、クリュ・ブルジョワ（Crus Bourgeois）とかができたんですが。ブルゴーニュ（Bourgogne）のプルミエ・クリュ（Premier Cru）だって、本当は「この隣のプルミエ・クリュじゃない畑のほうが、最近はできがいい」みたいなこともあるかもしれない。だけれども、「あそこは１級（プルミエ・クリュ）で、こっちは格がない」と、みんなそういうものだと思っている。だいぶ昔に決まったことなので……。なかなか深い話ですね（笑）。

Gironde
Libourne
Dordogne
Bordeaux
Garonne
Ciron

〈Saint-Éilionサン・テミリオン地区〉

㉕ Saint-Émilion サン・テミリオン
／Saint-Émilion Grand Cru サン・テミリオン・グラン・クリュ

㉖ Saint-Émilion Satellite サン・テミリオン衛星地区

サン・テミリオン地区はドルドーニュ(Dordogne)河の右岸でしたね。なので基本的にメルロ(Merlot)主体で造られている赤ワインです。

サン・テミリオンの2022年の最新の格付けで、プルミエ・グラン・クリュ・クラッセ(Premiers Grands Crus Classés)(A)[*1]といって、一番いい特級に格付けされているのが、「シャトー・パヴィー(Château Pavie)」と「シャトー・フィジャック(Château Figeac)」の2つです。もともとクラッセ(A)には、「シャトー・シュヴァル・ブラン(Château Cheval Blanc)」と「シャトー・オーゾンヌ(Château Ausone)」の2つが格付けされていて、さらに2012年に「シャトー・アンジェリュス(Château Angélus)」とシャトー・パヴィーの2つがクラッセ(A)に昇格され、4つのシャトーが認定されました。しかし、2022年新たな格付けの際に、4つのうち3つのシャトーが自ら格付けへの参加を見送り[*2]、新たにシャトー・フィジャックが昇格し、現在2つのシャトーが認定されている、となっています。

これらの中で一番有名なのは、シャトー・シュヴァル・ブランですね。この地区はメルロがメインなんですが、これだけはカベルネ・フラン(Cabernet Franc)が主体です。カベルネ・フランらしさ――ピーマンとか木の枝の感じ+カベルネ・ソーヴィニヨン(Cabernet Sauvignon)よりちょっと柔らかい酸とタンニンのニュアンス――がきれいに表現されているワインです。このシュヴァル・ブラン、お値段も相当するので、なかなか飲む機会はないんですが。

ボルドー(Bordeaux)のなかでもカベルネ・ソーヴィニヨン好き(=メドック好き)と、メルロ好き(=サン・テミリオン、ポムロール(Pomerol)好き)に分かれるんですね。私はどちらかというとメルロ主体のほうが好きなので、メドックよりはこっちのサン・テミリオンやポムロール(Pomerol)のほうを多く飲んでいるかも。

＊1　2022年の格付けで、プルミエ・グラン・クリュ・クラッセ(A)に2、(B)に12、グラン・クリュ・クラッセに71、計85のシャトーが認定されました。

＊2　格付けへの参加を自ら見送った主な理由は、格付けの評価基準に対する不満と言われています……。

〈サン・テミリオン地区の格付け〉2022年

Premiers Grands Crus Classés(A)(プルミエ・グラン・クリュ・クラッセ A)(2)	
◆ Château Pavie パヴィー	◆ Château Figeac フィジャック
Premiers Grands Crus Classés(B)(プルミエ・グラン・クリュ・クラッセ B)(12)	
Grands Crus Classés(グラン・クリュ・クラッセ)(71)	

あえて格付けをしない、ポムロール地区の優良ワイン

じゃあ最後、ポムロール(Pomerol)地区。この地区では自分たちであえて格付けしませんでした。10年ごとに揉めてるサン・テミリオン(Saint-Émilion)と違ってお上品な地区です（笑）。

そして、世界的にすごい有名なワインがいっぱいあります。

「シャトー・ペトリュス(Château Pétrus)」って聞いたことありますか？　年間わずか5万本くらいしか生産されていない希少なワインで、1本50万円くらいはするんですが、格付けとか何もないんですよ。ちなみにこのシャトー・ペトリュス、ロバート・パーカー(Robert M. Parker)が100点満点をもっとも多く付けたワインとしても有名です。*

ポムロールは、シャトー・ペトリュスに始まり、「ル・パン(Le Pin)」――頭にシャトーは付きません、ただのル・パン――や「シャトー・トロタノワ(Château Trotanoy)」とか、有名なワインが多く存在する優良産地です。

こちらもサン・テミリオンと同様、メルロ(Merlot)が主体。味わいの傾向としては、サン・テミリオンと似ています。

メルロから造られる赤ワインは、ボルドー(Bordeaux)ワインのなかでは、どちらかといったら柔らかな感じなんです。テイスティングの授業でよくコメントするんですが、ちょっ

〈Pomerol ポムロール地区〉
㉓ Pomerol ポムロール
㉔ Lalande-de-Pomerol ラランド・ド・ポムロール

Gironde
Dordogne
Libourne
Bordeaux
Garonne
Ciron

＊ ロバート・パーカーは、ワインに点数（パーカー・ポイント＝PP）を付けて評価していくことで有名なワイン評論家です。そのポイントは、ワインの価格や売上げに大きな影響を与えると言われています。

ともわっとしたニュアンスがあります。カベルネ・ソーヴィニョン(Cabernet Sauvignon)だと、タンニンの強さ、酸のニュアンス、青っぽさ、スパイシーさ――シラー(Syrah)ほどじゃないスパイシーさ――など、ひとつひとつの香りが立ち上がってくるんですが、でもメルロの場合はひとつひとつがくっきりしていないから、全体が混ざったような感じで、もわっとする。そういう意味で柔らかい。それがメルロらしさです。

シャルドネ(Chardonnay)と一緒で、その品種らしさを表現しにくいブドウなので、シラーやカベルネ・ソーヴィニョンに比べて「個性が強くない」とよくいわれますが、ただここでお話ししてきたような有名なシャトーの、しかも古いヴィンテージ(Vintage)のものになると、本当にいい熟成が進んだときに出るトリュフの香りや腐葉土の香りがきれいに表れてきます。枯れた感じがありつつ、やはりボルドー品種なだけあって力強さも残っている。というのが、ポムロールやサン・テミリオンのメルロの魅力です。

ちなみにやはり五大シャトーも熟成が進んだものは、格段においしさが増します。芯の強さはあるんだけど、パワフルさが抜けて丸くなってきて、隠れていた上品さや、なまめかしさが出てくる。

以上がボルドーワインです！

〈ポムロール地区の代表的なワイン〉

Château Certan de May セルタン・ド・メイ	Château la Conseillante ラ・コンセイヤント
Château l'Évangile レヴァンジル	Château la Fleur-Pétrus ラ・フルール・ペトリュス
Château Gazin ガザン	Château Lafleur ラフルール
Château Latour à Pomerol ラトゥール・ア・ポムロール	Château Nénin ネナン
Château Petit-Village プティ・ヴィラージュ	◆Château Pétrus ペトリュス
◆Château Trotanoy トロタノワ	Château de Sales ド・サル
Domaine de l'Église ドメーヌ・ド・レグリーズ	◆Le Pin ル・パン
Vieux Château Certan ヴィユー・シャトー・セルタン	

カベルネに合うサーロインステーキとメルロに合うフィレステーキ

最後にちょっとボルドー（Bordeaux）の地方料理を見てみましょうか。

「ヤツメウナギ・ボルドー風(ランプロワ・ア・ラ・ボルドレーズ（Lamproie à la Bordelaise）)」という料理が、伝統的なボルドー料理も出すお店に行くとあります。ヤツメウナギはボルドーでよく捕れる川魚なんですが、目の横に鰓孔（えらあな）が7つあって、まるで目が8つあるように見えるんです。これを赤ワインで煮る……。脂が乗っているので、白ではなく赤ワインで煮ても味わい的にはOKなんですが、ただやっぱりお魚なので、赤ワインのなかでも、カベルネ・ソーヴィニョン（Cabernet Sauvignon）のような酸もタンニンもしっかり入ってて味わいが濃いものよりも、柔らかなメルロ（Merlot）のほうが合います。

イメージ的に、砂利質で育ったブドウ(カベルネ・ソーヴィニョン)のほうがパワフルな感じ……粘土質で育ったブドウ(メルロ)のほうが柔らか……土壌のイメージとワインの味は関係あるなと思っているんですが、なのでこのお料理には、サン・テミリオン（Saint-Émilion）やポムロール（Pomerol）で造られるメルロ主体の赤ワインがいいと思います。ただ私はちょっと見た目がグロテスクなので、あまり得意ではなかったんですけども……(笑)。

あと、お菓子の「カヌレ（Cannelé）」ってご存じですか?

カヌレはもともとはボルドーの伝統菓子で、赤ワインを造るとき——ボルドー全域でほぼ赤ワインを造っているわけですが——赤ワインを清澄するのに卵の白身を使っていたので、黄身が余るんです。それを使って作られたのがカヌレだと言われています。地方のお菓子もワイン造りと共に工夫されて生まれたっていうのが面白いところです。

ボルドーワインはレストランに行っても飲むことが多いですし、さっきのクリュ・ブルジョワ（Crus Bourgeois）を知っておくだけでまた選択の幅が広がりますし、あと、それぞれの地区の主要品種を知っておけば——カベルネ・ソーヴィニョン主体かメルロ主体か——それだけでもいろいろ選べると思います。

ご自宅でお料理と合わせる場合、ボルドーの白ワインには、たとえばピーマンや万願寺とうがらしを焼いてかつお節をかけたシンプルな前菜なんかが意外に合います。ピーマンなどが持つ青っぽいニュアンスと焼いたときの香ばしさ、そしてかつお節の薫香などが、ボルドーの白ワインの特徴である青草のような、さわやかなハーブ香や、樽由来の香ばしさによく合うんですね。

あと、ボルドーの赤ワインにはやっぱりお肉がよく合います。たとえばステーキ。そのなかでも脂身のあるサーロインには、メドック（Médoc）やオー・メドック（Haut-Médoc）のカベルネ主体のものがいいでしょう。カベルネ・ソーヴィニョンの力強いボディーと脂身の強いうまみがよく合いますし、カベルネのタンニンが口の中に残る脂分を流してくれるので、また次の一口がおいしくなります。

一方、脂身がなく繊細なフィレステーキでしたら、サン・テミリオンやポムロールのメルロ主体のものが最高です。フィレの上品で凝縮した肉のうまみと、クセがなくて、まろやかで濃厚な口当たりのメルロの味わいが口の中で溶け合います。本当においしそうですね。

前回は「ブルゴーニュ（Bourgogne）」、今回は「ボルドー」をお勉強しましたが、ボルドーとブルゴーニュで、もう国が違うくらい、ワインの捉え方も造り方もA.O.C.の分け方も違う。そこが面白いところですね！

5日目

第五章

ロワール地方
ローヌ地方

今日は、ロワール（Loire）地方、ローヌ（Rhône）地方をやっていきましょう。ロワールとローヌは、それぞれロワール河とローヌ河というフランスを代表する2つの河沿いに広がるワイン生産地です。

ロワール河は東から西へ、ローヌ河は北から南へ流れていて、ワインの味わいも対照的です。ロワールはすっきりした白ワインがメイン、ローヌは濃い赤ワインがメインとなっています。

今日はだんだん味わいが濃くなっていく流れになります！

ロワール地方

フランス最大の河、ロワール河

まずロワール渓谷地方（Val de Loire）。

全長1000km以上にも及ぶフランス最大の河、ロワール河沿いに広がる一帯で大きく5つの地区に分かれています。この5つの地区でそれぞれ、気候も、栽培されるブドウ品種も異なっている――これがロワール最大の特徴です。フランスのなかでもけっこう北に位置しているんですが、大西洋のメキシコ湾流のおかげで、冬でも極寒になることは希（まれ）で、ブドウ栽培に適しているんですね。

また、ロワール地方は観光地でもあり、旅行会社のパンフレットなどを見ると、「古

城巡りツアー」などが有名です。11〜15世紀に建てられた古城が100以上も点在していて、風光明媚な景観から、「フランスの庭園（ジャルダン・ド・ラ・フランス）」とも呼ばれています。本当にびっくりするくらい美しいお城がいっぱいあって歴史を感じますし、かつての貴族の遊び場所として、非常に豪奢で恵まれた風景となっています。日本で言うと京都みたいな感じですかね。

意外に知られてないのですが、レオナルド・ダ・ヴィンチは晩年イタリアを離れ、ここロワールで生涯を終えました。トゥール（Tours）から少し東に位置するアンボワーズ（Amboise）にある館、クロ・リュセ城（Château du Clos Lucé）でモナ・リザの制作を続けたそうです。

それでは具体的に5つの地区について見ていきましょう。

5つの地区で栽培されるブドウが違う！

まず最初、ロワール（Loire）河の一番下流、ナント（Nantes）市を中心に広がっているのが「ペイ・ナンテ（Pays Nantais）」地区です（☜）。

ここでは白ブドウのミュスカデ（Muscadet）が栽培されていて、「ペイ・ナンテ」と言えば「ミュスカデ」と言ってしまっていいくらい、ミュスカデ、覚えておいてください。実際、以前はA.O.C.としてはミュスカデで造られる白しか認められてなかったんですね。

ミュスカデは品種特性香が弱いブドウで、よく並べられるのが、日本の甲州――山梨で作られる日本固有のブドウ品種ですが――甲州とミュスカデの2つは、シャルドネ（Chardonnay）よりもさらにクセがなく、優しい品種なので、両方ともシュル・リー（Sur Lie）して

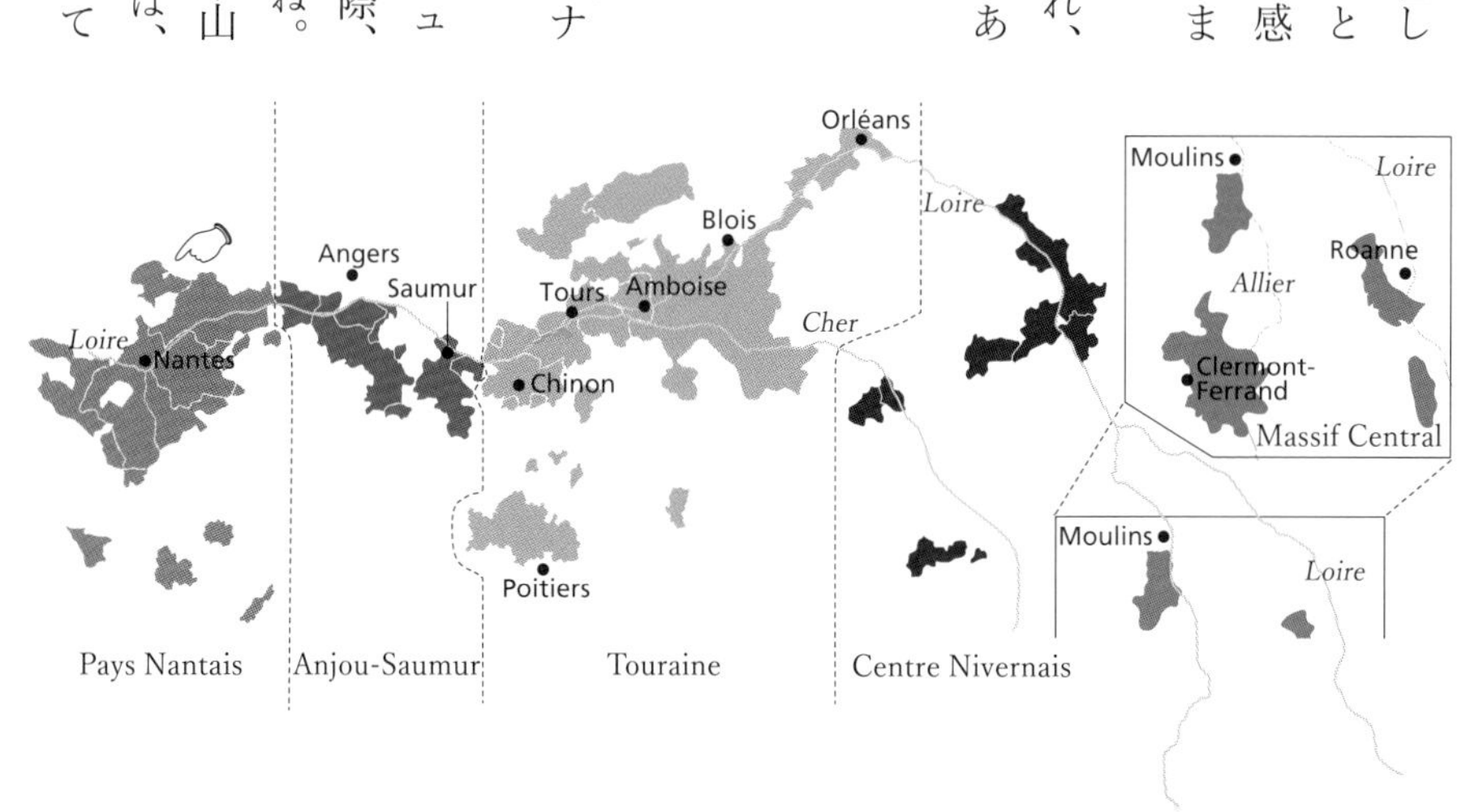

（澱のうまみを付けて）造られることが多いです。テイスティングのレッスンの際に、ミュスカデとシャブリ(Chablis)を間違える方がけっこういらっしゃいますが、それもそのはず、実はミュスカデとシャルドネは兄弟なんです（両親はピノ・ノワール(Pinot Noir)とグエ・ブラン(Gouais Blanc)→36ページ参照）。でも、ミュスカデとシャブリを比べて飲むとよくわかるのですが、違いの一番のポイントは口当たりです。どちらもミネラル感とさわやかな酸味が特徴の白ワインですが、ミュスカデは口に含むと水のようにさらっとしていて軽い。一方シャブリは口に含んだとき、もう少しトロッとした感じで、ミュスカデと比べるとややコクもあります。この違い、面白いのでぜひ試してみていただきたいです。

白ブドウのミュスカデの他には、ちょっとだけ黒ブドウのガメイ(Gamay)とカベルネ・フラン(Cabernet Franc)も作られています。というのがペイ・ナンテ地区です。

次が、「アンジュー＝ソミュール地区」(Anjou-Saumur)（☞）。この地区の一番の特徴としては、土壌に石灰質が多く含まれている、ということです。*なので、ミネラル豊富なブドウが育ちます。

白ブドウではシュナン（・ブラン）(Chenin Blanc)という品種。もともと糖度が高いブドウなので、過熟して（貴腐菌が付けば）貴腐ブドウにもなります。なのでこのあたりでは、辛口から甘口、貴腐ワインまで、多様な白ワインがシュナンから造られています。

〈ロワール地方概要〉

栽培面積	約5.8万ha（約81%がA.O.C.ワインの栽培面積）
年間生産量	約315万hℓ（赤・ロゼワイン：47%、白ワイン：53%）

生産地区	気候	土壌	白ブドウ	黒ブドウ	ワインタイプ
Pays Nantais ペイ・ナンテ	海洋性	火成岩 変成岩	ミュスカデ	カベルネ・フラン	辛口白、 ロゼ、赤
Anjou-Saumur アンジュー＝ソミュール	海洋性 半海洋性	西部：片岩 東部：石灰岩*	シュナン	カベルネ・フラン	辛口〜甘口白、 貴腐、ロゼ、赤
Touraine トゥーレーヌ	半海洋性 大陸性	石灰岩*	シュナン	カベルネ・フラン	辛口〜甘口白、 ロゼ、赤
Centre Nivernais サントル・ニヴェルネ	大陸性	石灰岩 粘土質	ソーヴィニヨン	ピノ・ノワール	辛口白、 ロゼ、赤
Massif Central 中央高地	半大陸性	花崗岩 石灰質	シャルドネ	ガメイ	辛口白、 ロゼ、赤

＊石灰質土壌は、ブルゴーニュのシャブリ地区では「キンメリッジアン」、ロワールでは「トゥファ」と呼ばれています。

黒ブドウは、カベルネ・フラン、カベルネ・ソーヴィニヨン(Cabernet Sauvignon)を主体に——ロワール地方の黒ブドウのなかでもっとも多く栽培されているのがカベルネ・フランです——ガメイやグロロー(Grolleau)という品種も栽培されています。

さらに上流へ行って、「トゥーレーヌ(Touraine)地区」( )。トゥール(Tours)とオルレアン(Orléans)——オルレアンは中世にパリ(Paris)と共にフランスでもっとも繁栄した町ですが——2つの大きな町があります。パリからTGVで1時間ぐらいなので、オルレアンまでは行きやすいんですよね。でもロワール河は全長1000キロ以上もあるので、端から端まで行くのはなかなか大変です……。

アンジュー・ソミュール地区との境目のほう(西側)は、まだ半海洋性気候なんですが、だんだん大陸のなかに入ってくると、大陸性気候(ブルゴーニュ(Bourgogne)と同じ)になっていきます。作られるのは、シュナンとソーヴィニヨン(・ブラン)(Sauvignon Blanc)。どちらも第一アロマ(品種の特性香)が非常に強い白ブドウ品種で、黒ブドウのほうはカベルネ・フラン、ガメイ、グロロー。

次に、「サントル・ニヴェルネ(Centre Nivernais)地区」ですね( )。「サントル(Centre)」は「センター」という意味、ニヴェルネ(Nivernais)は旧地方名で、地図で見たらわかるんですが、「フランスの中央」に位置しています。栽培されている白ブドウは、ソーヴィニヨン。
「ロワール地方のソーヴィニヨン」と言えば、基本的にはこのサントル・ニヴェルネ地区のものを指します。黒ブドウになると、完全にブルゴーニュと同じになってきま

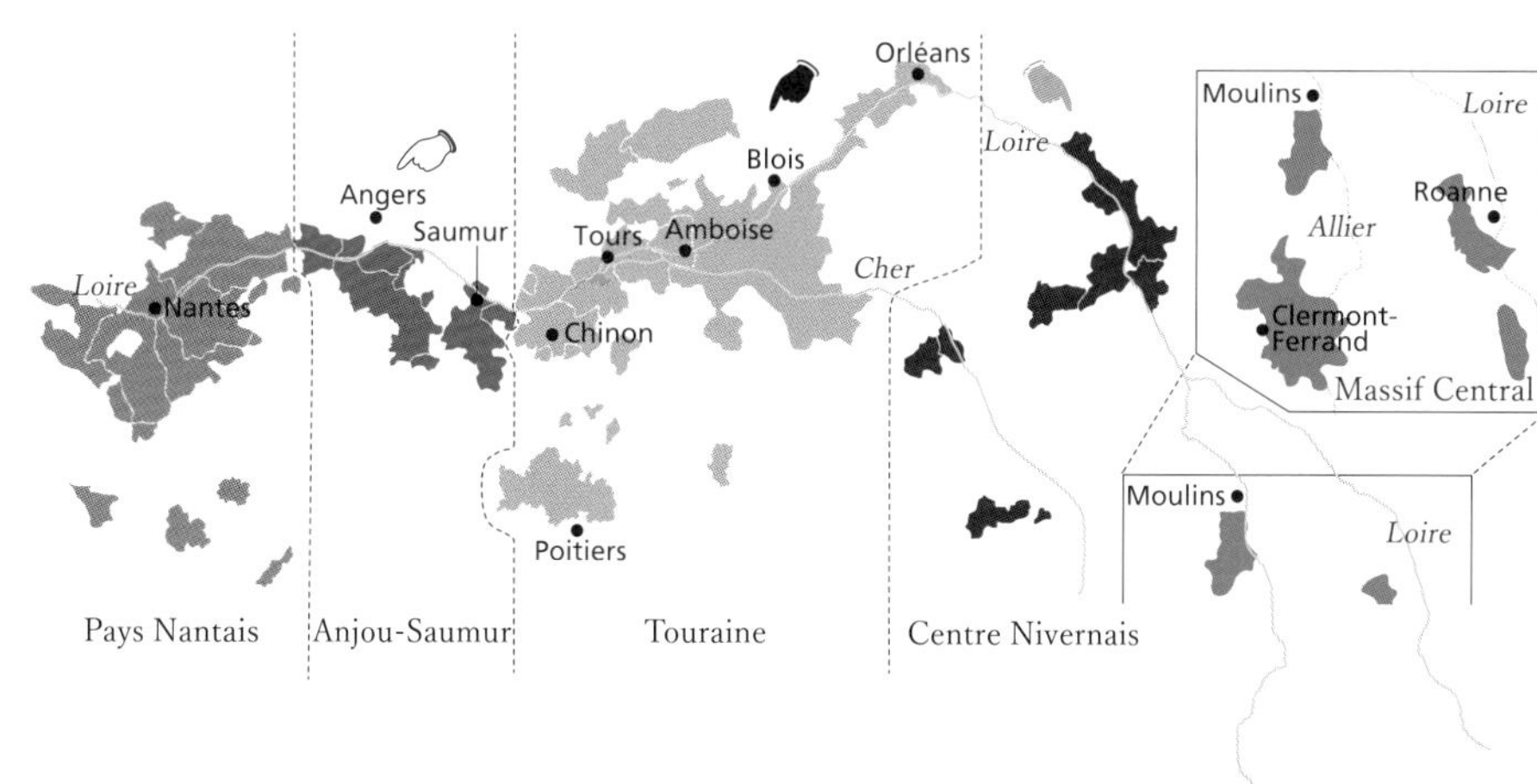

して、ピノ・ノワールとガメイ。東側がすぐブルゴーニュなんですね。

最後に、「中央高原地区」。マシフ・サントラル（Massif Central）と呼ばれていますが、この地区は、サントル・ニヴェルネ地区の南に広がる産地です。東側がブルゴーニュの南部で、栽培されている白ブドウはシャルドネ、黒ブドウはガメイと、まさにボージョレ（Beaujolais）の品種ですね！

というように、ロワール地方は5地区においてそれぞれ気候が異なり、栽培されているブドウ品種が違う、ということと、それぞれのブドウ品種を見てみてもわかるように、長期熟成型というよりは、さらっとおいしく飲める、フルーティーな早飲みタイプのものが多い。この特徴をまず押さえておいてください。

あと、フランスのA.O.C.ワインの産地としては、ボルドー（Bordeaux）と、このあとお話しするローヌ（Rhône）に次いで、第3位の規模を誇っています。割合としては赤・ロゼ47%、白53%、ほぼ半々ですね。

青っぽさがやさしいソーヴィニヨン・ブラン

ロワール（Loire）地方のブドウについて少しお話ししておくと、白ブドウのミュスカデ（Muscadet）ですが、シノニム（別名）は、ムロン・ド・ブルゴーニュ（Melon de Bourgogne）（ブルゴーニュのメロン）と言います。ブルゴーニュ原産でシャルドネ（Chardonnay）、アリゴテ（Aligoté）などと兄弟のブドウ品種です。ロワール地方のブドウはシノニムが多くて（☛）、シュナン（・ブラン）（Chenin Blanc）がピノー・ド・ラ・ロワール（Pineau de la Loire）、ソーヴィニヨン（・ブラン）（Sauvignon Blanc）がブラン・フュメ（Blanc Fumé）、カベルネ・フラン（Cabernet Franc）がブルトン（Breton）など。これらの品種は飲む機会も多いと思うので、ぜひ知っておいてください。

「ミュスカデ」は、先ほどお話ししたように日本の白ブドウ、甲州に似ていて、味わいがさっぱりしているので和食に合わせやすいです。お値段もお手頃なので、家でキンキンに冷やして、お造りとかおひたしなどと合わせるのにとてもいいと思います。

「シュナン」は、南アフリカやオーストラリアでも栽培されていますが、原産は、ここロワールです。なのでフランスではロワールでもっとも多く作られています。ちなみに、現在シュナンの栽培面積が最大の国は南アフリカなんです。シュナンはカリンやハチミツなどの甘味を感じる香りと、しっかりとした酸が特徴で、甘口から辛口まで様々なタイプの白ワインが造られています。

「ソーヴィニヨン」はボルドー（Bordeaux）のところでもやりましたね。ただロワールのほうは石灰質がより多い土壌なので、酸とミネラルが豊富。そして柑橘系のなかでもグレープフルーツの香りが入った、エレガントなソーヴィニヨンになります。いわゆるソーヴィニヨンの、ハーブのニュアンスや青っぽい感じ――ボルドーやニュージーランドのソーヴィニヨンっぽさ――が苦手な方も、ロワールのソーヴィニヨンならおいしく飲めると思います。ソーヴィニヨンの青っぽさって、たとえばアスパラガスとかハーブを利かせたようなお料理とよく合うんですが、でもロワールのソーヴィニヨンはもう少しやさしい感じになるので、こちらもミュスカデ同様、日本のふつうの家庭料理とも違和感なく合わせられると思います。

〈ロワール地方の主要品種〉

白ブドウ	☛ ミュスカデ＝ムロン・ド・ブルゴーニュ、シュナン＝ピノー・ド・ラ・ロワール、ソーヴィニヨン＝ブラン・フュメ、シャルドネ
黒ブドウ	☛ カベルネ・フラン＝ブルトン、ピノ・ノワール、ガメイ、グロロー、カベルネ・ソーヴィニヨン、ピノー・ドーニ

毎年ソムリエ試験の2次試験直前には、テイスティング試験対策講座をやっているのですが、ボルドーやニュージーランドのソーヴィニョンだと特徴がはっきりと出てるのですぐ皆さんわかるんですけど、ロワールのソーヴィニョンは青っぽさが少ないので、そのちょっとした青っぽさを感じ取れずに、酸とミネラルのニュアンスからです。ドイツのリースリングに比べて、アルザスのリースリングは酸がしっかり入っていて、ちょっと柑橘系の香りもするから間違えやすいんですよ。

「シャルドネ」、もしくは「アルザス（Alsace）のリースリング（Riesling）」と答えてしまう人が意外と多いんです。

ペイ・ナンテ地区のA.O.C.

ロワール河下流といえばミュスカデ

では、ロワール（Loire）の主要A.O.C.をペイ・ナンテ（Pays Nantais）地区から順番に見ていきましょう。

先ほど話したように、ペイ・ナンテ地区は、ミュスカデ（Muscadet）で造られる辛口白ワインの産地です。以前は、辛口の白ワインのみのA.O.C.が4つあっただけですが、2011年に赤・ロゼ・白のA.O.C.が新たに認定されました。

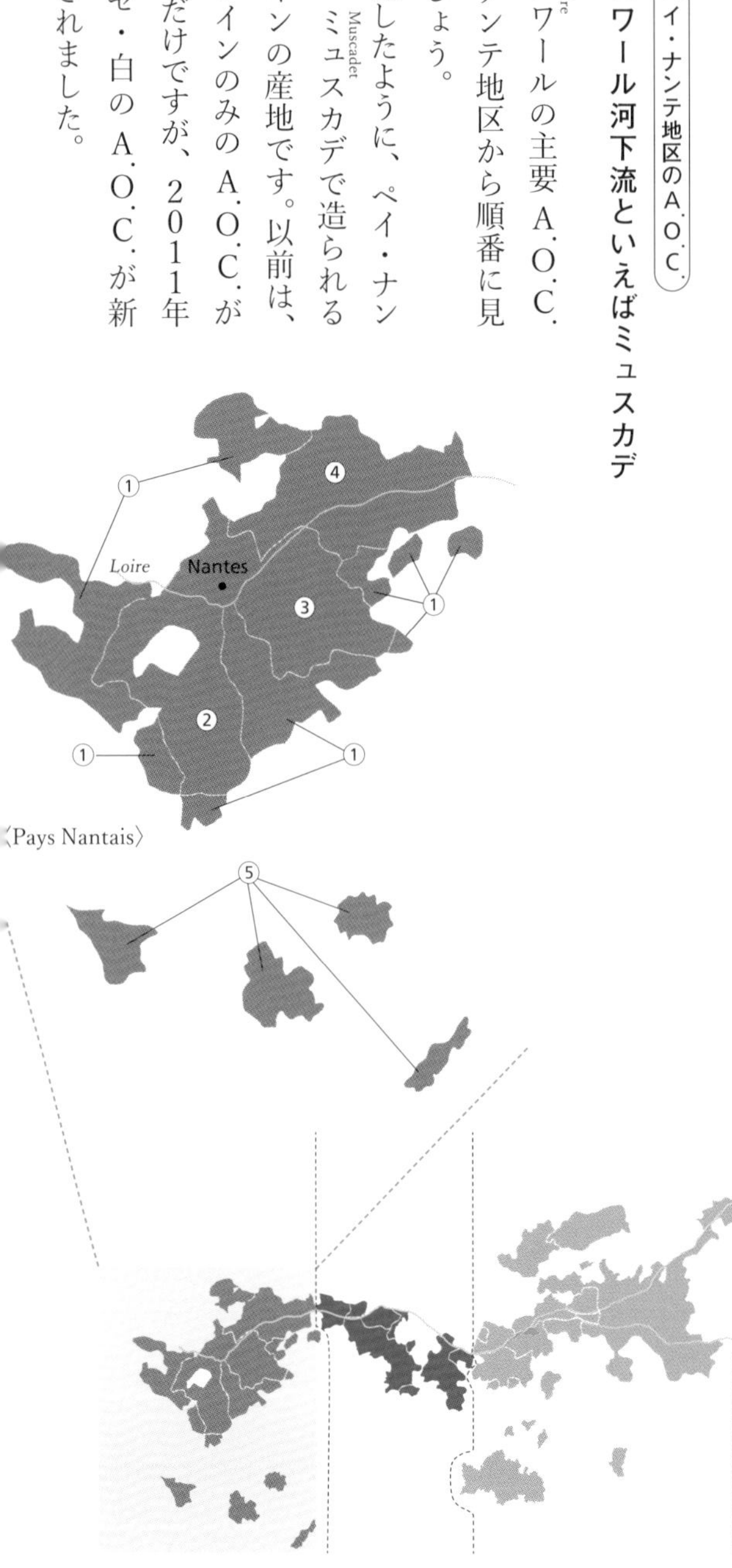

昔から赤とロゼも造られていたんですが、生産量が少なかったり、様々な基準を満たしてなかったりで、A.O.C.には認定されていなかったんです。今は醸造の技術も上がって、質も高くなったので、A.O.C.を名乗れるようになった、というわけです。

ちなみに、もともとあった4つのA.O.C.名には、「ミュスカデ」という品種名が入っていますよね（☛）。これってけっこう珍しいことで、フランスではA.O.C.名にブドウ品種名が入っている例は他にないはずです。「ミュスカデ」という地名があるわけではなく、ミュスカデを栽培している生産地域をA.O.C.として「ミュスカデなんとか」と認定しているんですね。

日本で見かけるロワールのA.O.C.としては、栽培面積最大の「ミュスカデ・セーヴル・エ・メーヌ（Muscadet Sèvre et Maine）」③がもっとも多いかなと思います。シュル・リー（Sur Lie）してあるのが多いのでラベルのどこかに「Sur Lie」と書かれているはずですが、書かれてなかったとしても、飲めばわかると思います。シュル・リーしてあるワインは、澱のうまみが溶け込んでいて、イースト香のような、なんとなく日本酒の吟醸香のような香りがしますので。

〈ペイ・ナンテ地区のA.O.C.〉

	地域／地区名 A.O.C.		小地区／村名 A.O.C.	赤	ロゼ	白
☛①	Muscadet ミュスカデ					○
		☛②	Muscadet Côtes de Grandlieu ミュスカデ・コート・ド・グランリュー			○
		☛③	Muscadet Sèvre et Maine ミュスカデ・セーヴル・エ・メーヌ			○
		☛④	Muscadet Coteaux de la Loire ミュスカデ・コトー・ド・ラ・ロワール			○
			Coteaux d'Ancenis コトー・ダンスニ	●	●	半甘
			Gros Plant du Pays Nantais グロ・プラン・デュ・ペイ・ナンテ			○
		⑤	Fiefs Vendéens Brem フィエフ・ヴァンデアン・ブレム	●	●	○
		⑤	Fiefs Vendéens Chantonnay フィエフ・ヴァンデアン・シャントネイ	●	●	○
		⑤	Fiefs Vendéens Mareuil フィエフ・ヴァンデアン・マルイユ	●	●	○
		⑤	Fiefs Vendéens Pissotte フィエフ・ヴァンデアン・ピソット	●	●	○
		⑤	Fiefs Vendéens Vix フィエフ・ヴァンデアン・ヴィックス	●	●	○

アンジュー・ソミュール地区のA.O.C.

レストランで白ワインを1本だけ開けるとしたら

次にアンジュー・ソミュール(Anjou-Saumur)地区。アンジェ(Angers)市周辺からソミュール市周辺に広がる地区で、ここは多彩な土壌で、いろんなブドウ品種が栽培されていて、赤、ロゼ、白(辛口〜甘口、貴腐)、発泡性まで、様々なタイプのワインが造られています。

いろんなA.O.C.があるんですが、白ワイン(シュナン・ブラン／Chenin Blanc)だと、「サヴニエール(Savennières)」⑧、これはぜひ知っておいてください。シュナンを主体に辛口から甘口まで造られる白ワインとして非常に有名です。ひとつのA.O.C.なのに辛口から甘口まであるんですね(☛)。

サヴニエールのなかに「クーレ・ド・セラン(Coulée-de-Serrant)」という、7ha(ヘクタール)の畑があります。もともと、A.O.C.はサヴニエールだけで、クーレ・ド・セランはそこに畑名を付記するかたちだったのが、2011年に「A.C.クーレ・ド・セラン」と、単独のA.O.C.として独立しました(☛)。表の上、「サヴニエール・ロッシュ・オー・モワンヌ(Savennières-Roche aux Moines)」も、一緒に独立しています。

このクーレ・ド・セラン、ニコラ・ジョリー(Nicolas Joly)という方のモノポール(Monopole)になっていて、彼はビオディナミ(Biodynamie)——

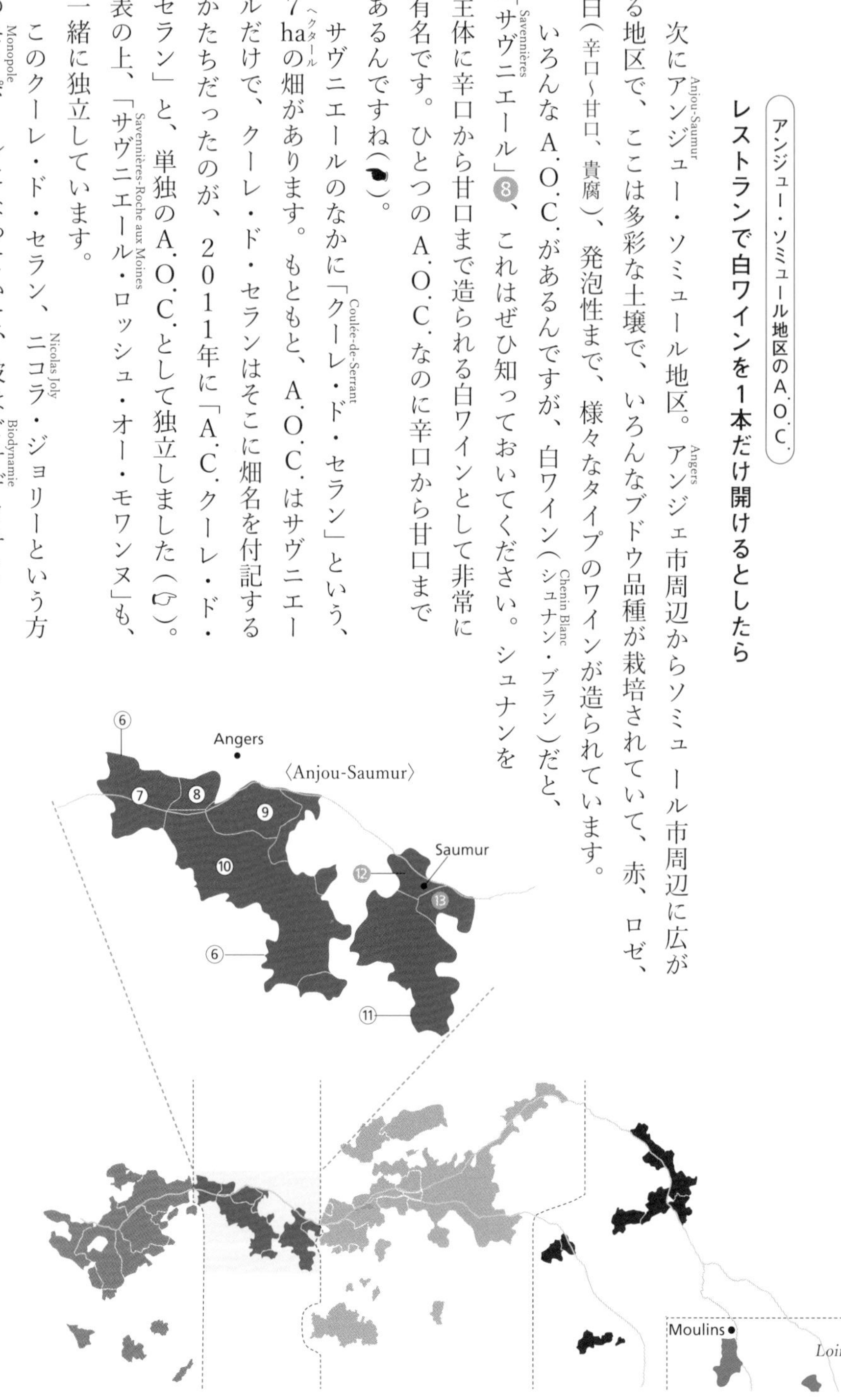

ブルゴーニュ（Bourgogne）の回でお話ししましたが究極の有機農法ですね――の第一人者です。ロワール（Loire）地方を代表する高級な白ワインで、私も、レストランのワインリストのなかにクーレ・ド・セランを見つけるとうれしくなっちゃいますね。

シュナンで造られたワインは、たとえば二人でレストランでどのワインを飲もうかと迷ったとき、前菜からお肉の手前ぐらいまで、白で合わせていきたいなという場合に最適です。ミュスカデ（Muscadet）だとちょっと物足りなくなるんですが、シュナンだと味わいもしっかりしていて軽めのお肉料理とかまでいけるので、これを1本開けて、最後にグラスで赤をもらうとか、そういう感じでも使えます。

最近は南アフリカのシュナンも日本で流行っているんですけど、やっぱりそれはけっこう幅広くお料理に合わせられるから、というのも理由のひとつですね！

〈アンジュー-ソミュール地区のA.O.C.〉

地域／地区名 A.O.C.		小地区／村名 A.O.C.	赤	ロゼ	白
Anjou アンジュー			●		辛～甘
Anjou Mousseux アンジュー・ムスー				発	発
Anjou Gamay アンジュー・ガメイ			●		
	⑥	Anjou Villages アンジュー・ヴィラージュ	●		
	⑦	Anjou Coteaux de la Loire アンジュー・コトー・ド・ラ・ロワール			半甘・甘
	⑧	Savennières サヴニエール			辛～甘
		Savennières-Roche aux Moines サヴニエール・ロッシュ・オー・モワンヌ			辛～甘
		Coulée de Serrant クーレ・ド・セラン			辛～甘
	⑨	Anjou Brissac アンジュー・ブリサック	●		
	⑨	Coteaux de l'Aubance コトー・ド・ローバンス			甘
	⑩	Coteaux du Layon コトー・デュ・レイヨン			甘
	⑩	Coteaux du Layon+Commune コトー・デュ・レイヨン+コミューン			甘
	⑩	Coteaux du Layon Premier Cru Chaume コトー・デュ・レイヨン・プルミエ・クリュ・ショーム			甘
	⑩	Quarts de Chaume カール・ド・ショーム			甘
	⑩	Bonnezeaux ボンヌゾー			甘

皆さん、レストランでワインを頼むときのお値段の基準って、ありますか？普段ならまあ、８０００円。ちょっといいものを開けようと思ったら、１万円以上という感覚かなと。ブルゴーニュの白だと、いい造り手さんのいい畑のものとなるとかるく2万円以上はします。まして、いいヴィンテージ（Vintage）や熟成の進んだものになると、それ以上のお値段になっちゃいます。

そういうちょっといい感じの白を飲みたいとき、サヴニエール、ねらいめです。私もワインリストを見ると必ずチェックするんですよね。１万円以下でもありますし、たとえばちょっと古いヴィンテージのいい熟成が進んでいる、そういうサヴニエールを見つけたら、ぜひ飲んでみてください。そんな感じで選んでいけるのが、シュナンという白ブドウです。

A.C.サヴニエールと共に、アンジュー・ソミュール地区ではあと2つ、ロゼと赤のA.O.C.でおすすめがありまして、まずロゼワインからお話しします。「ロゼ・ダンジュー（Rosé d'Anjou）」（アンジューのロゼの意）という半甘口のA.O.C.（　）、ロゼの規定で半甘口というのはめずらしいです（もうひとつ、半甘口のロゼでカベルネ・ダンジュー（Cabernet d'Anjou）があります）。これは、グロロー（Grolleau）というこの地方固有の黒ブドウ主体で造られています。お値段もロワールのA.O.C.のなかではかなりお手頃で、

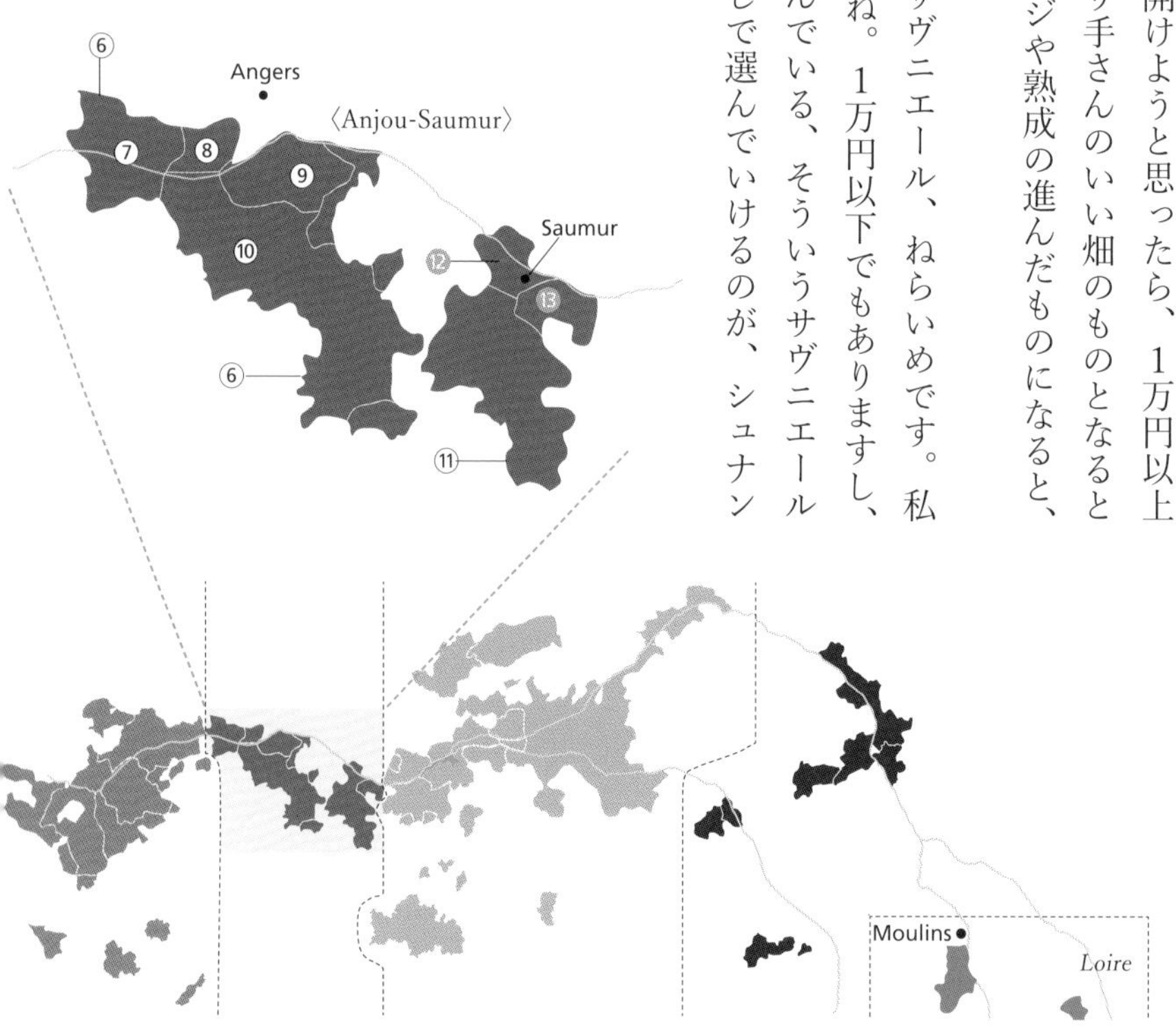

やさしい甘みが特徴の、女性にも人気のロゼワインです。

赤ワインは、ソミュール地区の「ソミュール・シャンピニィ(Saumur-Champigny)」⑫です。これは、カベルネ・フラン(Cabernet Franc)主体のアペラシオン(Appellation)で、ロワール河流域の高級赤ワインのひとつといわれています。

このソミュール地区とお隣のトゥーレーヌ(Touraine)地区の土壌は、パリ(Paris)盆地由来の「トゥファ」と呼ばれる、石灰岩の一種の炭酸塩堆積物です。これは白雲母(しろうんも)を含む白ないしクリーム色のチョーク質であり、ロワール河沿いの古城は、この石灰岩を切り出して築造されたそうです。

その他「クレマン・ド・ロワール(Crémant de Loire)」(☞)がおすすめです。ロワールのクレマンは、主にソミュール地区で造られていて、シュナンとシャルドネ(Chardonnay)が主体になっているので、たとえばシャルドネ主体で造られるクレマン・ド・ブルゴーニュ(Crémant de Bourgogne)に比べて、シュナンが入っている分、ちょっと果実味のふくよかな味わいに仕上がっています。

〈アンジュー-ソミュール地区のA.O.C.〉

地域/地区名 A.O.C.	小地区/村名 A.O.C.	赤	ロゼ	白
☛ Rosé d'Anjou ロゼ・ダンジュー			半甘	
Cabernet d'Anjou カベルネ・ダンジュー			半甘	
⑪ Saumur ソミュール		●	●	○
Saumur Mousseux ソミュール・ムスー			発	発
	Saumur Puy-Notre-Dame ソミュール・ピュイ・ノートル・ダム	●		
	⑫ Saumur Champigny ソミュール・シャンピニィ	●		
	⑬ Coteaux de Saumur コトー・ド・ソミュール			甘
☞ Crémant de Loire クレマン・ド・ロワール			発	発
Rosé de Loire ロゼ・ド・ロワール			●	

トゥーレーヌ地区のA.O.C.

ロワールを代表する赤のシノンと白のヴーヴレ

次にトゥーレーヌ(Touraine)地区です。トゥール(Tours)市を中心に広がっていて、ここもやはり土壌が多様です。いろんなブドウ品種が栽培されていて、白ワインも、辛口から甘口、貴腐までありますし、赤もロゼも泡も造られています。そのなかで、必ず知っておいてほしいA.O.C.が2つ。

まずは「シノン(Chinon)」⑰。A.C.シノンの生産可能色は、赤・ロゼ・白の3色ですが、カベルネ・フラン(Cabernet Franc)主体の赤が特に有名で、日本にもよく入ってきています。「カベルネ・フラン」は、カベルネ系特有の青っぽさ(カベルネ・ソーヴィニョン(Cabernet Sauvignon)にも共通していますが)と同時に、酸とタンニンも含まれているんですが、カベルネ・ソーヴィニョンほどは強くないのが特徴です。

ロワール(Loire)に「ドメーヌ・デ・オー・ドゥ・ロワール(Domaine des Hauts de Loire)」という素晴らしいオーヴェルジュ——広大な敷地の中にある19世紀の古城のホテル——があるのですが、その中の2つ星のレストランでは、お肉料理(牛フィレ肉)に合わせるオススメワインが「シノン」なんです。皆さん、やはり

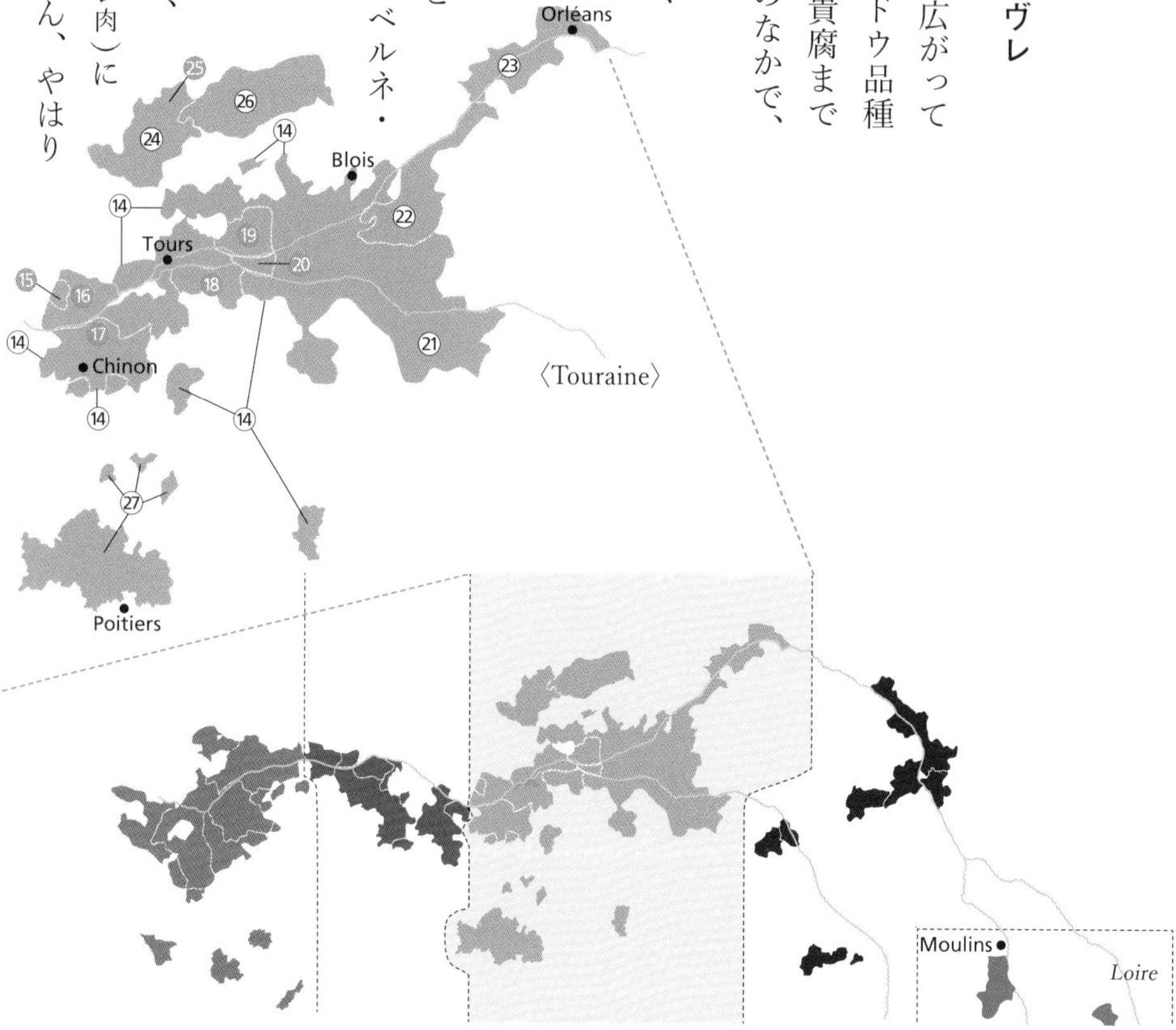

Orléans
Blois
Tours
Chinon
Poitiers
〈Touraine〉
Moulins
Loire

地元のワインに誇りを持っていらっしゃるな、と感じられる素敵な空間です。このシノンも先ほどの「ソミュール・シャンピニィ（Saumur-Champigny）」同様、高級赤ワインのひとつです。

もうひとつが、シュナン（・ブラン）（Chenin Blanc）を主体に造られる白のA.O.C.、「ヴーヴレ（Vouvray）」⑲です。これも（サヴニエール（Savennières）同様）辛口から甘口まで幅広くありますし、「ヴーヴレ・ムスー（Vouvray Mousseux）」──ヴーヴレの泡ですね──も造られています。このヴーヴレ、ワイン屋さんにもよくありますし、私もお家ごはんに合わせてよく選ぶ白ワインです。日本のフレンチレストランでも、ロワールのワインだと、赤は「シノン」、白は「ヴーヴレ」をオンリストしているところもけっこう多いですね。

〈トゥーレーヌ地区のA.O.C.〉

地域／地区名 A.O.C.		小地区／村名 A.O.C.	赤	ロゼ	白
⑭ Touraine トゥーレーヌ			●	●	○
⑭ Touraine Gamay トゥーレーヌ・ガメイ			●		
⑭ Touraine Mousseux トゥーレーヌ・ムスー				発	発
	⑮	Saint Nicolas de Bourgueil サン・ニコラ・ド・ブルグイユ	●	●	
	⑯	Bourgueil ブルグイユ	●	●	
	⑰	Chinon シノン	●	●	○
		Touraine Azay-le-Rideau トゥーレーヌ・アゼイ・ル・リドー		●	辛・半辛
		Touraine Amboise トゥーレーヌ・アンボワーズ	●	辛・半辛	辛・半辛
		Touraine Chenonceaux トゥーレーヌ・シュノンソー	●		○
		Touraine Mesland トゥーレーヌ・メラン	●	辛・半辛	辛・半辛
		Touraine Oisly トゥーレーヌ・オワリー			○
	⑱	Touraine Noble Joué トゥーレーヌ・ノーブル・ジュエ		●	
	⑲	Vouvray ヴーヴレ			辛～甘
	⑲	Vouvray Mousseux ヴーヴレ・ムスー			発
	⑲	Vouvray Pétillant ヴーヴレ・ペティヤン			発
	⑳	Montlouis sur Loire モンルイ・シュル・ロワール			辛～甘
	⑳	Montlouis sur Loire Mousseux モンルイ・シュル・ロワール・ムスー			発
	⑳	Montlouis sur Loire Pétillant モンルイ・シュル・ロワール・ペティヤン			発
	㉑	Valençay ヴァランセ	●	●	○
	㉒	Cheverny シュヴェルニイ	●	●	○
	㉒	Cour Cheverny クール・シュヴェルニィ			辛～甘
	㉓	Orléans オルレアン	●	●	○
	㉓	Orléans-Cléry オルレアン・クレリィ	●		
	㉔	Coteaux du Loir コトー・デュ・ロワール	●	●	○
	㉕	Jasnières ジャニエール			辛・半辛
	㉖	Coteaux du Vendômois コトー・デュ・ヴァンドモア	●	グリ	○
	㉗	Haut-Poitou オー・ポワトゥー	●	●	○

サントル・ニヴェルネ地区のA.O.C.

キリッしたソーヴィニョン・ブランが楽しめる

では次に、サントル・ニヴェルネ（Centre Nivernais）地区。ソーヴィニョン（・ブラン）（Sauvignon Blanc）から造られる辛口の白ワインが代表的で、なかでも次の3つのA.O.C.はぜひ知っておいていただきたいと思います。

まずは「プイイ・フュメ」（Pouilly-Fumé）㉝。これはソーヴィニョン100％で造られる白のみのA.O.C.です。

そして「サンセール」（Sancerre）㉛。皆さんがロワール（Loire）のワインで見る機会が一番多いのはこのサンセール――もしくはプイイ・フュメ――と思うんですが、サンセールの生産可能色は3色で、赤とロゼがピノ・ノワール（Pinot Noir）100％、白はソーヴィニョン100％で造られています。

サンセールの場所は、ここ（☞）。このあたりの土壌は石灰質が多いので、サンセールはミネラルが豊富な白ワインに仕上がります。

もうひとつ、「カンシー（Quincy）」㉙ですね。これは、プイイ・フュメ同様、ソーヴィニヨンからの白のみ生産可能なA.O.C.で、規定ではソーヴィニヨン主体となっています。ソーヴィニヨンはフランスの様々な地方で栽培されていますが、私はなかでもサンセールをよく飲みます。他の地方と比較すると、酸味も豊かでミネラルもたっぷりな感じで、キリッとしているのが好みで、ブロッコリーのサラダとか蒸し野菜なんかにも合わせて楽しんでいます。

中央高地地区のA.O.C.

オーヴェルニュ地方に位置する地区

では最後、中央高地地区（＝マシフ・サントラル（Massif Central））を見ていきましょう。ロワール（Loire）河上流、中央高地のエリアに散在するワイン産地で、このエリアは「オーヴェルニュ（Auvergnae）地方」とも呼ばれています。この地区の産地は、90年代の中頃から2010年の間にかけてA.O.C.に昇格したものが多く、他のロワールの産地と比べると、まだそこまで有名ではないんです。

ここでは、シャルドネ（Chardonnay）からのフレッシュな白ワイン、ガメイ（Gamay）やピノ・ノワール（Pinot Noir）からの鮮やかな赤ワインが造られています。

〈サントル・ニヴェルネ地区のA.O.C.〉

	小地区／村名 A.O.C.	赤	ロゼ
㉘	Reuilly ルイイ	●	◍
㉙	Quincy カンシー		
㉚	Menetou-Salon ムヌトゥー・サロン	●	◍
㉛	Sancerre サンセール	●	◍
㉜	Coteaux du Giennois コトー・デュ・ジェノワ	●	◍
㉝	Pouilly-Fumé プイイ・フュメ Pouilly sur Loire プイイ・シュル・ロワール		
㉞	Châteaumeillant シャトーメイヤン	●	グリ

〈中央高地地区のA.O.C.〉

	小地区／村名 A.O.C.	赤	ロゼ	白
㉟	Saint Pourçain サン・プルサン	●	◍	○
㊱	Côtes d'Auvergne コート・ドーヴェルニュ	●	◍	○
㊲	Côte Roannaise コート・ロアネーズ	●	◍	
㊳	Côtes du Forez コート・デュ・フォレ	●	◍	

うなぎのかば焼きとタルトタタン

ロワール（Lôire）は地方料理も独特です。ロワール河沿いというだけあって、川かます、ウナギ、鯉なんかもありまして、たとえば「カルプ・ア・ラ・シャンボール（Carpe à la Chambord）」――シャンボール風鯉（鯉の赤ワイン煮）。「シャンボール城」という大きいお城がちょうどオルレアン（Orléans）からトゥール（Tours）に向かう途中にあり、その地域のお料理なので「シャンボール風」。トゥーレーヌ（Touraine）地区に位置するので、先ほどの赤ワイン「シノン（Chinon）」を合わせます。

あと、「マトロット・ダンギーユ（Matelote d'Anguille）（ウナギの赤ワイン煮）」というお料理も、鯉と一緒で脂も多く、味わいもしっかりしているので、シノンの赤がぴったりです。

日本だと、うなぎのかば焼きとシノンの赤、ぜひ試していただきたい組合せです。カベルネ・フラン（Cabernet Franc）の青っぽさと山椒の香りの相性がなんとも言えない……日本人って本当にいろいろと楽しめるなあと感じてしまいます。

もちろんお肉にもシノンの赤はよく合います。

白のほうは、ロワールはアスパラガスが名産で、シンプルに茹でたものだったら、サンセール（Sancerre）のソーヴィニヨン（・ブラン）（Sauvignon Blanc）とかバッチリですね。「アスパラガスのソース・ムスリーヌ（Asperges Sauce Mousseline）（泡立てたクリーム状のソース）」になると、シュナン（・ブラン）（Chenin Blanc）のほうが合うかな。「ヴーヴレ（Vouvray）」のムスー（Mousseux）（泡）――シュナン主体で造られる泡とか、「ソーミュール・ムスー（Saumur Mousseux）」（これもシュナン主体）とか。あと、「ヴーヴレ（Vouvray）」の半甘口……というか薄甘口

みたいな味わいの白ワインとクリームのニュアンスが合います。

それから皆さん大好きなリンゴのタルト、「タルト・タタン（Tarte Tatin）」もじつはロワールの伝統菓子で、こういう甘めのお菓子にも、ヴーヴレの半甘口はすっごく合いますよ。

ロワールはイメージ的に、北のほうに位置していて、酸のキリッとした感じの白ワインが多い――そういう印象です。赤にしても、A.C.シノンのような、カベルネ・フラン主体で造られる、そんなに重くない赤ワインが造られています。

あと、ロワールといえば、ビオディナミ（Biodynamie）の総本山と言ってもいいくらいで、フランスで最初にビオディナミによるワイン造りを成功させたといわれる、サヴニエール（Savennières）の「ニコラ・ジョリー（Nicolas Joly）」を始めとして、少し有名どころを挙げるだけでも、プイイ・フュメ（Pouilly-Fumé）の「ディディエ・ダグノー（Didier Dagueneau）」、ヴーヴレの「ユエ（Huet）」、そして、ソーミュール・シャンピニィ（Saumur-Champigny）の「クロ・ルジャール（Clos Rougeard）」など、有名生産者が目白押しです。

ちなみに、今パリ（Paris）で流行（はや）っているビストロのワインリストは、たいてい自然派ワインを中心にラインナップしてるので、そういうお店に行くとロワールのワインが、ずらーっと並んでいます。

それに対して、これからお勉強するローヌ渓谷地方（Vallée du Rhône）は、フランスでも南のほうに位置していて、南に行くと日照量も増えて、栽培されるブドウも黒ブドウのほうが多くなってきます。太陽をたっぷりと浴びて熟すので、果実味のある力強い赤ワインが造られています。

というわけで、ローヌ、やっていきましょう。

ローヌ地方

ローヌのワイン産地は南北2つに分かれている

ローマ時代に、交通の要所として栄えたヴィエンヌ（Vienne）からアヴィニョン（Avignon）を経てニーム（Nîmes）まで、南北約250kmにわたる、ローヌ（Rhône）河両岸に広がる一帯がローヌ渓谷地方（Vallée du Rhône）です。アヴィニョンって世界史でも学んだ地名なんですが、覚えていますか？　14世紀に法王庁がローマ（Roma）からここアヴィニョンに移されていたんですね（アヴィニョン捕囚）。

ローヌ地方のブドウ畑は、地図のように、北部と南部にきれいに分かれています。北部と南部で栽培されるブドウ品種が違っていて、北部ではシラー（Syrah）、南部ではグルナッシュ（Grenache）。もうこの2つだけ押さえておいてもらえばいい、というくらい重要なポイントです。ローヌ最大の特徴ですね。

ではこの北部と南部、それぞれどういうふうに違うの？　ということも含めて具体的に見ていきたいと思います。

北部・南部合わせて、A.O.C.ワインの産地としては、「ボルドー（Bordeaux）」に次いで第2位。I.G.P.の生産量も、国内

〈ローヌ地方概要〉

栽培面積	約6.6万ha（生産量共にA.O.C.ワインのみの数値）
年間生産量	約257万hℓ（赤・ロゼ90%、白10%）
気候	〈北部〉半大陸性気候〈南部〉地中海性気候
土壌	〈北部〉右岸：花崗岩質、片岩質 左岸：石灰質、粘土質、石ころなど多様 〈南部〉粘土石灰質、泥灰土、玉石など多様

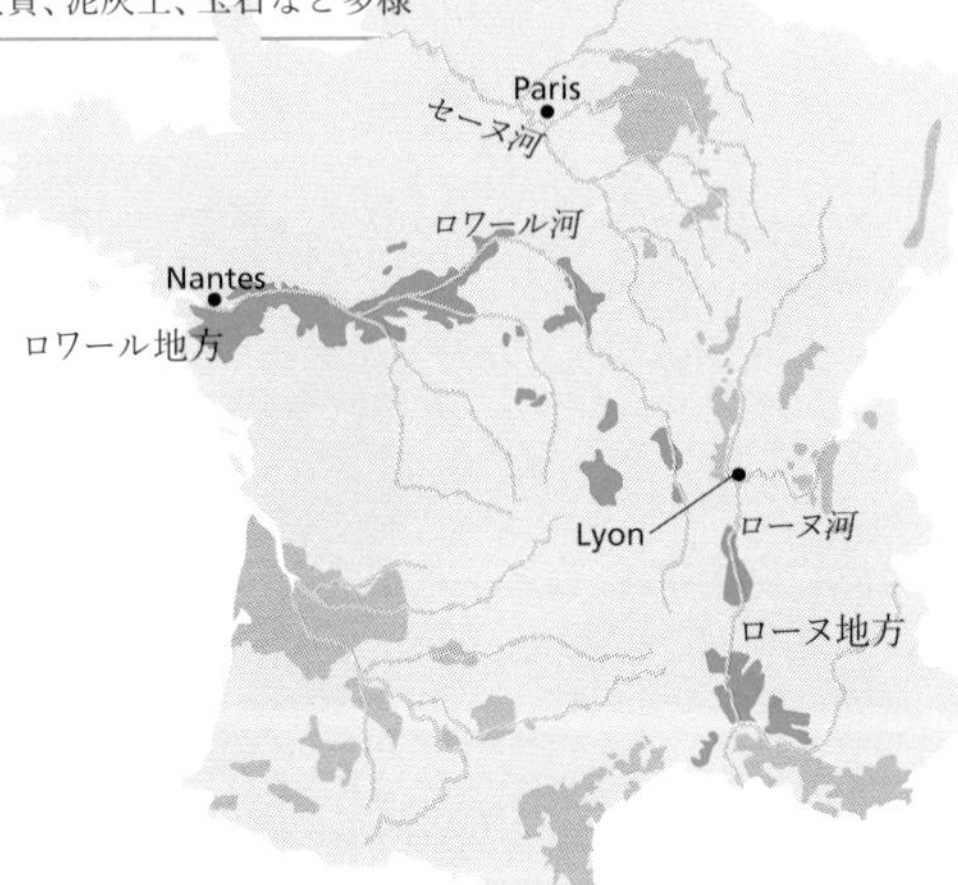

トップクラスという大規模な産地となっていて、生産量は、赤・ロゼ90%、白10%——ほとんどが赤・ロゼワインです。

北部と南部で気候も土壌も違っていて、北部は半大陸性気候、南部は地中海に近いため地中海性気候となっています。

北部は急斜面が多く、そのなかの日照量が多いところだけでブドウを栽培している感じなんですが、南部は緩やかな丘陵地帯全体でブドウが作られている……本当に北部と南部で対照的なんですね。

さらに、北部のワインは単一品種で造られるのが多いのに対して、南部は複数の品種をブレンドして造られています。南部のワインで一番有名な「シャトーヌフ・デュ・パプ(Châteauneuf-du-Pape)」は、最大13もの品種をブレンドして造られています。

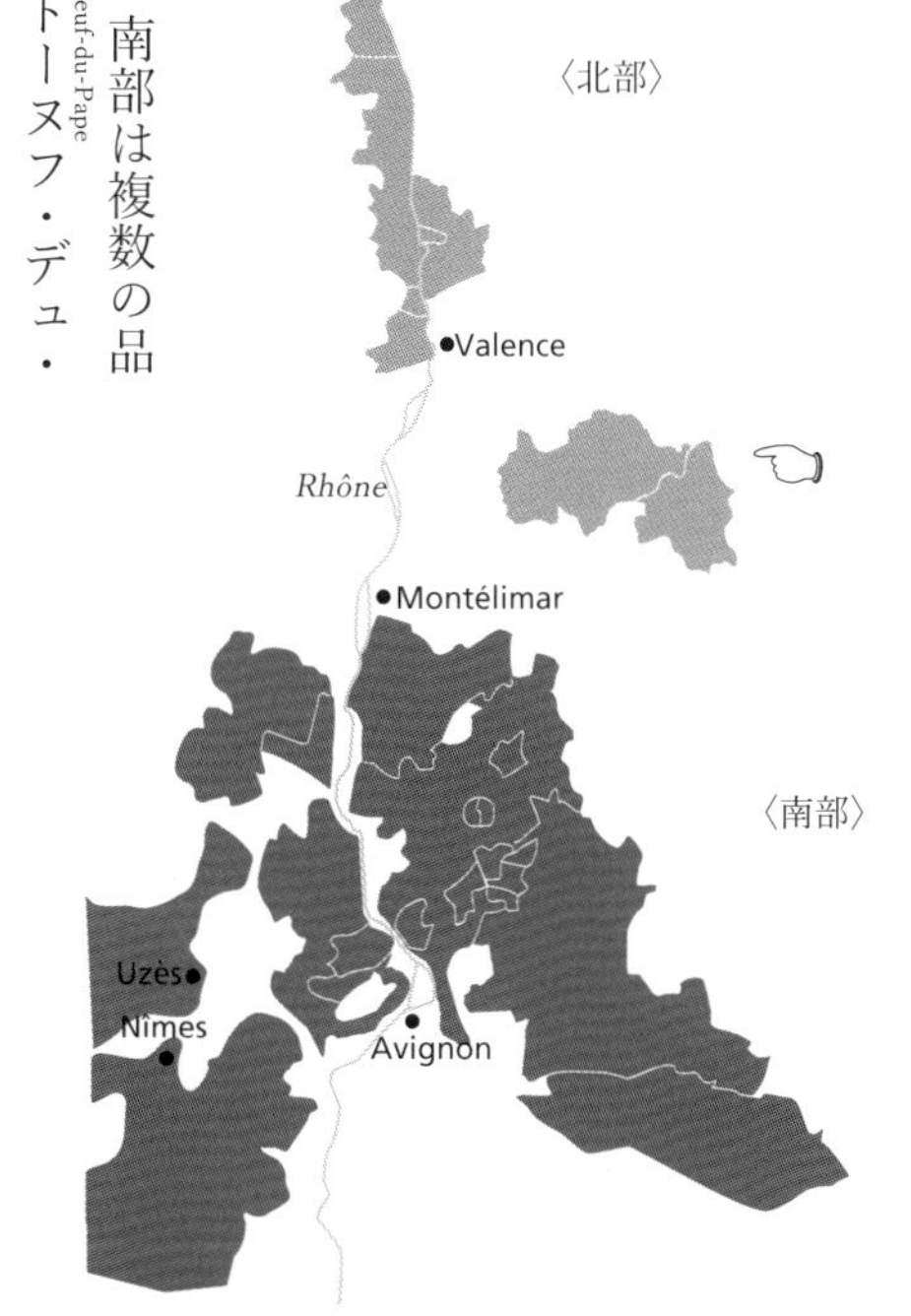

ローヌ北部㊨岸のA.O.C.
焼けた丘と焼けた大地

まずは北部から見ていきましょう。ヴィエンヌ(Vienne)からヴァランス(Valence)までの約60kmのローヌ(Rhône)河沿いの急な斜面と、少し離れたディー(Die)地区(☜)から構成されています。

赤の主要品種はシラー(Syrah)。シラーの特徴はなんと言っても、力強さとスパイシーさ。酸とタンニンがめちゃくちゃ多い……。口のなかで感じるひとつひとつの成分の含有量が多く、パンチがかなりある。人と一緒で、あまりに個性が強すぎるとちょっと疲れますよね(笑)。なので、フランスでは珍しいんですが、黒ブドウの強さを和らげる

〈ローヌ北部の主要品種〉

白ブドウ	ヴィオニエ、マルサンヌ、ルーサンヌ
黒ブドウ	シラー=セリーヌ

＊ヴィオニエはシラーと同じく、ローヌ原産のブドウです。

ために、白ブドウを混ぜることが認められているんですね。でももちろん、シラー100%のワインでおいしいものもいっぱいあります！

また、ローヌ河の右岸と左岸できれいに村が分かれている、というのもローヌ地方の特徴です（両岸にまたがった村はありません）。

たとえば「コート・ロティ（Côte-Rôtie）」❶。フランス語で「焼けた丘」という意味ですが、それくらい日差しが強いためブドウが完熟します。土壌がいいため、周りの畑に比べてミネラル感のあるエレガントなワインが造られます。そんなA.C.コート・ロティですが、基本的にはシラー80%以上で、残りはヴィオニエ（Viognier）という白ブドウ品種を混ぜることが認められています。シラー100%のコート・ロティもあれば、ヴィオニエを足しているものもあるよと。北部で、シラーにヴィオニエを混醸できるA.O.C.は唯一このコート・ロティのみです。

その下、②の「コンドリュー（Condrieu）」。これも今後ワインリストとかで見かけるA.O.C.になると思いますが、ヴィオニエ100%で造られる白ワインです。桃などの果実味と花束のような華やかな香りが特徴の品種です。

このコンドリューのなかに小さく❸があるの、わかります？「シャトー・グリエ（Château-Grillet）」という3haしかない、ローヌで面積最小のA.O.C.です。もちろんここもヴィオニエ100%の白ワインで、「ネイレ・ガシェ（Neyret-Gachet）」という人のモノポール（Monopole）だったのですが

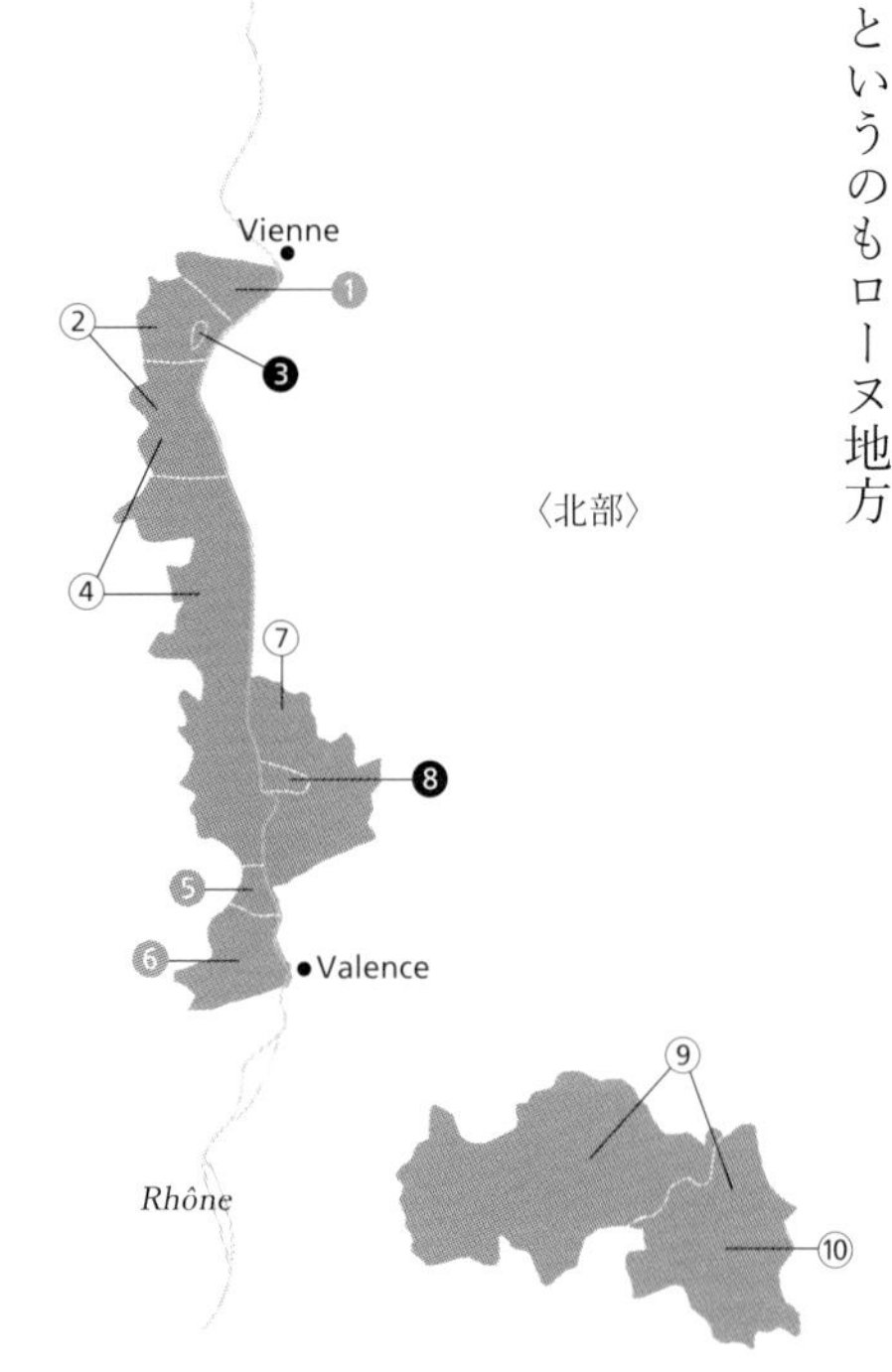

——1827年から一族で代々受け継がれていましたが——2011年にボルドー（Bordeaux）のシャトー・ラトゥール（Château Latour）のオーナーに買収されました。ローヌのモンラッシェ（Montrachet）とも言われるこのシャトー・グリエ、ワインリストなどで見たときにわかると思うんですが、ローヌのなかではかなりお高いです。でもやはりおいしい。

次に、すごく大きいA.O.C.が「サン・ジョセフ（Saint-Joseph）」④。こちらは、赤・白ワインの生産が認められています。

その下❺の「コルナス（Cornas）」。コルナスはケルト語で「焼けた大地」という意味らしいんですが、文字どおり太陽が照りつける急斜面にブドウ畑が階段状に広がっています。シラー100%で造られる高級赤ワインのA.O.C.として有名で、白ブドウと混醸しないので、パワフルで骨格がしっかりした味わいのワインに仕上がります。

そして、北部・右岸の最後が、「サン・ペレイ（Saint-Péray）」❻。こちらは、白のみ生産可能なA.O.C.で、白ブドウのマルサンヌ（Marsanne）とルーサンヌ（Roussanne）のみで造られます。このマルサンヌとルーサンヌ、水戸黄門の助さん・格さんのような、いつもセットで名脇役——先ほどのサン・ジョセフの赤の場合、シラー90%以上にマルサンヌ・ルーサンヌを混醸することができます。で、たまに主役になって白の主要品種になり、そしてたまに単一の場合もある、というローヌを中心に栽培されている白ブドウです。

右岸ではこれらのA.O.C.を押さえておいてください。

〈ローヌ北部のA.O.C.〉

河岸	地区／小地区／村名 A.O.C.	赤	ロゼ	白
全域	Côtes du Rhône コート・デュ・ローヌ	●	●	○
全域	Côtes du Rhône Villages コート・デュ・ローヌ・ヴィラージュ	●	●	○
右岸	❶ Côte-Rôtie コート・ロティ	●		
	② Condrieu コンドリュー			○
	❸ Château-Grillet シャトー・グリエ			○
	④ Saint-Joseph サン・ジョセフ	●		○
	❺ Cornas コルナス	●		
	❻ Saint-Péray サン・ペレイ			○
	❻ Saint-Péray Mousseux サン・ペレイ・ムスー			発

ローヌ北部㊧岸のA.O.C.

ローヌ北部の代表選手――エルミタージュ

左岸は、なんといっても「エルミタージュ（Hermitage）」です❽。聞いたことありますか？　赤・白ともに生産できるのですが、赤が特に有名で、シラー（Syrah）を85％以上使っています。白はそこに、先ほどの助さん・格さんならぬマルサンヌ（Marsanne）・ルーサンヌ（Roussanne）を混醸してもいいよ、となっています。

エルミタージュ❽も「サン・ジョセフ（Saint-Joseph）」④も先ほどの「サン・ペレイ（Saint-Péray）」同様、白は、マルサンヌとルーサンヌだけから造られています。マルサンヌ・ルーサンヌもヴィオニエ（Viognier）のように香り高い白ブドウで、どちらかというと、マルサンヌの方が果実味がありパワフル、ルーサンヌの方が酸味があり、やさしめのニュアンスです。

このエルミタージュ、ローヌ（Rhône）北部の赤ワインの中で、もっとも優美でエレガント、王道の品格があります。まさしく、ローヌ北部の代表選手なんです。

もうひとつ、エルミタージュの特徴として、「ヴァン・ド・パイユ（Vin de Paille）（藁ワイン）」を少しだけ造っています（☛）。

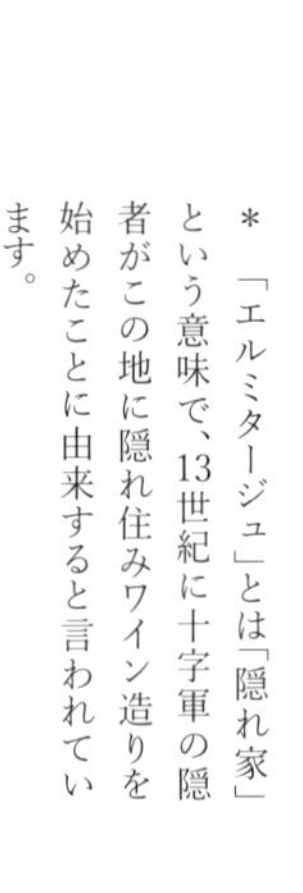

＊「エルミタージュ」とは「隠れ家」という意味で、13世紀に十字軍の隠者がこの地に隠れ住みワイン造りを始めたことに由来すると言われています。

〈北部〉
Vienne
Valence
Rhône

ヴァン・ド・パイユとは、ブドウを藁の上で陰干しして糖度を高めたあとに醸造した甘口ワインで、次回お話しするジュラ（Jura）地方以外ではほとんど造られてないんですが、このエルミタージュでは少量生産されている、ということを覚えておいてください（詳しくは次回お話しします）。

あと、エルミタージュの周りを囲むようにある⑦の「クローズ・エルミタージュ（Crozes-Hermitage）」。味わいはエルミタージュに比べ全体的にやや軽め、お値段もやさしめ、のワインです。

今お話ししたA.O.C.を押さえていただければ、ローヌ北部の銘柄はバッチリです。

ローヌのワインは、日本のレストランではお手頃に楽しめるワインとしてけっこう揃っているんですよね。日本人はどちらかと言うと、しっかりめの赤ワインがお好きな方が多いと思います。私も「重めの赤ワインのおすすめは？」と聞かれると、シラーを主体とした赤ワインをおすすめすることが多いです。A.C.エルミタージュはちょっと値が張るんですが、A.C.クローズ・エルミタージュだったり、あとはやっぱり広域のA.C.コート・デュ・ローヌ（Côtes du Rhône）などはお手頃です。

A.C.コート・デュ・ローヌは、全A.O.C.ワイン生産量の約半分を占めているんです。ひとつのA.O.C.だけでその地方の生産量の半分をも占めているのは、このA.C.コート・デュ・ローヌだけ。生産可能色は3色で、赤ワインの割合が大半を占めますが、北部ではシラー、南部ではグルナッシュ（Grenache）を主体として造られています。また、主に南部で生産されている、ということも特徴のひとつです。

〈ローヌ北部のA.O.C.〉

河岸	地区／小地区／村名 A.O.C.	赤	ロゼ	白
	⑦ Crozes-Hermitage クローズ・エルミタージュ	●		○
	❽ Hermitage エルミタージュ	●		○
	(Vin de Paille)			甘
左岸	⑨ Clairette de Die クレレット・ド・ディー		（発）	発
	⑨ Crémant de Die クレマン・ド・ディー			発
	⑨ Coteaux de Die コトー・ド・ディー			○
	⑩ Châtillon-en-Diois シャティヨン・アン・ディオア	●	●	○

次に南部。北部の端からブドウ畑のない区間がしばらく続いたあと、モンテリマール（Montélimar）からアヴィニョン（Avignon）にまで広がる丘陵地帯にブドウ畑が広がっています。

北部との違いは、複数の黒ブドウ品種が混醸されて造られるということと――主体となっているのはもちろんグルナッシュ（Grenache）――赤・ロゼ・白のほかに酒精強化ワインのヴァン・ドゥー・ナチュレル（Vins Doux Naturels）（V.D.N.）が造られている、というのが特徴です。

フランスの南のほうの地域では、酒精強化ワインが造られるようになります。

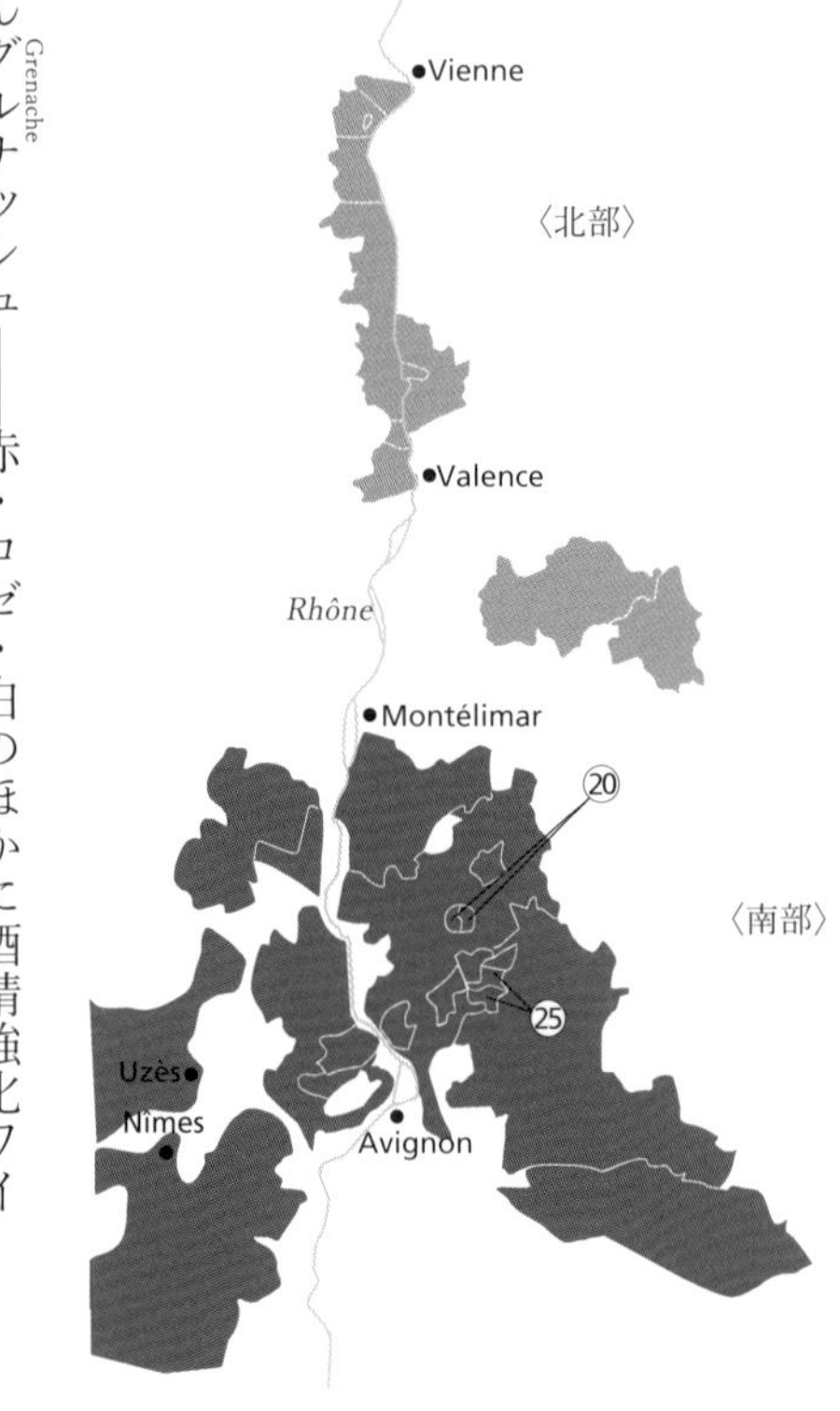

〈ローヌ南部の主要品種〉

白ブドウ	グルナッシュ・ブラン、マルサンヌ、ルーサンヌ、クレレット
黒ブドウ	グルナッシュ、シラー、ムールヴェドル、サンソー

ローヌ南部のA.O.C.に行く前に、酒精強化ワインについて簡単にお話ししておきましょう。酒精強化ワインは、主にラングドック-ルーション（Languedoc-Roussillon）地方――詳しくは次回お話ししますが――を中心としたフランス南部で造られていまして、なかなか皆さん飲まれる機会は少ないんですが、一度飲まれると好きになる方が多いワインです。

甘くておいしい酒精強化ワイン

フランスの酒精強化ワインのタイプは、ヴァン・ドゥー・ナチュレル（Vins Doux Naturels）（V.D.N.）とヴァン・ド・リキュール（Vins de Liqueurs）（V.D.L.）の2つに分けられます。

「ヴァン・ドゥー・ナチュレル」は「天然甘口ワイン」と日本語で訳しますが、アルコール醗酵の途中でブランデーなどのグレープスピリッツ（強いアルコール）を添加することで、醗酵を止めるんです。止めると、もともとアルコール醗酵するためのブドウの糖分がそのまま残るので、その残った糖分がワインの甘味になる——そうやってできた甘口ワインです。

ヴァン・ドゥー・ナチュレルが、そのように途中まで醗酵させてからグレープスピリッツを添加するのに対して、ヴァン・ド・リキュールは基本的に醗酵させずにグレープスピリッツを添加したものです。要するにブドウジュースとブランデーを混ぜただけ、みたいな。でもそのあと樽で熟成させ

〈V.D.NのA.O.C.〉

地方	A.O.C.	赤	ロゼ	白
Rhône ローヌ	⑳ Rasteau ラストー Rasteau Rancio *1 ラストー・ランシオ Rasteau Hors d'Âge *2 ラストー・オール・ダージュ	●	●	○
	㉕ Muscat de Beaumes de Venise ミュスカ・ド・ボーム・ド・ヴニーズ	●	●	○
Corse コルス	Muscat du Cap Corse ミュスカ・デュ・カップ・コルス			○
Languedoc ラングドック	Muscat de Saint-Jean-de-Minervois ミュスカ・ド・サン・ジャン・ド・ミネルヴォワ			○
	／Muscat de Frontignan ミュスカ・ド・フロンティニャン ／Frontignan フロンティニャン ／Vin de Frontignan ヴァン・ド・フロンティニャン			○
	Muscat de Mireval ミュスカ・ド・ミルヴァル			○
	Muscat de Lunel ミュスカ・ド・リュネル			○
	Maury モーリ Maury Rancio *1 Maury Hors d'Âge	●		○
Roussillon ルーション	Banyuls バニュルス Banyuls Rancio *1 Banyuls Hors d'Âge *2	●	●	○
	Banyuls Grand Cru バニュルス・グラン・クリュ Banyuls Grand Cru Rancio *1 Banyuls Grand Cru Hors d'Âge *2	●		
	Rivesaltes リヴザルト Rivesaltes Rancio *1	●	●	○
	Muscat de Rivesaltes ミュスカ・ド・リヴザルト			○
	Grand Roussillon グラン・ルーション Grand Roussillon Rancio *1	●	●	○

＊1　Rancioとは、太陽にさらした樽もしくは瓶の中で長期熟成させ、酸化作用により特有の色と風味を持つようになったワインとその香りを意味します。このRancio香は、Sherry（シェリー）やMadeira（マデイラ）、また長期熟成を経たArmagnac（アルマニャック）などに感じ取ることができます。

＊2　Hors d'Âgeは最低でも収穫から5年後の9月1日まで熟成させなければいけません。

るので、全体の味わいがなじんできて、まろやかな、いい感じになるんですね。

添加するものは、地方によって異なっていて、コニャック(Cognac)、アルマニャック(Armagnac)、マール(Marc)などその土地のものが用いられています。

V.D.N.とV.D.L.は、それぞれにA.O.C.がいろいろあります。
まず、「ヴァン・ドゥー・ナチュレル」のほうですが、よく見るのは、㉕の「ミュスカ・ド・ボーム・ド・ヴニーズ(Muscat de Beaumes de Venise)」ですね。これはローヌ(Rhône)南部で造られています。ローヌ南部では他に、「ラストー(Rasteau)」⑳という赤(スティルワイン)のみ生産可能なA.O.C.があるんですが、これがヴァン・ドゥー・ナチュレルになると、生産可能色が3色(赤・ロゼ・白)に変わります。スティルと酒精強化ワインで、生産可能色が違うA.O.C.って、けっこうあるんですよ。他に、ルーション(Roussillon)地方の「A.C.モーリ」のスティルワインも赤のみが造られています。

あともうひとつ、かなり珍しいA.O.C.が、ラングドック地方の「ミュスカ・ド・フロンティニャン(Muscat de Frontignan)」です。これはフランスでヴァン・ドゥー・ナチュレルとヴァン・ド・リキュールの両方の生産が認められているという唯一のA.O.C.です。

次に「ヴァン・ド・リキュール」のA.O.C.を見てみましょう。

次の2つのA.O.C.は、私の大好きなコニャック地方の「ピノー・デ・シャラント(Pineau des Charentes)」(☛)と、アルマニャック地方の「フロック・ド・ガスコーニュ(Floc de Gascogne)」(☞)。

フランスで車に乗っているとき、たまにラジオで「ピノー・デ・シャラント」のCMが流れてくるんですよ。最近フランスでは、こういう「酒精強化ワインが食中酒とし

〈V.D.LのA.O.C.〉

地方	A.O.C.	赤	ロゼ	白
Jura ジュラ	Macvin du Jura マクヴァン・デュ・ジュラ	●	●	○
Languedoc ラングドック	Clairette du Languedoc クレレット・デュ・ラングドック			○
	Muscat de Frontignan ミュスカ・ド・フロンティニャン ／Frontignan フロンティニャン ／Vin de Frontignan ヴァン・ド・フロンティニャン			○
Cognac コニャック	☛ Pineau des Charentes ピノー・デ・シャラント	●	●	○
Armagnac アルマニャック	☞ Floc de Gascogne フロック・ド・ガスコーニュ		●	○

ても食後酒としてもいいよ」ってプッシュしているらしいんですね。ふつうは常温か冷やしてそのままストレートで飲むんですが、ソーダ割りにしても、甘口だけどさっぱりした味わいになってとてもおいしいです。

日本では750㎖のボトルで10000円くらいはしてしまいますが、アルコール度数が高い分、ふつうのワインと比べて開けた後も長く保存できるし、ちびちび楽しめるのでぜひ試してみてください！

ローヌ南部のA.O.C.

13品種をブレンドできる「法王のワイン」

では話を戻して、ローヌ（Rhône）南部のA.O.C.にいきましょう。

このなかで有名なものは、まず「タヴェル（Tavel）」⑬。これはローヌ地方で唯一「ロゼのみ」のA.O.C.です。グルナッシュ（Grenache）主体で、味わいが芳醇。フランスのロゼワインのA.O.C.のなかでもっとも早くに認定された（1936年）銘柄、という歴史あるワインです。このタヴェル・ロゼ、赤ワインに近いふくよかさがあって、でもやはりロゼなので軽やかさもあり、さっぱりしすぎてなくて人気があります。

そしてローヌ南部では、なんといってもA.C.「シャトーヌフ・デュ・パプ（Châteauneuf-du-Pape）」㉑。「法王の新しい城」という意味で、14世紀に、アヴィニョン（Avignon）に法王庁が置かれていたとき、ローマ法王に献上していた「法王のワイン」、まさに伝統ある高級ワインです。パプがあるアヴィニョンのすぐ北あたりは、ローヌ河沿いということもあり、拳くらいの大きさの丸い石がいっぱい転がっているんです。で、南部の強い日差しによっ

て、昼間、石に熱が溜まります。その熱が夜間に発散してブドウを温めるので、完熟したブドウが育って、芳醇なワインができる、と言われています。

じつはパプ、すごく複雑にできていまして、使っていいよと認可されているブドウ品種が13品種（色まで分けると18種にもなる）もあるんです（）。

〈ローヌ南部の主なA.O.C.〉

河岸	地区／小地区／村名 A.O.C.	赤	ロゼ	白
全域	Côtes du Rhône コート・デュ・ローヌ	●	●	○
全域	Côtes du Rhône Villages コート・デュ・ローヌ・ヴィラージュ	●	●	○
右岸	⑪ Côtes du Vivarais コート・デュ・ヴィヴァレ	●	●	○
	⑫ Lirac リラック	●	●	○
	⑬ Tavel タヴェル		●	
	⑭ Duché d'Uzès デュシェ・デュゼス	●	●	○
	⑮ Costières de Nîmes コスティエール・ド・ニーム	●	●	○
	⑯ Clairette de Bellegarde クレレット・ド・ベルガルド			○
左岸	⑰ Grignan-les-Adhémar グリニャン・レ・ザデマール	●	●	○
	⑱ Vinsobres ヴァンソーブル	●		
	⑲ Cairanne ケランヌ	●		○
	⑳ Rasteau ラストー	●		
	(V.D.N)	甘	甘	甘
	㉑ Châteauneuf-du-Pape シャトーヌフ・デュ・パプ	●		○
	㉒ Vacqueyras ヴァケイラス	●	●	○
	㉓ Gigondas ジゴンダス	●	●	○
	㉔ Beaumes de Venise ボーム・ド・ヴニーズ	●		
	㉕ Muscat de Beaumes de Venise (V.D.N) ミュスカ・ド・ボーム・ド・ヴニーズ	甘	甘	甘
	㉖ Ventoux ヴァントゥー	●	●	○
	㉗ Luberon リュベロン	●	●	○

フランスのA.O.C.で、「○○主体で、プラス、2、3品種ブレンド可」っていうのは多いんですが、13品種（色まで分けると18種にもなる）も認められているワインって他にないです。造り手によって自分たちの味わいにしていくために、13品種のうちの何品種かを混醸して造っています。なので、味わいが生産者によってけっこう違います。ただ、いずれにしてもしっかり味わい深い。

ソムリエ試験で面白いのは、パプを造るために「許可されていない品種」を選ぶ問題が出たりします。ローヌ南部でよく栽培されているのに、パプには使っちゃいけない品種があるんですね。有名な品種のなかでは、白ブドウはマルサンヌ（Marsanne）とヴィオニエ（Viognier）、黒ブドウはカリニャン（Carignan）、を使ってはいけませんとか。

シャトーヌフ・デュ・パプ、地図で見ると非常に小さいんですが、別格な感じですよね。やっぱり「おれたちは、ローヌのなかでもっともいいワインを造ってるんだぜ」というプライドがあるんでしょうか。パプの瓶には法王庁のロゴマークが浮き彫りになっていて、特徴的なので見つけやすいんです。ちなみに、お値段はけっこういいものが多いです。が、ぜひ味わって頂きたいワインです！

〈シャトーヌフ・デュ・パプに使用が許可されている13品種〉 

白・グリ・黒ブドウ[*1]（2種）	グルナッシュ、ピクプール
白・グリ（ローズ）ブドウ[*2]（1種）	クレレット
白ブドウ（3種）	ブールブーラン、ピカルダン、ルーサンヌ
黒ブドウ（7種）	サンソー、クノワーズ、ムールヴェドル、ミュスカルダン、シラー、テレ・ノワール、ブルン・アルジャンテ=ヴァカレーズ

＊1 ブドウ品種の中には、白ブドウ、灰色（グリ）ブドウ、黒ブドウ、と3種のタイプがあるものがあります。ふつうグルナッシュは黒ブドウ、ピクプールは白ブドウが有名ですが、白のグルナッシュ、黒のピクプールなどもあります。

＊2 クレレット・ブランの突然変異によって生まれる亜種で、果皮が薄赤い色調からグリ（ローズ）と分類します。

最後にローヌ地方の郷土料理に触れておくと、まず、「ナヴァラン・ダニョー(Navarin d'Agneau)」という、仔羊の煮込み。まあ、どの地方でも作られているようなお料理ではあるんですが、ローヌは濃い味わいの赤ワインが多いので、しっかりした味付けの煮込み料理やジビエなどクセのある獣肉料理との相性はバッチリです。基本的に自分たちの地方のワインをお料理にも使うので、その地方のワインが当然合うんですよね！

ローヌの赤ワインをご自宅で飲むとき、気軽に仔羊やジビエというわけにはいきませんので、何のお料理が合うかな？　と考えると、モツの味噌煮込みなどいいかなと思います。赤ワインのスパイシーさと、モツの脂の旨味と煮込んだ味噌の風味が合うはず……。

といったところで、今日は以上です。今夜のメニューは煮込み料理とローヌの赤かな（笑）。

6日目

第六章

アルザス地方
ジュラ–サヴォワ地方

みなさん、今日でもう6日目です。本日はアルザス地方とその下のジュラ–サヴォワ地方、フランスの東の国境に沿っている2つの地方を見ていきたいと思います。

アルザス地方

アルザスの街——ストラスブール、コルマール

まずアルザスですが、どんなイメージがありますか？

私が「アルザス」という地名を最初に知ったのは、高校受験のときに「ドイツとの国境沿いの工業地帯」としてだったんですが、実際アルザスに行ってみて思ったのは、「ここ、フランスじゃないのでは？」という……フランスの他のワイン生産地とは風景がぜんぜん違うんですね。

一番北にストラスブール（☝）という大きな街があって、パリからTGVで2時間半。ストラスブール大学という由緒ある大学があったり、世界中からいろんな企業や研究所が集まっていたりして、「こんな僻地に」と思われるかもしれませんが、じつはかなり栄えた街となっています。

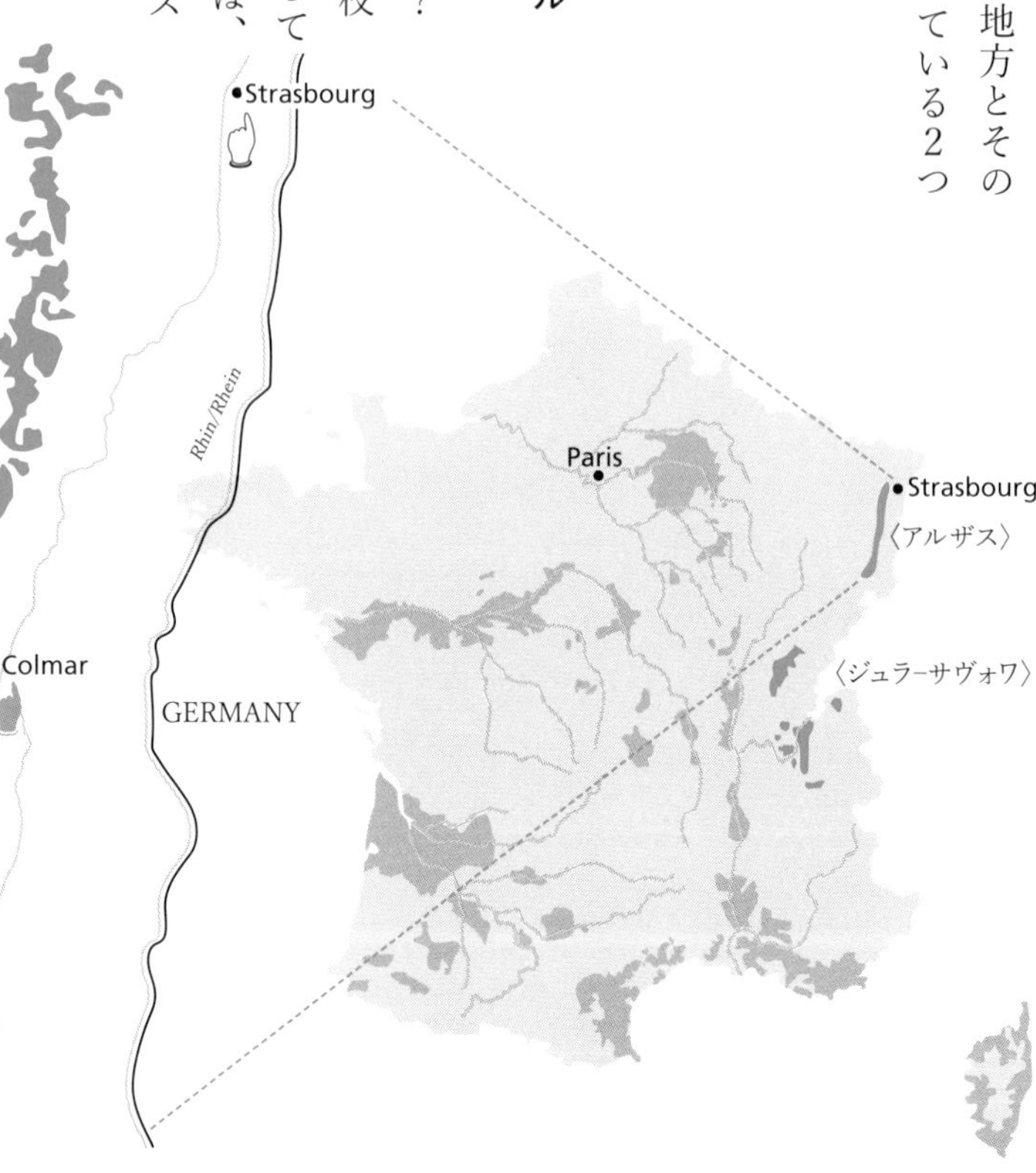

ストラスブールから南に約60㎞行ったところにコルマール(Colmar)（☛）という街があって、ここがアルザスワインの中心地となっています。ちょうどブルゴーニュ(Bourgogne)でいうボーヌ(Beaune)ですね。

コルマールはコウノトリの街ともいわれていまして、街のなかを歩くと、コウノトリにまつわるものがいっぱい置いてある、かわいい街です。建物の壁が卵色で、木の枠があって、雪も多いため屋根は急勾配になっていて、非常にドイツっぽい……。でもそう言うとアルザスの方は怒ります（笑）。自分たちはドイツ人でもフランス人でもなく「アルザシアン(Alsacien)」、つまり「アルザス人」である、とよくおっしゃいます。でもやっぱりドイツと国境を接しているだけあって、街の雰囲気だけでなく、栽培されるブドウ品種もワインの味わいもドイツに近い。

そして、ブドウ畑は、ヴォージュ(Vosges)山脈とライン(Rhein)河（フランス語ではラン(Rhin)河）に挟まれた、南北170㎞にわたる細長い一帯に広がっています。

というアルザスのイメージをまずつかんでいただいた上で、本編に入っていきたいと思います。

ラベルにブドウ品種が書かれているのでわかりやすい

「年間生産量」を見ていただいたらおわかりのとおり（☛）、約9割が白ワイン。「アルザス(Alsace)ワイン」と言うと、皆さんまず、「リースリング(Riesling)」というブドウ品種を思い浮かべると思うんですが、リースリングだけではなくて、ミュス(Muscat)

〈アルザス地方概要〉

栽培面積	約1.6万ha（約99.5%がA.O.C.ワインの栽培面積）
年間生産量	約98万hℓ（赤・ロゼ10%、白90%）☛
気候	大陸性気候
土壌	多様（花崗岩質、シスト、砂岩質、石灰質など）

カ、ゲヴュルツトラミネール（Gewürztraminer）、ピノ・グリ（Pinot Gris）――この4品種がアルザスの代表的なブドウ品種となっています。

ゲヴュルツトラミネールって聞いたことありますか？　ゲヴュルツは、ドイツ語で「スパイシーな」という意味。トラミネール（Traminer）は、北イタリアのトレンティーノ-アルト・アディジェ（Trentino-Alto Adige）州に位置する「トラミン（Tramin）」という村の名前が由来だと言われています。「スパイシー」といっても黒コショウやクミンのような強いスパイスではなく白コショウのニュアンスが感じられ、それよりも「ライチ」「白バラ」のような華やかな香りが特徴。ブドウの皮も厚くて、色合いも濃いめ、それがゲヴュルツトラミネールです。

アルザスのワインは基本的に単一品種で……リースリングだけとか、ゲヴュルツトラミネールだけとかで造られますが、ときどき3、4品種混ぜて造る場合もあります。そういうブレンドされたワインに関しては、エデルツヴィッカー（Edelzwicker）もしくはジャンティ（Gentil）（ジョンティとも）と表記でき、ラベルにGentilとあったら、「いくつかのブドウ品種を混ぜて造ってあるんだな」とわかるわけですね。

アルザス地方は半大陸性気候で、「ヴォージュ山脈（Vosges）」があるおかげで、大西洋からの湿った空気が遮られ、フランスのワイン生産地方のなかで、もっとも降水量が少ない地方のひとつとなっています。「ヴォージュ山脈」の東側の斜面に広がるブドウ畑は、朝昼に太陽をしっかり浴びて、しかも夏は気温が30度以上になるため、緯度のわりにブドウがしっかりと熟して糖度が上がるんですね。

前にも話しましたが、フランスワインは基本的に、ラベルに「ブドウ品種名」が書か

〈アルザス地方の主要品種〉

白ブドウ	ピノ・ブラン＝クレヴネール、リースリング（★）、ミュスカ（★）、ゲヴュルツトラミネール（★）、ピノ・グリ（★）、シルヴァネール、シャスラ＝グートエーデル、オーセロワ
黒ブドウ	ピノ・ノワール

★この4品種を上質指定4品種とする

れていません（たまに書いてあることはありますが）。例えばブルゴーニュ（Bourgogne）の白で、村名が「シャサーニュ・モンラッシェ（Chassagne-Montrachet）」とあったら、「これはシャルドネ（Chardonnay）だな」と自分で知ってないとわからない。ボルドー（Bordeaux）で「メドック（Médoc）」と書いてあったら、「カベルネ・ソーヴィニョン（Cabernet Sauvignon）が主体となっている」と自分で判断します。

ところがアルザスワインだけは、ラベルに「ブドウ品種名」が表記してあります。なぜかと言ったら、例えばA.C.アルザス・ブラン（Alsace Blanc）――アルザスの白ワイン――だったらさっきいった、リースリング、ミュスカ、ゲヴュルツトラミネール、ピノ・グリの主要4品種と、あとピノ・ブラン（Pinot Blanc）、シルヴァネール（Sylvaner）、シャスラ（Chasselas）などの許可品種の、どれを使ってもいいよとなっているからです。「A.C.アルザス」の下に、必ずブドウ品種名がある――これもアルザスワインの特徴のひとつです。

フランス人に最も身近な泡、クレマン・ダルザス

アルザス（Alsace）にはどういうA.O.C.があるのか？　非常にシンプルで、

A.C.アルザス
A.C.アルザス・グラン・クリュ（Alsace Grand Cru）
A.C.クレマン・ダルザス（Crémant d'Alsace）

この3つだけ。ブルゴーニュ（Bourgogne）は約100、ボルドー（Bordeaux）は約50あったのに、アルザスはたった3つ……。今は法律が変わって増えたんですが――あとでまたお話ししますが――基本的にはこの3つだけです。

〈アルザス地方のA.O.C.〉

	赤	ロゼ	白
Alsace	●	◍	○
Alsace Grand Cru			○
Crémant d'Alsace		発	発

クレマンは、シャンパーニュ（Champagne）方式（瓶内二次醗酵）で造られたスパークリングワインのことでしたよね。クレマンと名乗っていい生産地のエリアが決まっていて、アルザスはそのひとつです。

「クレマン・ダルザス」、じつはフランス国内でのスパークリングワイン消費量のナンバー1を誇っています。アルザスで造られるワインの約1／4をクレマンが占めていて、かなりの量の泡が造られていることがわかります。赤・ロゼ10％のなかに、ロゼのクレマンも含まれているので、スティルの赤・ロゼはかなり少ない……。アルザスはほぼすべて白、そのうち2割強が泡（白とロゼ）というイメージで捉えてもらって結構です。

やっぱりシャンパーニュは高級品なので、開けるのは特別なときで、皆さん普段はヴァン・ムスー（Vin Mousseux）やクレマンを飲まれることが多いんですが、それらは各地方それぞれのブドウ品種で造られているため、その地方の味わいになるんですね。あの、華やかでエレガントなシャンパーニュとはちょっと異なるんですが、そこが面白いところでもあります。

アルザスのブドウ品種も、本来は品種特性香がどれも個性的で強く、しかもブドウ自体の糖度が高いんですが、でもアルザスの冷涼な気候で育つため、酸味もちゃんと入るので、アルザスで造られるクレマンは、シャンパーニュとはいかないまでも、すっきりとした味わいに仕上がります。そういうわけでクレマン・ダルザス、フランスで大人気です。ちなみに、私も大好きです！

次にもうひとつのA.O.C.であるA.C.アルザス・グラン・クリュについてお話

アルザスのボトルは、
他の地方のボトルと
比べて、
「縦長で、背が高い」
のが特徴です。

しましょう。

考え方がフランス人よりドイツ人？

「A.C.アルザス・グラン・クリュ（Alsace Grand Cru）」では、ごく一部の例外を除けば、使用許可品種は、リースリング（Riesling）、ミュスカ（Muscat）、ゲヴュルツトラミネール（Gewürztraminer）、そしてピノ・グリ（Pinot Gris）の白ブドウ4品種のみで、ブドウは手摘みが義務です。生産量は、アルザスワイン全生産量のわずか4%。非常に少ない……。

このA.C.アルザス・グラン・クリュを名乗れるリュー・ディ（小区画）は51あります（☛）。「リュー・ディ」とは日本語では「小区画」「畑の区画」という意味ですが、「区画」と言っても大きさは様々で、小さいものだと3haほど、大きいものだと80haにも及びます。

先ほどアルザスワインのA.O.C.は3つしかないと言いましたが、じつは近年法律が変わって、この51のリュー・ディのひとつひとつが、すべて単体のA.O.C.として認められたんですね。つまり、今までは、「アルザス・グラン・クリュ」はひとつのA.O.C.だったんですが、51それぞれが独立したA.O.C.になりました。アルザスのA.O.C.数、3から急に53に増えたんです。

☛

1 Steinklotz
2 Engelberg
3 Altenberg de Bergbieten
4 Altenberg de Wolxheim
5 Bruderthal
6 Kirchberg de Barr
7 Zotzenberg
8 Kastelberg
9 Wiebelsberg
10 Moenchberg
11 Muenchberg
12 Winzenberg
13 Frankstein
14 Praelatenberg
15 Gloeckelberg
16 Altenberg de Bergheim
17 Kanzlerberg
18 Geisberg
19 Kirchberg de Ribeauvillé
20 Osterberg
21 Rosacker
22 Froehn
23 Schoenenbourg
24 Sporen
25 Sonnenglanz
26 Mandelberg
27 Marckrain
28 Mambourg
29 Furstentum
30 Schlossberg
31 Wineck-Schlossberg
32 Sommerberg
33 Florimont
34 Brand
35 Hengst
36 Steingrubler
37 Eichberg
38 Pfersigberg
39 Hatschbourg
40 Goldert
41 Steinert
42 Vorbourg
43 Zinnkoepflé
44 Pfingstberg
45 Spiegel
46 Kessler
47 Kitterlé
48 Saering
49 Ollwiller
50 Rangen
51 Kaefferkopf

Strasbourg
Vosges 山脈
Rhin/Rhein
Ill
Colmar
51 Kaefferkopf
Mulhouse

でもラベル表記はこれまでとまったく変わらず、A.C.アルザス・グラン・クリュの下に「リュー・ディ名」が付記されるという形式で、そこに使用ブドウ品種名もご丁寧に書かれている。そういうわけで特に51個のグラン・クリュ名を覚えてなくても、ワインを選びやすいというわけです。きちっと情報を整理してラベル表記するところもまたドイツっぽいですよね。

ちなみに世界中のワインラベルのなかで、ドイツのワインラベルが一番情報量が多いんですね。フランスでいうA.O.C.レベルのワインには、公的検査番号というのが明記されていて、番号を見れば、生産地域、検査場、生産者、検査年号などがぜんぶわかるようになっています。あらゆるワインを番号で管理している……さすがドイツ人（笑）。

格付けも、たとえばボルドー（Bordeaux）地方だと、メドック（Médoc）はメドック独自の格付けが1級から5級までありましたよね。ドイツはそれぞれの生産地域共通の格付けだけでなく、プラスアルファで独自にいろんな格付けがあるんです。フランスでいうA.O.C.やI.G.P.の格付けが書いてあるうえに、それぞれのエリアが所属している独自の協会……それも複数の協会に所属していたりして、ひとつのラベルのなかにぜんぶ情報が書いてあったりする。なので、ラベルの読み方さえわかれば、安心して買える——というのがドイツワインの面白さですね。

フランスのようにピラミッド型の「格」と違って、横並びでいろんな情報が詰め込まれている、というイメージです。

GRAND CRU ROSACKER

大量生産を反省し、彼らはアルザスらしいワイン造りに回帰した

このあいだ、コルマール（Colmar）近郊の生産者を訪ねたときに、その方がおっしゃっていたんですが、「アルザス（Alsace）ワインは、まだまだパリ（Paris）で人気がない……」と。

というのも、１９８０年代にフランス国内でアルザスワインが人気になったことがあったんです。そのとき彼らは大量生産に走ってしまい、いっぱいブドウを実らせた。すると一粒一粒に栄養が行き届かなくなって、もともとのアルザスらしい味わいが消えて、補糖してなんか甘いだけのワインになってしまった。

本来のアルザスのリースリング（Riesling）は、たとえばお隣のドイツのリースリングに比べて何が違うかと言ったら、果実味の凝縮感です。やはりアルザスは日照量が多く雨が少ないという気候条件のもと、ブドウがよく熟すので、ワインのボディーに厚みが出るし、アルコール度数も高めになります。そこにしっかりとした酸が含まれているため、切れ味がよく、エレガントな味わいに仕上がります。[*] しかしその当時、残念ながら、そのアルザスらしさをいったん無くしてしまった……。

彼らはそこから反省して、自分たちのワイン造りに戻ろう、本来のアルザスらしい味わいを取り戻そうってことで品質は回復したんですが、まだあのときの悪い印象が国内で完全には払しょくされてないようなんですね。

なので、「日本の方が来て、おいしいって言ってくれるのはすごくうれしい。ぜひ日本でアルザスワインのおいしさを伝えてほしい」と。

＊「エレガント」という表現は、ミネラルを多く含んだ酸のニュアンスがきれいに出ることによって、軽快でキレのいい後味を持つワインに使います。リースリング以外の他のブドウ品種についても同じです。

一人の生産者だけじゃなくて、毎回行くたびに皆さんがそうおっしゃるので、本当にそういう思いが強いんだなと思います。

アルザスでは多くの造り手さんたちが小さな家族経営で、ボルドー（Bordeaux）のシャトー（Château）やシャンパーニュ（Champagne）のグランメゾンみたいな単位ではなく、ブルゴーニュ（Bourgogne）のドメーヌ（Domaine）に近いんです。家族全員で働いて、ときどき近所の人にも手伝ってもらって……みたいなこじんまりとしたかたちなので、生産者どうしの横の結びつきも強く、みんなで「アルザスらしいワインを造ろう、アルザシアン（Alsacien）の魂を持ってワインを造ろう」みたいになっているようです。

「ここ最近、アルザスワインはおいしいでしょ?」っておっしゃっていましたが、確かにおいしいんですよね。これからますますおいしくなっていくと思います。

ちなみに、アルザスワインを造っている「ドメーヌ・トラペ（Domaine Trapet）」という生産者さんがいるんですが、ストーリーがちょっと面白くて。もともとこのドメーヌは、代々ブルゴーニュのジュヴレ・シャンベルタン（Gevrey-Chambertin）の造り手なんですね。現当主のジャン・ルイ・トラペ（Jean Louis Trapet）さんの奥様がアルザスのワイン生産者のお嬢さんで、それでアルザスの畑も引き継いでいらっしゃる、というわけです。毎週のようにアルザスとブルゴーニュを行き来していて、車で片道3時間程はかかるので大変だと思います。

彼のジュヴレ・シャンベルタンはもともとよく飲んでいて好きだったのですが、先日アルザスのリースリングも試してみたところ、私の好きなペトロール香（重油香）もしっかり感じられ、とてもおいしかったです。

遅摘みワインと、粒選り摘みの貴腐ワイン

さて、そんなアルザスワインですが、ラベルを見るときに、知っておいてほしいことがあります。糖度が高いものについて独自の表記があるんですね。

遅摘みの過熟したブドウで造ったワインを、「ヴァンダンジュ・タルディヴ」といいます。収穫を遅くした、という意味です。

その次に、「セレクシオン・ド・グラン・ノーブル」。こちらは、貴腐ワインのことです。ソーテルヌの貴腐ワインはセミヨン主体でしたが、セレクシオン・ド・グラン・ノーブルは指定の4品種*のうちのひとつから造られます。

まず、これらの表記をラベルで見たら、甘口のワインに仕上がっている、ということが判断できます。

ソムリエ試験においては、この1ℓ中の最低糖度……糖が何g入っているかも聞かれるわけですが、まあそこまで覚える必要はないです。遅摘み(ヴァンダンジュ・タルディヴ)や貴腐(セレクシオン・ド・グラン・ノーブル)によって、甘口のデザートワインに仕上がるよ、ということだけ知っておいてください。

手間のかかる造り方で、高級甘口ワインとなっていて、アルザスでもよくフォアグラと合わせたりします(フランスにおいて、「フォアグラとソーテルヌ」は王道のマリアージュです)。「ちょっと甘口のワインが飲みたいな」と思ったらヴァンダンジュ・タルディヴ、おすすめです。選ぶときの楽しみが広がります。

＊　リースリング、ミュスカ、ゲヴュルツトラミネール、ピノ・グリ(P220参照)。

アルザス料理は日本の家庭の味に近い

アルザス（Alsace）って、フランスのなかでもお料理が特徴的なんですが、なんと言うか、ほっこりとしたおいしさがあります。

よく和食にワインをどう合わせるのかについて質問されるんですが、アルザス料理自体、わりと日本の家庭料理っぽいものも多いので、和食とアルザスワインの相性はいいと思います。お友達の家に持っていくワインとしても、アルザスワイン、かなりおすすめです。いろんな料理と合わせやすいんですね。

アルザス料理の代表的なものに「ベックオフ（Baeckeoffe）」という――「肉と野菜の蒸し焼き」と訳されますが――、洋風肉じゃがのようなお料理があります。

この料理には面白い逸話があって、アルザスって街を歩いていると至る所で「クグロフ（Kouglof）」や「プレッツェル（Brezel）」といったパンや焼き菓子を目にしますが、パン屋さんが多いんですね。朝から窯で薪を焚いてパンを焼いていて、パンが焼き終わった頃を見計らって、近所の住民が、ル・クルーゼとかストウブみたいなお鍋を抱えてやってきます。鍋の中には、ジャガイモや人参、塩漬けにした豚肉（たまにウサギの肉など）が重ねて入っていて、最後にリースリング（Riesling）が振りかけてあります。

そうすると、パン屋さんが残ったパン生地で鍋と蓋を密封して、まだ余熱で温かい窯に入れておいてくれる。5時間くらい経ったお昼頃には、すっごくおいしい洋風の

肉じゃがの出来上がりってわけです。

このベックオフはリースリングに最高に合います。ということはつまり、肉じゃがとリースリングもけっこう合うんですね。お醤油やみりんを入れずに、さらっと塩だけで仕上げた肉じゃが、めちゃくちゃ合いますのでぜひ試してみてください。

タルトフランベ、シュークルートと、浅草橋の「ジョンティ」

あと、「タルトフランベ（Tarte Flambée）」という、ほんとに薄いパリパリの生地のピッツァがあります。ピッツァとは言えないくらいの薄さで軽くてびっくりしますけど、こちらもアルザス（Alsace）の名物料理で、コルマール（Colmar）の村にはタルトフランベ屋さんがあちこちにあります。

タルトフランベで一番ポピュラーなのは、生地にフロマージュ・ブラン（Fromage Blanc）というフレッシュチーズを塗って、その上に玉ねぎとラルド（塩漬けのベーコン）をぱっと散らして焼いたもの。これにはリースリング（Riesling）でもピノ・グリ（Pinot Gris）でも、アルザスの白ワインなら何でも合う感じです。

あとは「マンステール（Munster）」という地元のチーズがあるのですが、タルトフランベにこのチーズをのせて、さらにスパイスのクミンをのせて焼いたものには、ゲヴュルツトラミネール（Gewürztraminer）がよく合います。マンステールの塩っけとゲヴュルツの甘み、スパイシーなクミンの香りと同じく、スパイシーとされるゲヴュルツの華やかな香りが、最高のマリアージュなんです。

もうひとつ有名なのが、「シュークルート（Choucroute）」、醗酵キャベツですね。豚肉の蒸し煮やソーセージ、ベーコンなんかと一緒に出てくるんですけど――ドイツのザワークラウト（Sauerkraut）って言ったほうがわかりやすいですかね。

醗酵したキャベツと豚肉を一緒に食べると、醗酵キャベツの酸味と、豚肉の脂の甘みが口に広がって、やっぱり、酸と甘みの両方を併せ持つアルザスのリースリングやピノ・グリなんかがほしくなりますね。

浅草橋に「ジョンティ（Gentil）」という名前のアルザス料理屋さんがあるんですよ。ここのタルトフランベやシュークルートは、かなりおいしいんです。ワインもすべてアルザスワインというこだわりで、気軽にアルザス料理やワインを体験するのにうってつけのお店です。

アルザスのお料理は、ソースが少なく、素材の味を活かしたシンプルなものが多いので日本人の口に合うと思います。なのでアルザスワインも日本の家庭料理と違和感なくマッチするんです。

まだまだアルザスワインは日本での知名度が他のフランスの有名産地と比べ、そこまで高くないんですけど、一度知っていただくと皆さんけっこう気に入って癖になるワインですね。

以上がアルザス地方です。

ジュラ–サヴォワ地方

では次、ジュラ–サヴォワ(Jura-Savoie)地方、いきましょう。

ジュラ–サヴォワ地方はすごく特徴的で、地図を見てみますと……レマン(Léman)湖があって(●)、スイスと国境を接しています。つまりアルプス(Alpes)山脈の山間部にあって、標高が高い。冷涼な、平均気温の低いワイン産地です。

ジュラ地方

生産可能色が5色もあるジュラ地方

まずジュラ地方ですが、造られるワインが非常に特徴的です。

ふつうは赤ワイン、ロゼワイン、白ワインの3種類ですよね。ジュラではこの他に、黄ワインと藁ワインという、他では聞いたことのないタイプのワインが造られているんです。「5種類」ものスティルワインが造られている、というのがジュラ最大の特徴です。

では、この黄ワイン、藁ワインって何？　というお話しから始めていきましょう。

＊ジュラ地方のメインの街、アルボワは、フランスの科学者「ルイ・パストゥール」ゆかりの地。この街の南にブドウ畑が広がっています。

ジュラ地方のA.O.C.

サヴァニャンから造られる黄ワインとは？

黄ワインはフランス語では「ヴァン・ジョーヌ（Vin Jaune）」と呼ばれ、文字どおりワイン（ヴァン）の色が黄色（ジョーヌ）いことからそう名付けられたようです。藁ワインはフランス語で「ヴァン・ド・パイユ（Vin de Paille）」。パイユ（Paille）が「藁」という意味ですが、風通しのいい藁の上で干しブドウ化させたブドウで造ったワイン、というところから来ています。色合いはシェリー（Sherry）のような琥珀色です。

A.O.C.の生産可能色も、他の生産地は赤・ロゼ・白の3色でしたが、ジュラ地方ではそこに黄ワイン、藁ワインが加わって計5色が造られています。5色すべて造っていいよと許可されている村もあれば、黄ワイン（ヴァン・ジョーヌ）しか造れないよ、とか、村によって生産可能色が違うんですね。

このエリアでどういうブドウ品種が栽培されているの？　といったら、地図で見ていただくとおわかりのとおり、ブルゴーニュ（Bourgogne）地方のお隣ですよね（　）。なのでシャルドネ（Chardonnay）、ピノ・ノワール（Pinot Noir）も作られています（　）。

でもなんといっても主役は、「サヴァニャン（Savagnin）」という白ブドウです。ヴァン・ジョーヌはすべてこの「サヴァニャン」から造られます。

〈ジュラ地方概要〉

栽培面積	約0.2万ha
年間生産量	約9.0万hℓ（赤・ロゼ22%、白78%）
気候	半大陸性気候
土壌	泥灰岩主体

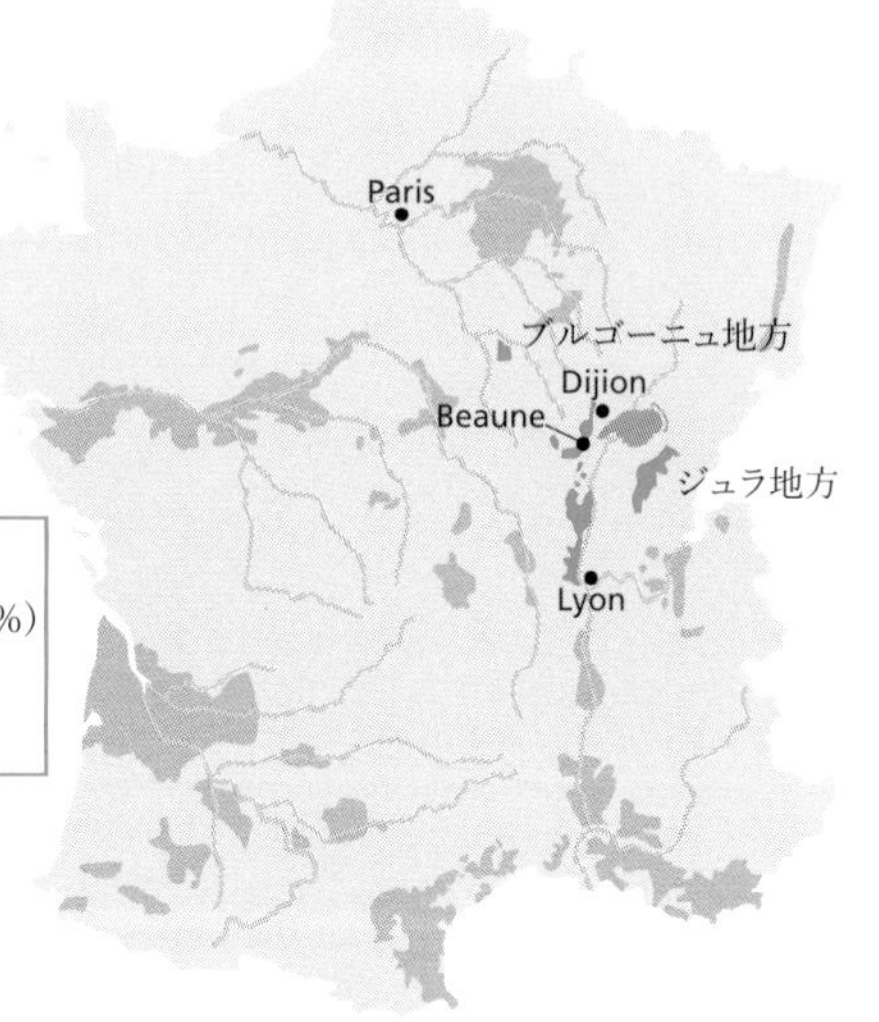

ではこのヴァン・ジョーヌってどう造るの？　ふつうの白ワインと何が違うの？　というお話をちょっとしていきたいと思います。

最初は白ワインの造り方と一緒です。アルコール醗酵のあと、木樽もしくはステンレスタンクに移して熟成させていくわけですが、ヴァン・ジョーヌはこの熟成のときに必ず木樽を使います。ワインは木樽で熟成させていくうちに、少しずつ蒸発していきます。ふつうはその目減りしていった分を補充して、常に満タンにしておくんですが、ヴァン・ジョーヌの場合、そのまま一切足しちゃダメ。

さらに、ここが重要なんですが、最初に樽に入れる時点で満杯にせずに、2／3くらいの量にしておいて、空気と接触する面を多く作るんですね。本来は、空気に触れる面をなるべく少なくして酸化させないように補充して樽の中をワインで満タンにしながら熟成させていくんですが、ヴァン・ジョーヌは逆で、あえて空気に触れさせながら熟成させる。

そうするとワインの表面に皮膜ができていって、その皮膜（産膜酵母によってできた皮膜）の味がワインにだんだん浸透していく。満タンに入れず、そのまま放って何もせずに長い間寝かせておく。そういうやり方で造られたのが、「黄ワイン」――ヴァン・ジョーヌです。

じゃあどれくらい放っておかなきゃいけないの？　といったら、最低5年間です。「5年」というのは、フランスワインにおける法定の「寝かせなきゃいけない期間」としては最長となっています。ふつうは、1、2年くらいなんですが。

皮膜

〈ジュラ地方の主要品種〉

白ブドウ	サヴァニャン＝ナチュレ、シャルドネ*＝ムロン・ダルボワ
黒ブドウ	プールサール、トゥルソー、ピノ・ノワール＝グロ・ノワリアン

*ジュラの栽培面積の約50%を占める、もっとも栽培されている品種。

この期間のうちに酸化熟成していくため、ワインの色がだんだん黄色くなってきて、それと共にシェリーみたいな香り——「黄色の味」（グー・ド・ジョーヌ）（Goût de Jaune）といわれますが——そのニュアンスが出てきます。

ヴァン・ジョーヌ、ぜひ実際に香ってほしいんですが、お値段も安くはないですし、なかなか日本ではメジャーには売れないこともあって、入れてる業者さんが少ないんですよね。「シャトー・シャロン」（Château-Chalon）❹というヴァン・ジョーヌだけを造るA.O.C.があって、そのなかでも最高峰の造り手さんのものが先日パリ（Paris）で手に入ったので、早速試してみました。そしたら、もう本当においしくて。樽の香ばしさと、くるみや、アーモンドを焦がしたようなニュアンスも出てくるんですが、ちょっとシェリーっぽい、ふつうのワインとは異なる独特のニュアンスがあるので、得意な方と苦手な方がいらっしゃると思います。

ボトル自体も独特で、ふつうワインのボトルは750mlが基本なんですが、ヴァン・ジョーヌはクラヴラン（Clavelin）と言われる620mlのボトルを使っています。なんでこの大きさかというと、5年間で目減りした分、ボトルも小さくなっているらしいです（笑）。

あと、フレンチで「ヴァン・ジョーヌ風」というお料理を見かけたら、それはヴァン・ジョーヌを使ったソースのことです。一般的な白ワインのソースより味わいが濃くなるので、たとえばソースにコクをよりしっかり入れたいときなど、ヴァン・ジョーヌで作ると鶏によく合ったりするんですよね。なのでメニューに「ヴァン・ジョーヌ風」

〈ジュラ地方の主なA.O.C.〉

	赤	ロゼ	白	黄	藁
① Côtes du Jura コート・デュ・ジュラ	●	◍	○	○	○
② Arbois アルボワ	●	◍	○	○	○
Arbois Pupillin アルボワ・ピュピヤン	●	◍	○	○	○
❸ L'Étoile レトワール			○	○	○
❹ Château-Chalon シャトー・シャロン				○	
Crémant du Jura クレマン・デュ・ジュラ		発	発		
Macvin du Jura マクヴァン・デュ・ジュラ	甘	甘	甘		

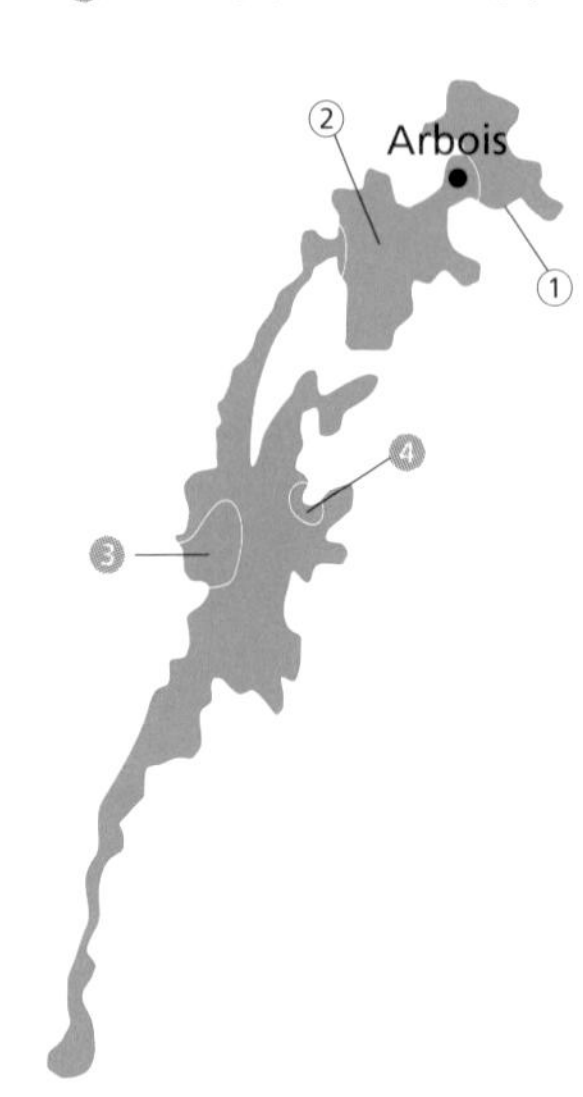

と書いてあると、私はワインもヴァン・ジョーヌを頼んで合わせたりします。けっこうマニアックなんですが、好きなワインのひとつです。

干しブドウで造る甘口の藁ワイン

ではもうひとつのほう、藁ワイン、「ヴァン・ド・パイユ（Vin de Paille）」ですね。

遅摘みの、糖度の高いブドウを風通しのいい藁の上に置いて、干しブドウ化させてから造る甘口ワインで、前回、ローヌ（Rhône）地方北部のエルミタージュ（Hermitage）でも若干量生産されていることをお話ししましたが、メインがこのジュラ（Jura）地方です。

先ほどのヴァン・ジョーヌ（Vin Jaune）はサヴァニャン（Savagnin）100%じゃないとダメなんですけど、ヴァン・ド・パイユは、サヴァニャン100%という規定ではなく、シャルドネ（Chardonnay）や土着の黒ブドウなども使用許可品種になっています。

熟成期間は、ヴァン・ジョーヌほど長くなくて、収穫から少なくとも3年目の秋以降までという期間になってまして、その期間のなかで「木樽では18ヵ月以上熟成させなきゃいけないよ」という規定になっています。

ヴァン・ジョーヌに比べると、ヴァン・ド・パイユのほうが味わいのイメージはつくかもしれません。糖度の高い干しブドウで造られる、濃縮感のある甘口ワインです。

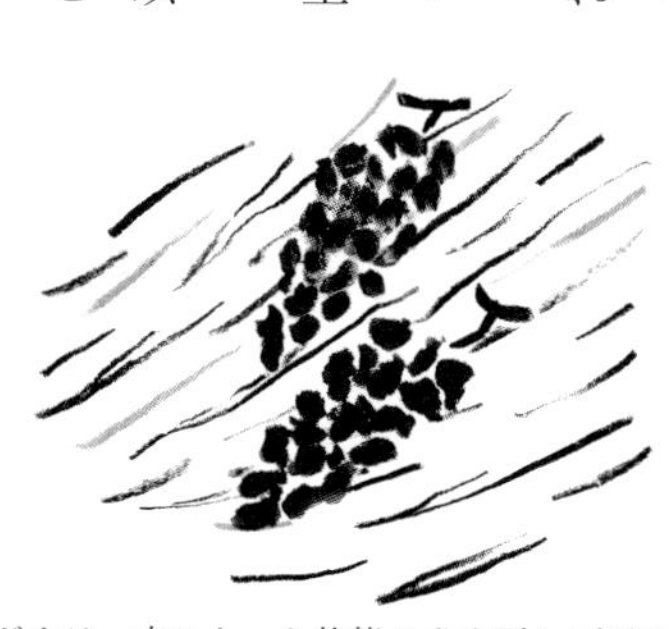

貴腐ブドウは、木になった状態のまま干しブドウ化したもの。
一般的な干しブドウは、摘み取ったあとで完全に干したもの。

サヴォワ地方

シャスラ、ジャケール、アルテス、モンドゥーズ
――サヴォワ地方のブドウ

次に、サヴォワ（Savoie）地方。最近、サヴォワワインもジュラ（Jura）同様、日本でお見かけすることが増えましたね。

では、サヴォワの主要品種からみていきましょう。

まず、白ブドウの「シャスラ（Chasselas）」が挙げられます。シャスラの特徴は、花のような香りがあるけど、イメージ的には軽くて、酸もほどほど、果実味もそんなに強くはありません（冷涼なところで育っているので）。さっぱりとした軽く飲める白ワインに仕上がります。スイスで主に作られているブドウで、アルザス（Alsace）がドイツと同じブドウ品種（リースリングなど）だったように、スイスとの国境沿いのサヴォワでは、スイスと同じブドウ品種（シャスラなど）が作られています。

そして、「ジャケール（Jacquère）」という白ブドウ。これはサヴォワで最も広く栽培されている品種（全体の約50%を占めています）で、味わいはシャスラと似ています。

さらにもうひとつ、「アルテス(Altesse)」ですね。この白ブドウは、キプロス(Cyprus)島から持ち込まれたといわれていて、シャスラと比べると花の香りも強くなり、果実味豊かで、酸味とコクもある白ワインに仕上がります。

また、黒ブドウだと何といっても「モンドゥーズ(Mondeuse)」です。こちらはサヴォワを代表する黒ブドウ品種で、色が濃く酸が高いので、長期熟成のポテンシャルを持っています。

次に、サヴォワのA.O.C.について。よく見かけるのは、「ヴァン・ド・サヴォワ(Vin de Savoie)」⑤と「セセル(Seyssel)」❼かなと思います。地図で見てみると、ジュネーヴがあって、そこからローヌ(Rhône)河がスタートして、地中海まで真っすぐずっと、ローヌ地方を突っ切っていくんですが、そのローヌ河にまたがっているのがセセル村(☛)ですね。

〈サヴォワ地方概要〉

栽培面積	約0.2万ha
年間生産量	約12万hℓ(赤・ロゼ29%、白71%)
気候	海洋性気候
土壌	多様

＊ジュラ地方でもサヴォワ地方でも、生産量の7割以上が白ワインです。

〈サヴォワ地方の主要品種〉

白ブドウ	ジャケール、アルテス＝ルーセット、シャスラ、グランジェ、ルーサンヌ
黒ブドウ	モンドゥーズ、ガメイ、ピノ・ノワール

＊サヴォワ地方特有のブドウ品種がほとんどです。

〈サヴォワ地方の主なA.O.C.〉

	A.O.C.	赤	ロゼ	白
⑤	Vin de Savoie ヴァン・ド・サヴォワ	●	◉発	○発
⑤	Crémant de Savoie クレマン・ド・サヴォワ			発
⑤	Vin de Savoie+Cru(16)	●	◉	○ A.C.Crépy クレピー❻はVin de Savoie Crépyとなった
⑤	Roussette de Savoie ルーセット・ド・サヴォワ			○
⑤	Roussette de Savoie+Cru(4)			○
❼	Seyssel セセル			辛・半辛
❼	Seyssel Mousseux セセル・ムスー			発
❼	Seyssel Molette セセル・モレット			○
	Bugey ビュジェ	●	◉発	○発
	Bugey Cerdon Méthode Ancestrale ビュジェ・セルドン・メトード・アンセストラル		発(甘)	
	Roussette du Bugey ルーセット・デュ・ビュジェ			○
	Bugey Manicle ビュジェ・マニクル	●		○
	Bugey Montagnieu ビュジェモンタニュー	●		発

チーズフォンデュに合うワインとすき焼きに合うワイン

このサヴォワ（Savoie）地方は、「チーズフォンデュ」発祥の地ともいわれています。スイスに接しているこのあたりはアルプス（Alpes）山脈もあって寒いですから、チーズにサヴォワの白ワインを混ぜながら溶かしていって、パンやジャガイモにつけて食べる。そのときに地元の白ワインを合わせます。

チーズフォンデュのときに飲むワインって——チーズなのでコクのある白ワインや赤ワインももちろん合いますけど——じつは冷やした軽やかな白ワインのほうが合うと私は思っているんですよね。フォンデュにしてアツアツでいろんな具材を食べるときに、あんまりワインがしっかりしていると、ちょっと疲れてしまう……。なので私は、軽めのガンガン飲める白ワインがいいと思います。

まあそんなにお高いワインじゃなければ、同じワインでチーズを溶いて、そのワインと一緒に召し上がると最高ですよね。マリアージュはかなりいいです！

そもそもこの地方自体、白の生産量のほうが多くて……。アルザス（Alsace）のストラスブール（Strasbourg）ですごくおいしいと言われているフォンデュ屋さんに行ったとき、周りの人全員白ワインしか飲んでいなかったので——生産量の9割以上が白ワインというアルザス地方だったこともありますが——やっぱりそういう感覚なのかなと思います。

あと私たち日本人は、チーズフォンデュにソーセージや鶏肉、ブロッコリー、人参、海老など、いろいろ食べたいじゃないですか。でも向こうの人はジャガイモとパンとハムだけ……飽きないんですよね。途中で何か違うのを食べたいと思ってもメニューにない……。それがすごいなと思います。

チーズフォンデュに冷たい白ワインを合わせるのと同じような感覚で、たとえばすき焼きには——お肉なので赤と言うより——冷たいロゼのシャンパーニュ(Champagne)なんかが合うと思います。スティルのロゼワインもいいんですが、ロゼのシャンパーニュのほうが、なんと言うか、アガります、、、(笑)。

7日目

第七章

南西地方
プロヴァンス-コルス地方
ラングドック-ルーション地方

南西地方

スペイン国境にまで点在する産地

まずは、南西地方(シュド・ウエスト)——フランス語でシュド(Sud)は南、ウエスト(Ouest)は西を意味します——から。ボルドー(Bordeaux)の真横からスペインとの国境あたりまで広がる一帯に、ブドウ畑が点在しています。大きく6つの地区に分かれていて、それぞれで栽培されるブドウ品種が違っているんですね。ボルドーに近い地区ではボルドーと似た品種が、その他の地区では土着品種など個性あるワインが造られています。

一番代表的な品種が、マルベック(Malbec)。南西地方ではコット(Côt)と呼ばれていますが、そのマルベック70%以上で造られる「カオール(Cahors)」というA.O.C.が特に有名です。色が非常に濃くて黒っぽいので、別名「黒(ブラック)ワイン」とも。

のちほどみていくラングドック-ルーション(Languedoc-Roussillon)地方の赤・ロゼワインの生産量は約8割、ローヌに至っては約9割と、南のほうの生産地域になると基本的には赤・ロゼワインの生産比率が高くなっていきます。この南西地方の場合も同じく、A.O.C.ワインは赤・ロゼワインの生産比率のほうが高く、約3/4をも占めています(☞)。

では、具体的にそれぞれの地区を見ていきましょう。

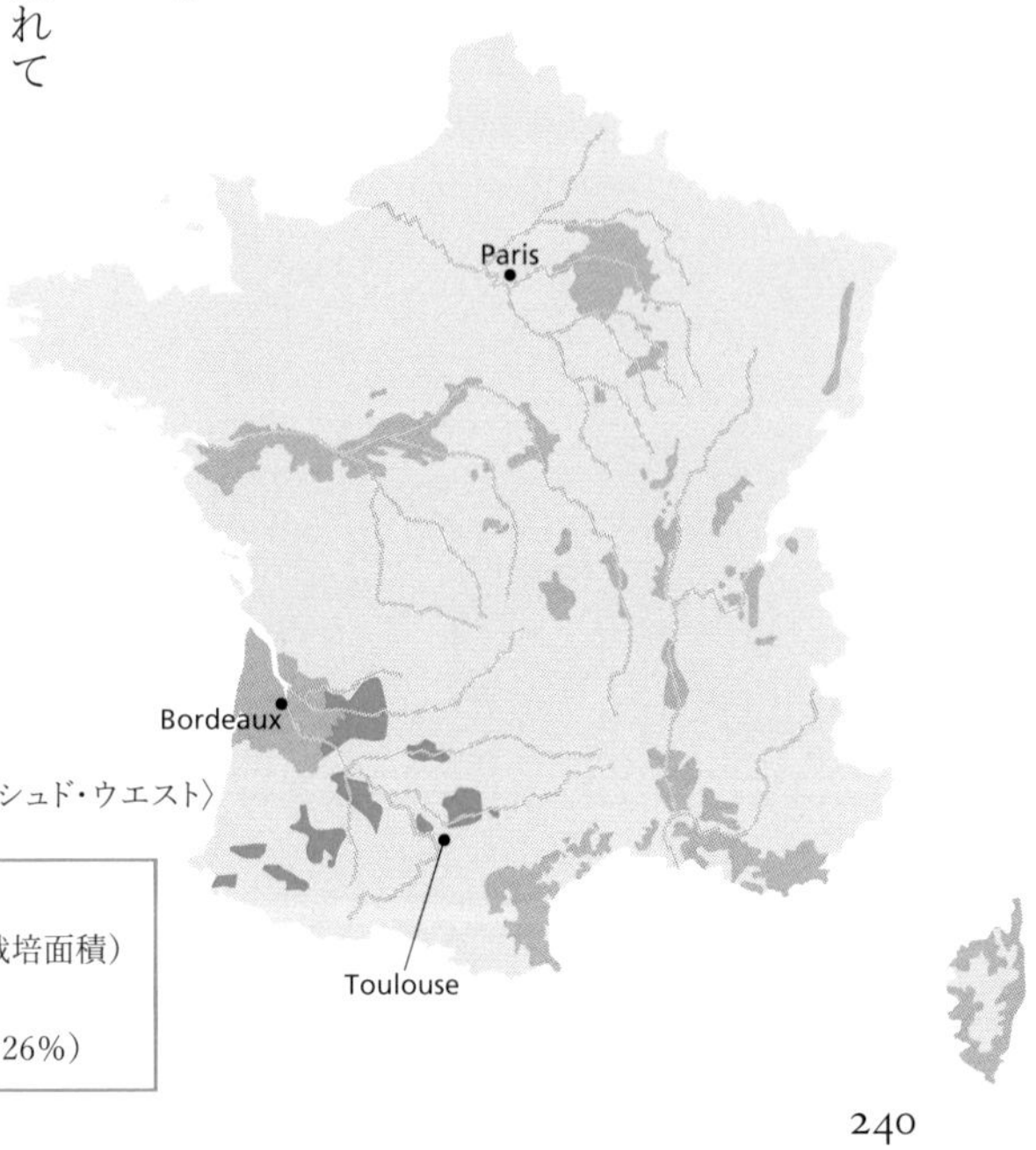

Paris
Bordeaux
Toulouse
〈シュド・ウエスト〉

〈南西地方概要〉

栽培面積	約5.5万ha (約48%がA.O.C.ワインの栽培面積)
年間生産量	約363万hℓ (A.O.C.:赤・ロゼ74%、白26%)

ボルドーからピレネー山脈までに広がる地区

まずボルドーのすぐ右隣、「ドルドーニュ（Dordogne）河流域／ベルジュラック（Bergerac）地区」。白ブドウはソーヴィニヨン（・ブラン）（Sauvignon Blanc）、セミヨン（Sémillon）、ミュスカデル（Muscadelle）、と完全にボルドー（Bordeaux）と一緒。黒ブドウもメルロ（Merlot）、カベルネ・フラン（Cabernet Franc）、カベルネ・ソーヴィニヨン（Cabernet Sauvignon）とこちらもほぼボルドー。

その下、ガロンヌ（Garonne）河に沿って上流に行ったあたりが「ガロンヌ地区」ですが、やはりここもまだボルドー品種のほうが多くて、白ブドウが、ミュスカデル、ソーヴィニヨン、ソーヴィニヨン・グリ（Sauvignon Gris）、セミヨン。黒ブドウが、カベルネ・フラン、カベルネ・ソーヴィニヨン、メルロなど。

それからロット（Lot）河というガロンヌ河に注ぐ支流があるんですが（☞）、このロット河を中心に広がっているのがその名も「ロット地区」。ロット河の両岸にまたがっていて、けっこう大きいんですよね。ここでの黒ブドウはマルベック（Malbec）。先ほどの「カオール（Cahors）」もここに位置しています。白ブドウは、聞いたことないと思いますが、ラン・ド・レル（Len de lél）、モーザック（Mauzac）、あとはミュスカデル。*

ロット河の南、タルン（Tarn）河流域に広がるエリアが「タルン地区」です。ここには、この地方においてベルジェラック、カオールに次いで大きなA.O.C.である「ガイヤック（Gaillac）」があります。

で、次が「ガスコーニュ（Gascogne）／バスク（Pays Basque）地区」。ピレネー（Pyrénées）山脈麓の、スペインとの国境沿いからアルマニャック（Armagnac）地方のほうまで点在していて、ここでは「タナ（Tannat）」と

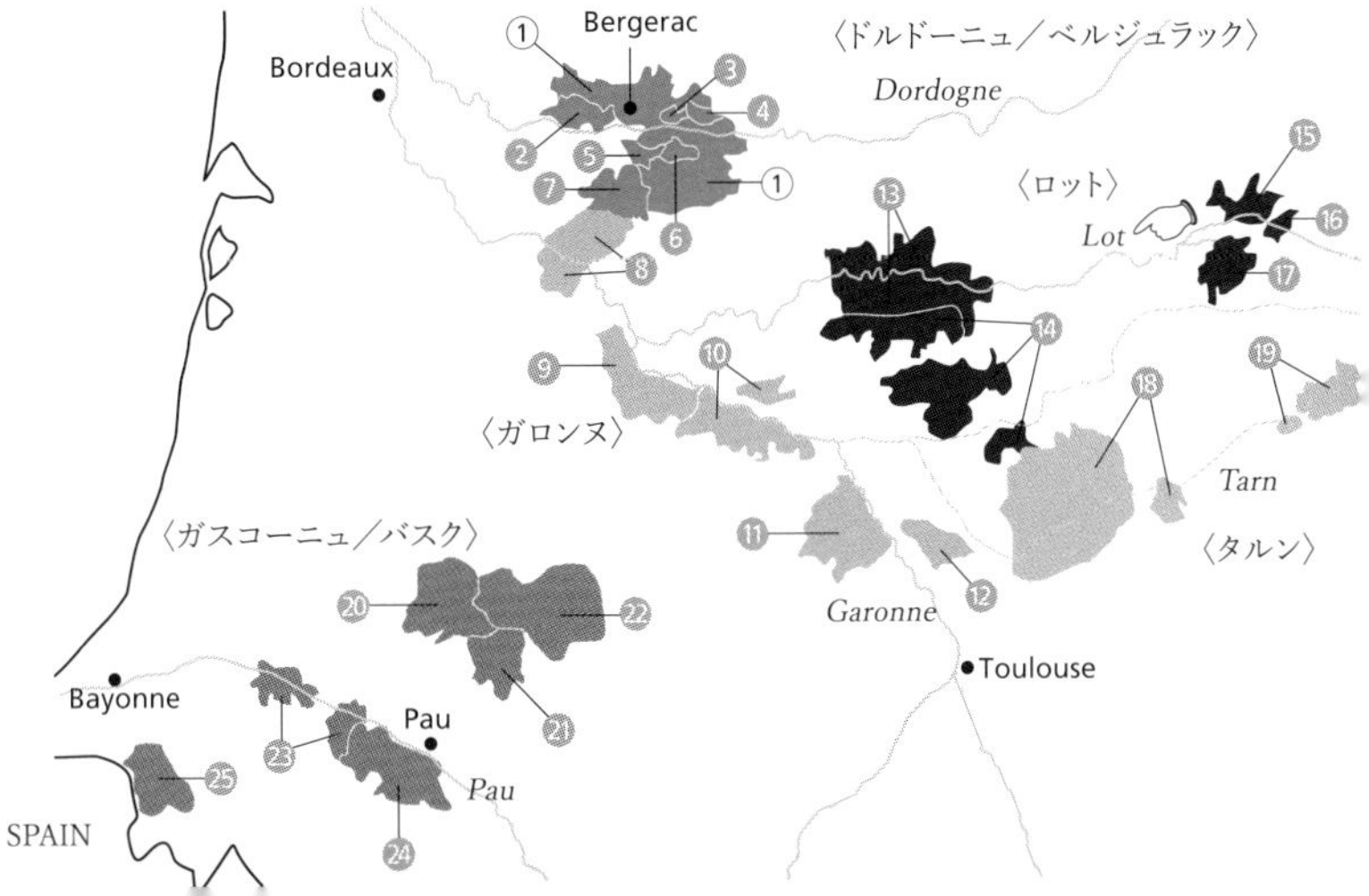

＊ さすがにラン・ド・レルは飲まれる機会はないかもしれません。ちなみにミュスカデ、ミュスカ、ミュスカデルはぜんぶ違う品種です。

いわれる黒ブドウが有名です。

そして最後、「リムーザン(Limousin)地区」です。この地区は地図に載ってないんですが、ベルジュラックの北東に位置する新しい地区でトゥールーズ(Toulouse)から北へ約300kmのところに、中心都市のリモージュ(Limoges)があります。このリモージュ、18世紀から窯業(ようぎょう)が盛んで、今ではフランスを代表する陶器の街となっています。

では A.O.C.を見ていきましょう。

南西地方のA.O.C.

ブラックワイン!? カオール

まずドルドーニュ(Dordogne)／ベルジュラック(Bergerac)地区。ボルドー(Bordeaux)と同じ品種から造られる貴腐ワイン(甘口の白)のA.O.C.があります。「モンバジャック(Monbazillac)」⑥です。これ、ぜひ知っておいてください。なかなかいい貴腐ワインです。あとは、①の「ベルジュラック」(地区名A.O.C.)ですね。このベルジュラックの近郊に世界遺産に登録された先史時代の遺跡群があり、なかでもラスコー(Lascaux)の洞窟壁画が有名です。

ガロンヌ(Garonne)地区では、「フロントン(Fronton)」⑫ですね。こちらは、赤とロゼのみ生産可能なA.O.C.なんですが、主要品種がネグレット(Négrette)という、このエリアの土着の黒ブドウ、というのが特徴です。

ロット(Lot)地区では、なんといっても「カオール(Cahors)」⑬。赤のみのA.O.C.で、マルベック(Malbec)

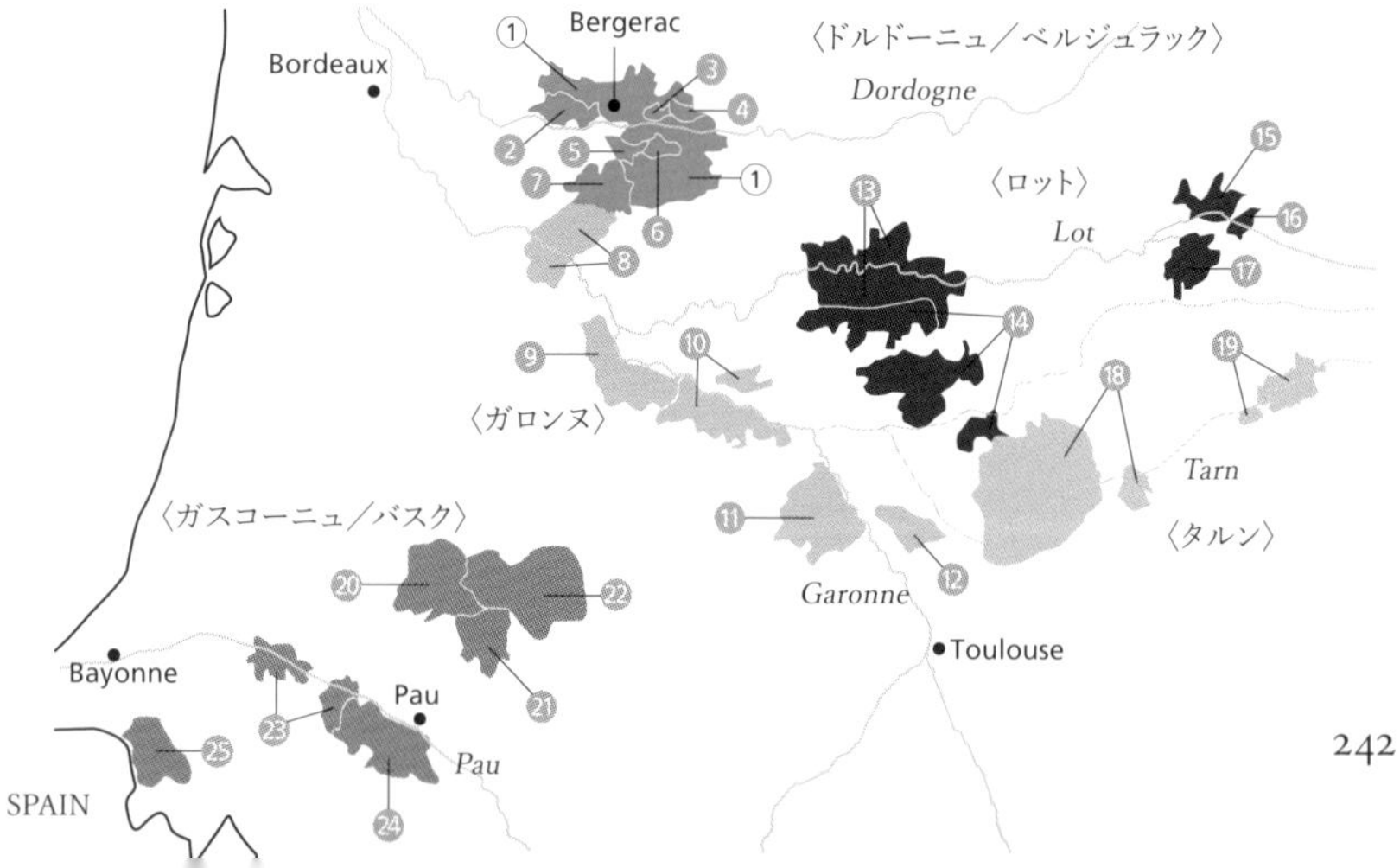

が70%以上入ってないといけない。ワイン好きの方で、普段はブルゴーニュ（Bourgogne）派なのに、しっかりしたお肉の煮込み料理には濃いカオールを合わせて飲まれるという方は多いです。

ちなみに、マルベックはアルゼンチンでもっとも多く栽培されているブドウとしても有名で、「アルゼンチンと言えばマルベック」という感じなんですが、非常にレベルも高いです。アルゼンチンとフランスのマルベックの違いを言うとしたら、フランスのほうが酸のニュアンスがしっかり入っていて、上品な造りになるんですよね。アルゼンチンはもう一段階、果実味が強くなるので、もっと濃い……どっしりした感じですが、果実感を楽しめます。一般的にワインの味わいにおいて「酸」は非常に重要なポイントになってきます。酸が少ないと味に締まりがなくなるので……特に白ワインの場合、まあ、冷やすと酸が少なくてもおいしくは飲めちゃうんですが、温度が上がってきたときに、緊張感のないゆるい感じが出てきます。

〈南西地方の主なA.O.C.〉

地区名		A.O.C.	赤	ロゼ	白
Dordogne ドルドーニュ／Bergerac ベルジュラック	①	Bergerac ベルジュラック	●	●	○
	①	Côtes de Bergerac コート・ド・ベルジュラック	●		甘
	②	Montravel モンラヴェル	●		○
	②	Côtes de Montravel コート・ド・モンラヴェル			甘
	②	Haut-Montravel オー・モンラヴェル			甘
	③	Rosette ロゼット			甘
	④	Pécharmant ペシャルマン	●		
	⑤	Saussignac ソーシニャック			甘
	⑥	Monbazillac モンバジヤック			甘
	⑦	Côtes de Duras コート・ド・デュラス	●	●	辛・半甘
Garonne ガロンヌ	⑧	Côtes du Marmandais コート・デュ・マルマンデ	●	●	○
	⑨	Buzet ビュゼ	●	●	○
	⑩	Brulhois ブリュロワ	●	●	
	⑪	Saint-Sardos サン・サルド	●	●	
	⑫	Fronton フロントン	●	●	
Lot ロット	⑬	Cahors カオール	●		
	⑭	Coteaux du Quercy コトー・デュ・ケルシー	●	●	
	⑮	Entraygues-Le Fel アントレイグ・ル・フェル	●	●	○
	⑯	Estaing エスタン	●	●	○
	⑰	Marcillac マルシヤック	●	●	

また、ソムリエナイフや伝説の3ツ星レストラン「ミシェル・ブラ」（現在は星を返上して、ル・シュケという名前で営業しています。）で有名なライヨール村はこの地区の東部に位置しています。

タルン地区では「ガイヤック」。この「ガイヤック・ドゥー」⑱は表（☛）からわかるとおり、様々なタイプの甘口ワインを生産しています。

ガスコーニュ／バスク地区では、「マディラン」㉑。タナと呼ばれる品種……果実味はもちろんのこと、タンニンがしっかりと入った黒ブドウで、「タナ」という名前自体が「タンニン」に由来しています。このマディラン、先ほどのカオールに次いで、味わいがしっかりした赤ワインとして有名です。

その他、「パシュラン・デュ・ヴィク・ビィル」㉑（マディランと同じ生産地域です）、「ジュランソン」㉔というA.O.C.があるんですが、この2つは、「セック」（☜）が付いて辛口、付かなくて甘口を生産しています。甘口の方がスタンダードで、このエリアのおいしい甘口ワインとして知られています。

〈南西地方の主なA.O.C.〉

地区名	A.O.C.	赤	ロゼ	白
Tarn タルン	⑱ Gaillac ガイヤック	●	●	○発
	⑱ Gaillac Méthode Ancestrale ガイヤック・メトード・アンセストラル			発
	☛⑱ Gaillac Doux ガイヤック・ドゥー			甘・発
	⑱ Gaillac Vendanges Tardives ガイヤック・ヴァンダンジュ・タルディヴ			甘
	⑱ Gaillac Premières Côtes ガイヤック・プルミエール・コート			○
	⑲ Côtes de Millau コート・ド・ミヨー	●	●	○
Gascogne ガスコーニュ ／ Pays Basque ペイ・バスク	⑳ Tursan テュルサン	●	●	○
	㉑ Madiran マディラン	●		
	㉑ Pacherenc du Vic-Bilh パシュラン・デュ・ヴィク・ビィル			甘
	㉑ Pacherenc du Vic-Bilh Sec パシュラン・デュ・ヴィク・ビィル・セック ☜			○
	㉒ Saint-Mont サン・モン	●	●	○
	㉓ Béarn ベアルン	●	●	○
	㉔ Jurançon ジュランソン			甘
	㉔ Jurançon Sec ジュランソン・セック ☜			○
	㉕ Irouléguy イルレギ	●	●	○
Limousin リムーザン	Corrèze コレーズ	●		
	☛ Corrèze Vin de Paille コレーズ・ヴァン・ド・パイユ		甘	甘
	Corrèze Coteaux de la Vézère コレーズ・コトー・ド・ラ・ヴェゼール	●		○

最後、リムーザン（Limousin）地区。「コレーズ（Corrèze）」と付く3つのA.O.C.（ ）は、2017年に認定された、新しい銘柄なんです。この地区は、どちらかというとワインよりお肉（リムーザン牛ですね）で有名かな。このリムーザンの牛、私もフランスでよくいただいています。

シュド・ウエスト（Sud-Ouest）では、ラングドック（Languedoc）と同じように、A.O.C.ではないカジュアルなワインもたくさん造られているので、それらを飲むことは多いと思います。でもA.O.C.としていいワインを飲むとしたら、「カオール」と「マディラン」、この2つが代表選手です。

郷土料理としては、「シヴェ・ド・マルカサン（Civet de Marcassin）」、仔猪の煮込みですね。あと、森鳩のサルミソース、「サルミ・ド・パロンブ（Salmis de Palombe）」。ソース・サルミというのが、内臓や血を使った赤ワインのソースなんですが、それにマディランやカオールを合わせていったり。強い赤ワインは、基本的には味わいのしっかりした煮込み料理――白身のお肉（豚とか鶏）でなく赤身のお肉（牛とか鴨）――に合わせていきます。ワイン（マルベックやタナ）のなかにも鉄っぽいニュアンスが入っているので、お肉にも血の感じがしっかり入っているほうが合うんですね！

というのがシュド・ウエストです。

プロヴァンス地方

プロヴァンスと九州

では次に南仏、プロヴァンス(Provence)地方です。

マルセイユ(Marseille)からニース(Nice)までの一帯がプロヴァンス地方です。フランスで最大のロゼワインの産地となっていまして、生産量をあとで見ていきますけども、まずお伝えしたいのはですね、南仏出身の人って――次に見るラングドック-ルーション(Languedoc-Roussillon)地方もそうなんですが――基本的に濃い人たちが多いんですよね。

日本でも、南のほう出身の方って個性が強いですよね。「焼酎しか飲まん」みたいな……私も九州なのでなんとも言えないんですが、プロヴァンス出身の人たちも同じで、「ロゼしか飲まん」って人が多いんです。

夏にロンドン(London)で会ったプロヴァンス出身の友人も、私としては、最初の一杯めはシャンパーニュ(Champagne)を飲みたいんですが、「明日香、違う。夏はシャンパーニュなんかよりキンキンに冷やしたプロヴァンス・ロゼのほうがいいから!」といって、ロゼばっかり飲む。実際にプロヴァンスに行ってみると、本当にびっくりするくらい、みなさん、お昼間からカフェでロゼワインを飲んでいます(笑)。

ちなみにギリシャでは、「レチーナ(Retsina)」という白ワインがスタンダードになっていて、それは、白ワインのなかに松やにを溶け込ませてある、ちょっと色が黄色くなったワ

インなんですが、ギリシャの人は昼間からみんなそれをガンガンあおっているんですね。だから経済があんなに傾いてしまったんじゃないかなともいわれています（笑）。それと同じくらい、プロヴァンスの人の場合は、もうロゼワイン。しかもそれぞれに好きな生産者がいて、出身の村、もしくはすぐ隣の村とかの生産者なんですが、それくらい地元愛が強い人が多いんです。夏だけじゃなくて冬もロゼ……常にロゼ（笑）。

ロゼワインを愛しすぎる人たち

言い過ぎかと思われるでしょうが、そうでもないんです。これを見てください（☛）。プロヴァンス(Provence)地方のワイン生産量、ロゼワインが89％。ほんとに赤・白ワインを飲む文化があまりないんですね。

プロヴァンスは、フランスにおいてワイン造りの歴史がもっとも古い地方となっています。ブドウ栽培はギリシャのほうからだんだん北へ北へと伝わってきたので、フランスで最初に伝わったのがこのプロヴァンス。もともと土壌が豊かで、気候もブドウ栽培に適しているので、放っておいてもブドウは育つと言われています。なので、有機農法の比率がフランスでもっとも高い。

ロゼワインはフランス全土で造られていますが、なんと**この**プロヴァンスだけで、フランスのA.O.C.ロゼワインの4割以上を生産しているんです。すごいですよね。さらに、世界中で消費されるロゼワインの約5％がプロヴァンスのもの。まあ逆にいうと、世界中でロゼワインってあんまり造られてない、ってことかもしれませんが、

〈プロヴァンス地方概要〉

栽培面積	約4.0万ha（約75％がA.O.C.ワインの栽培面積）
年間生産量	約199万hℓ（A.O.C.：赤6.5％、ロゼ89％、白4.5％）☛
気候	地中海性気候

＊フランスのA.O.C.ロゼワインの4割以上をプロヴァンス地方が生産。

「世界で一番有名なロゼワインの産地＝プロヴァンス」、といえますね。

また面白いことに、過去にはプロヴァンス地方で生産されるワインの多くはフランス国内で消費されていて——つまりそんなには輸出されてなくて——さらにその半数弱をプロヴァンスの人たちが自分たちで飲んでいる、という統計もあったようで。実際、私も現地に行くたびに思うんですが、それとてもよくわかります（笑）。しかもロンドンで私にプロヴァンス・ロゼを勧めてきた友人のように、パリとか世界各地にいるプロヴァンス人もまたプロヴァンス・ロゼを飲んでいるはずだから、プロヴァンス人の消費の割合はもっと高いはず（笑）。

さらに、人にもプロヴァンス・ロゼをプレゼントしたり……やっぱり南のほうが、フランスも日本と一緒で、私みたいにおせっかいな人が多いのかなと（笑）。

夏のバーベキューでキンキンに冷やして飲むワイン

プロヴァンス（Provence）地方はローヌ（Rhône）地方の南西のほうに広がっているので、ローヌ南部と栽培されるブドウ品種が似ています（ローヌ地方の黒ブドウは、北部でシラー（Syrah）、南部でグルナッシュ（Grenache）が主に栽培されていましたね）。

「ヴェルメンティーノ（Vermentino）」は、イタリアでも作られている白ブドウ品種で、プロヴァンスでの別名は「ロール（Rolle）」。コルス（Corse）島での呼び名は「マルヴォワジ・ド・コルス（Malvoisie de Corse）」（☛）。同じブドウ品種でも、その土地その土地で名前が違うんですね。イタリアでの呼び名が「ヴェルメンティーノ」、中部を中心に多く栽培されている品種です。

〈プロヴァンス地方の主要品種〉

白ブドウ	ユニ・ブラン、クレレット、ブールブーラン、グルナッシュ・ブラン、☛ロール＝ヴェルメンティーノ＝マルヴォワジ・ド・コルス
黒ブドウ	シラー、グルナッシュ、サンソー、ムールヴェドル、カリニャン、クーノワーズ、ティブラン（プロヴァンス地方の土着品種）

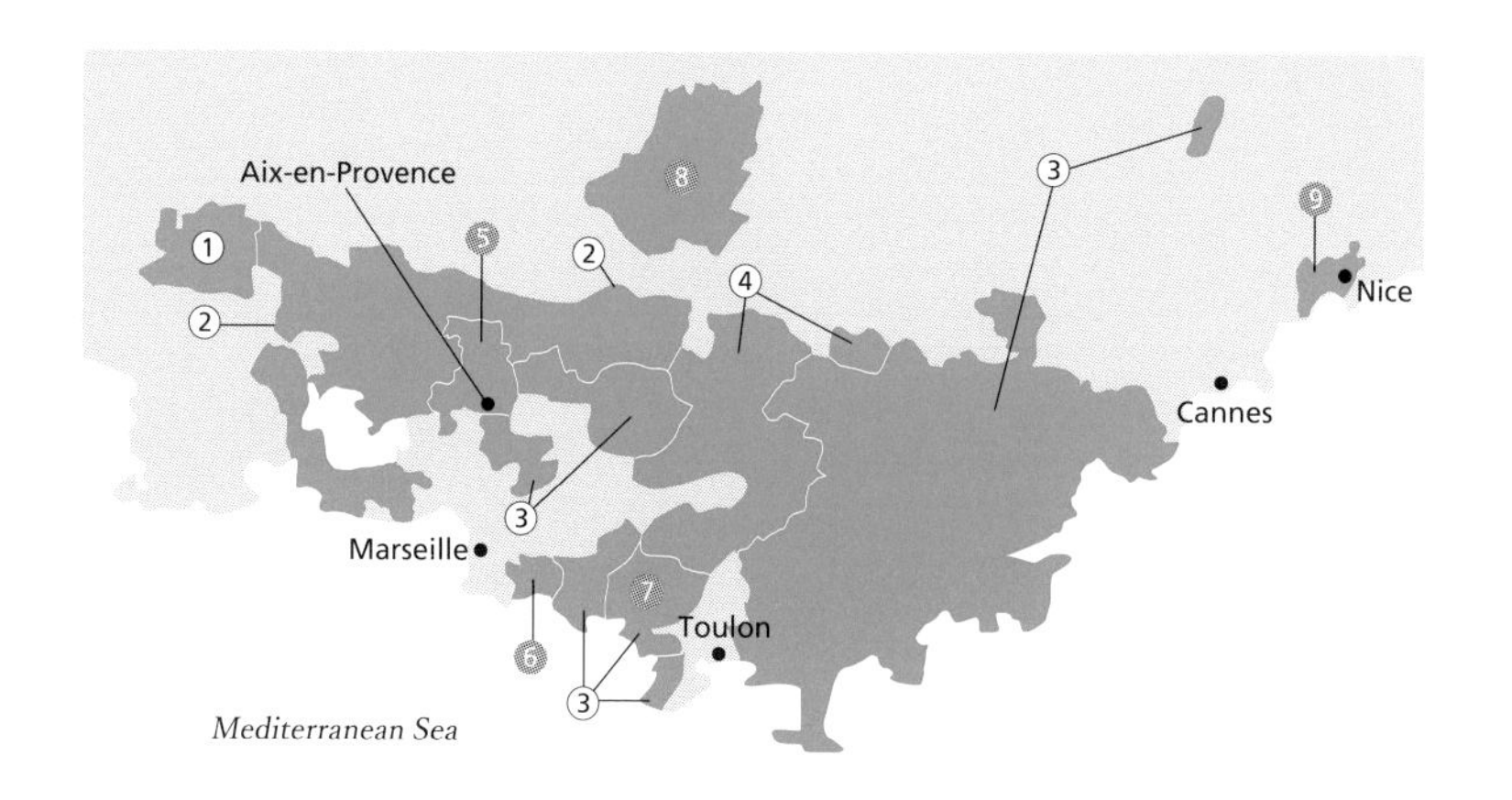

ではプロヴァンス、どのようなA.O.C.があるかといったら、「○○（なんとか）プロヴァンス」って付いているA.O.C.が多いので、わかりやすいと思います。

日本で私たちが見る機会が多いのは、A.O.C.「コート・ド・プロヴァンス（Côtes de Provence）」③です。プロヴァンス地方の、広域のA.O.C.で、栽培面積が最大で、しかも生産量の9割がロゼ。なので「プロヴァンスのロゼワイン」とあったら、コート・ド・プロヴァンス・ロゼである可能性が高いです。

あとは「ベレ（Bellet）」❾、ニース近郊にあるA.O.C.も有名です。

そして絶対外せないのが、「カシー（Cassis）」❻という——日本語で「カシス」と表記されていることもありますが——マルセイユ近郊にあるA.O.C.です。

白の生産が約7割をも占めます。

カシー❻は、プロヴァンス地方の

〈プロヴァンス地方の主なA.O.C.〉

	赤	ロゼ	白
① Les Baux de Provence レ・ボー・ド・プロヴァンス	●	●	○
② Coteaux d'Aix-en-Provence コトー・デクサン・プロヴァンス	●	●	○
③ Côtes de Provence コート・ド・プロヴァンス	●	●	○
Côtes de Provence Sainte-Victoire サン・ヴィクトワール	●	●	
Côtes de Notre-Dame des Anges ノートル・ダム・デ・ザンジュ	●	●	
Côtes de Provence Fréjus フレジュス	●	●	
Côtes de Provence Pierrefeu ピエールフー	●	●	
Côtes de Provence La Londe ラ・ロンド	●	●	○
④ Coteaux Varois-en-Provence コトー・ヴァロワ・アン・プロヴァンス	●	●	○
❺ Palette パレット	●	●	○
❻ Cassis カシー	●	●	○
❼ Bandol バンドール	●	●	○
❽ Pierrevert ピエールヴェール	●	●	○
❾ Bellet ベレ／Vin de Bellet ヴァン・ド・ベレ	●	●	○

A.O.C.の中で最も白の生産割合が高く、南仏ではめずらしく白ワインが有名な産地です。ワインは柑橘系のフレッシュな香りがし、酸味は穏かでコクのあるタイプに仕上がるので、特に甲殻類のお料理にピッタリです。ちなみに、A.C.カシー⑥は、プロヴァンス地方で最初に認定されたA.O.C.です。

プロヴァンス・ロゼは、基本的にはグルナッシュ(Grenache)やムールヴェドル(Mourvèdre)、サンソー(Cinsault)などの黒ブドウを主要品種として造られています。果実味があり、そんなにタンニンも強く出てないので、たとえば夏にバーベキューをするときなんかに、キンキンに冷やして飲むのに最適なワインだと思います。お値段も手頃ですし。

あと、私は中華にロゼワインをよく合わせます。中華は味付けのやさしいものから濃いものまで様々ですが、ベースの鶏ガラスープの旨味と、黒ブドウから来るロゼの芳醇さが本当にぴったりなんですよ！

ロゼワインって正直な話、味わいがピンキリなため、よく知らない銘柄のものを買うと、失敗したなあってときもあります。そんななかプロヴァンスのロゼは外れが少ない。これも選びやすいポイントかなと思います。

おいしいロゼワインをキンキンに冷やして飲みたいなと思ったら、プロヴァンスがおすすめです！

やっぱりロゼに合う、プロヴァンス地方の料理

プロヴァンス（Provence）地方のお料理といえば、なんといっても「ブイヤベース（Bouillabaisse）」ですよね。地中海で捕れた魚介がたくさん入っていて、もちろん白ワインを合わせてもいいんですが、でもトマトベースで、魚だけじゃなく甲殻類なども入ってしっかりした味わいなので、ロゼを合わせられる方も多いです。

あと、「ラタトゥイユ（Ratatouille）」。これもプロヴァンス発祥といわれていて、野菜料理ではあるけれども、トマトで煮込むコクのあるお料理なのでやっぱりロゼ、合います。それから「ニース風サラダ」――「サラダ・ニソワーズ（Salade Niçoise）」ですね。ゆで卵やツナ、オリーブなどが入ったサラダ・ニソワーズは、この地方のどこのカフェに行っても置いてあります。アンチョビもしっかり入っていて、これも皆さん、ロゼに合わせて召し上がっています。

コルス島

コルス島はほぼイタリア!?

次にコルス島（Corse）についてお話ししましょう。コルス原産のワインを飲む機会は、残念ながら、まだ日本ではそう多くないと思いますが……。

場所は、ここです（☛）。イタリアのサルデーニャ島（Sardegna）のすぐ真上。「皇帝ナポレオン」の生誕地としても有名で、フランスのお金持ちの人たちの別荘地・避暑地になっています。飛行機で行って、のんびりするところです。

A.O.C.ワイン生産量のうち赤・ロゼの生産が8割強。白が2割弱。ワイン生産量の半分以上をロゼワインが占めており、全体としてはカジュアルなものが中心です。味わいは、白とロゼは意外と繊細でさわやかな飲みやすいものが多く、赤はボディーがありパワフルなものが多いです。

ブドウ栽培の歴史は古く、紀元前からギリシャ人によって行われていました。ブドウ品種は、白ブドウが「ヴェルメンティーノ（Vermentino）」――先ほど出てきた「ロール（Rolle）」、コルスでは「マルヴォワジ・ド・コルス（Malvoisie de Corse）」ですね。黒ブドウは土着品種の「シャカレッロ（Sciacarello）」。その他「ニエルッチョ（Nielluccio）」、イタリアでの呼び名は「サンジョヴェーゼ（Sangiovese）」、イタリア原産でイタリアを代表するブドウ品種のひとつで、「キアンティ（Chianti）」の主要品種です。

〈コルス島の概要〉

栽培面積	約0.6万 ha（約51%がA.O.C.の栽培面積）
年間生産量	約38万 hℓ （A.O.C.：赤28%、ロゼ56%、白16%）
気候	地中海性気候

〈コルス島の主要品種〉

白ブドウ	ヴェルメンティーノ＝マルヴォワジ・ド・コルス＝ロール
黒ブドウ	シャカレッロ、ニエルッチョ＝サンジョヴェーゼ、バルバロッサ、グルナッシュ

というように、このコルス島の品種は、ほとんど中部イタリアと同じだと思ってくださってけっこうです。気候も完全にイタリアで、やっぱりその気候に合ったブドウ品種が育っていくんですよね。

コルス島、意外にA.O.C.はいっぱいあります（☚）。その中で、必ずおさえておきたいアペラシオン（Appellation）は2つです。⑫の「パトリモニオ（Patrimonio）」と⑭の「アジャクシオ（Ajaccio）」です。

あと面白いのは、内陸ではブドウが栽培されてなくて、ぜんぶ海岸沿い（☜）。その理由は、コルスは「海のなかの山」とも言われるぐらい山だらけだから。ちょうどブドウ畑が島を一周している感じです。

コルスのワインの味わいの特徴に、「塩み」が挙げられます。やはりブドウが海風にあたりながら育つからでしょうね。

〈コルス島の主なA.O.C.〉☚

	赤	ロゼ	白
⑩ (Vin de) Corse Coteaux du Cap Corse （ヴァン・ド・）コルス・コトー・デュ・カップ・コルス	●	●	○
⑪ Muscat du Cap Corse ミュスカ・デュ・カップ・コルス (V.D.N.)			甘
⑫ Patrimonio パトリモニオ	●	●	○
⑬ (Vin de) Corse Calvi （ヴァン・ド・）コルス・カルヴィ	●	●	○
⑭ Ajaccio アジャクシオ	●	●	○
⑮ (Vin de) Corse Sartène （ヴァン・ド・）コルス・サルテーヌ	●	●	○
⑯ (Vin de) Corse Figari （ヴァン・ド・）コルス・フィガリ	●	●	○
⑰ (Vin de) Corse Porto-Vecchio （ヴァン・ド・）コルス・ポルト・ヴェッキオ	●	●	○
⑱ (Vin de) Corse （ヴァン・ド・）コルス	●	●	○

ラングドック-ルーション地方

フランス最大のワイン産地

では次、ラングドック-ルーション（Languedoc-Roussillon）地方。

ラングドック-ルーションって聞いたことありますか？　皆さんは無意識のうちに、このラングドックのワインを飲んでいるはずです。

ラングドック-ルーション地方は、ちょうどこの、マルセイユ（Marseille）（☛）を中心に広がっているプロヴァンス（Provence）地方の左側、フランスの中央から真っすぐ下ったあたりですね。じつはこのエリアがフランスワイン最大の生産地なんです。全フランスワインのうち約4割はこのラングドック-ルーション地方で生産されています。

そのなかでもI.G.P.レベルのワイン生産量はこの地方全体の7割以上を占め、フランス全体の約8割に相当します。つまり、カジュアルワインに関しては、この地方のものが大半を占めているわけです。日本のスーパーやコンビニで売られているけっこうお手頃なフランスワインは、産地を見るとたいていラングドック-ルーションと書いてあります。なので皆さんも、知らず知らずのうちに、ラングドックのワインを口にしているはずです。

あと、酒精強化ワインですね。アルコール醗酵前、もしくは途中に強い

ドック-ルーション地方概要〉

面積	約20万ha （約23%がA.O.C.ワインの栽培面積）
生産量	約1,155万hℓ （A.O.C.：赤60%、ロゼ20%、白20%） 地中海性気候

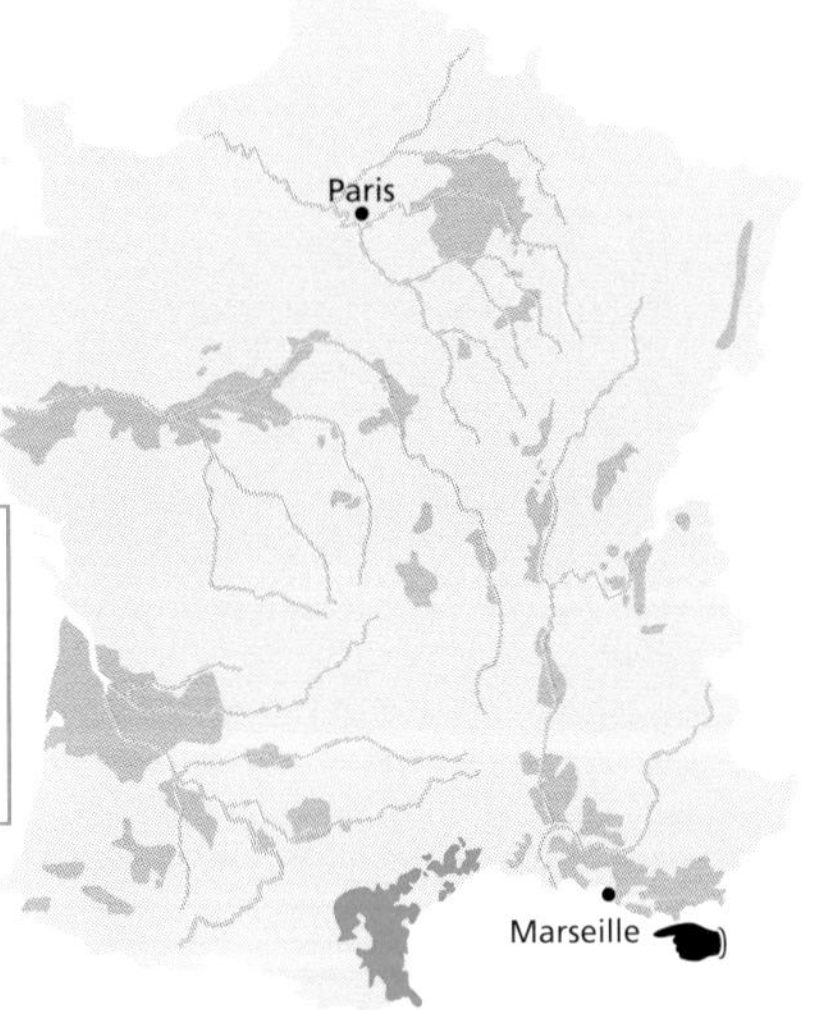

ラングドック-ルーション

グレープ・スピリッツ（つまりブランデーなど）を足して、アルコール醱酵を止めて甘口に仕上げて、保存性を高めたワインです。ポルトガルのポルトワイン（Port）も酒精強化ワインのひとつですが、やっぱり南のほうは気温が高いこともあって、ワインの保存性も悪くなるため、アルコール度数を高めた酒精強化ワインが多く造られています。酒精強化ワインに関してもラングドック-ルーション地方はフランス最大の産地となっています。

ラングドック—ルーションでは、ありとあらゆるブドウが栽培されている！

ここで栽培されるブドウ品種ですが、さっきのプロヴァンス（Provence）ではローヌ（Rhône）南部と似た品種が栽培されていると言いましたが、ここラングドック-ルーション（Languedoc-Roussillon）も——気候が近いせいか——「ヴェルメンティーノ（Vermentino）」、「グルナッシュ（Grenache）」、「ムールヴェドル（Mourvédre）」だったりと、似たようなブドウ品種となっています。

それと同時に、「シャルドネ（Chardonnay）」、「カベルネ・ソーヴィニヨン（Cabernet Sauvignon）」、「メルロ（Merlot）」などのフランスの各地方を代表するようなブドウ品種も作られています。* ありとあらゆるブドウ品種がラングドックでは作られているんですね。

でもやっぱり南のほうなので、例えば同じメルロといっても、ボルドー（Bordeaux）と比べると、味わいも濃く、ブドウがしっかり熟してできたワインというニュアンスが強くなってきます。

〈ラングドック—ルーション地方の主要品種〉

白ブドウ	グルナッシュ・ブラン、ブールブーラン、ヴェルメンティーノ＝ロール、クレレット、ピクプール、マカブー＝マカベオ、マルサンヌ、ルーサンヌ
黒ブドウ	グルナッシュ、ムールヴェドル、シラー、カリニャン、サンソー

＊ シャルドネやカベルネ・ソーヴィニヨンなどは、ここのリストに入っていませんが、これらのメジャーな品種（＝国際品種）も栽培されてます。

ラングドック地方

最大派閥のA.C.ラングドック

ラングドック(Languedoc)、A.O.C.をすべて覚えていくのはなかなか大変だと思うんですが、たぶん皆さんが一番見る機会が多いのは、A.C.「ラングドック」(☞)です。ラングドック-ルーション(Rousillon)地方全体に広がる大規模なA.O.C.なので、「A.C.ラングドック」の、○○、○○というブドウ、みたいな感じで飲むことが多いと思います。あとクレマン(Crémant)もありまして、この地方の「クレマン・ド・リムー(Crémant de Limoux)」③(☛)は生産量も多いため、お試しするチャンスは多いんじゃないか、と思います。

リムーとラングドックを知っておくと、「ああ、あのあたりで造られたものなんだな」というのがわかってきます。

私のオススメは、「ピク・サン・ルー(Pic-Saint-Loup)」⑫ですね。赤・ロゼのみ生産可能な、近年非常に人気が高くなっているA.O.C.です。このエリアは、ラングドックでも北に位置し、標高が高く気温も低め。ラングドックの他のワインと比べ、エレガントでしっとりした(雨も多めなので)味わいに仕上がっています。

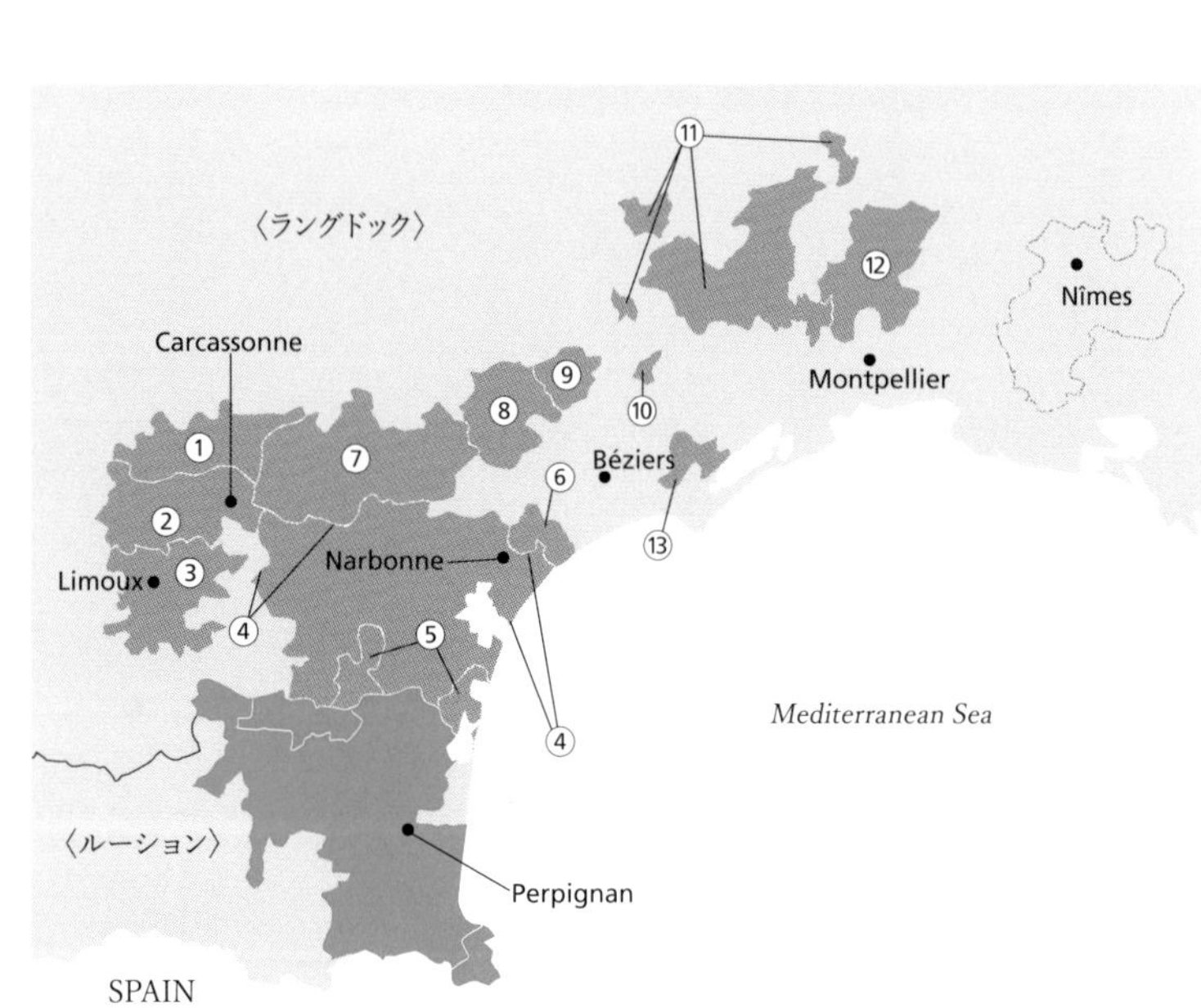

お料理については、皆さんが食べたことがあるのは、「カスレ（Cassoulet）」でしょうか。「肉と白インゲン豆の土鍋煮込み」。ビストロでもよく出てきますが、もともとはラングドックの郷土料理です。白インゲン豆はぽってりしていますし、お肉が入っていてけっこう味わいもしっかりしているので、ラングドックのなかではちょっといい赤ワインを合わせたりして、楽しまれています。

ラングドックのワインは全体的にアルコール度数が高めです。白ワインは味わいもしっかりとしているので、クリーミーな海老グラタンなんかがいいですね。グラタンの具としては、他にホタテや白子とか。赤ワインは樽のニュアンスがしっかりあるものが多いので、豚のスペアリブをタレに漬け込んでグリルしたものとかが合うと思います。ぜひご自宅で試してみてください。

〈ラングドック地方の主なA.O.C.〉

地域		A.O.C.	赤	ロゼ	白
全域	☞	Languedoc	●	●	○
		Languedoc ＋地理的名称(11)	●	(●)	
Aude オード	①	Cabardès カバルデス	●	●	
	②	Malepère マルペール	●	●	
	③	Limoux リムー	●		○発
		Limoux Blanquette de Limoux リムー・ブランケット・ド・リムー			発
		Limoux Méthode Ancestrale リムー・メトード・アンセストラル			発
	☛	Crémant de Limoux クレマン・ド・リムー		発	発
	④	Corbières コルビエール	●	●	○
		Boutenac ブートナック	●		
	⑤	Fitou フィトゥー	●		
	⑥	La Clape ラ・クラープ	●		○
Hérault エロー／Aude オード	⑦	Minervois ミネルヴォワ	●	●	○
		La Livinière ラ・リヴィニエール	●		
Hérault エロー	⑧	Saint-Chinian サン・シニアン	●	●	○
		Saint-Chinian Berlou サン・シニアン・ベルルー	●		
		Saint-Chinian Roquebrun サン・シニアン・ロックブラン	●		
	⑨	Faugères フォジェール	●	●	○
	⑩	Clairette du Languedoc クレレット・デュ・ラングドック			○
		(V.D.L.)			甘
	⑪	Terrasses du Larzac テラス・デュ・ラルザック	●		
	⑫	Pic-Saint-Loup ピク・サン・ルー	●	●	
	⑬	Picpoul de Pinet ピクプール・ド・ピネ			○

ルーション地方

スティルワインよりV.D.N.で有名なルーション地方

ルーション（Roussillon）地方にいたっては、基本的に、スティルワインのA.O.C.は少なくて、ラングドック（Languedoc）よりさらに南ということもあって、酒精強化ワインがメインで造られています。

酒精強化ワインのなかでも「ヴァン・ドゥー・ナチュレル（Vins Doux Naturels）」（V.D.N.）のフランス最大の産地なんです。地方の南部と西部はピレネー（Pyrénées）山脈に接し、山脈を越えるとスペイン。そのスペインの文化が色濃く反映されている、というのがこのルーション地方の特徴です。

⑮の「A.C.モーリ（Maury）」ですが、これはスティルの赤ワインと酒精強化（V.D.N.）の赤・白ワインが生産可能なアペラシオン（Appellation）です。このモーリは、実はV.D.N.の方がよく知られていて、フランスでも最も有名なV.D.N.のひとつである「A.C.バニュルス（Banyuls）」――⑯の「A.C.コリウール（Collioure）」と同一の生産地域――とともに、フランスで最初にA.O.C.が制定された年である1936年にA.O.C.に認定された、歴史のある銘柄です。

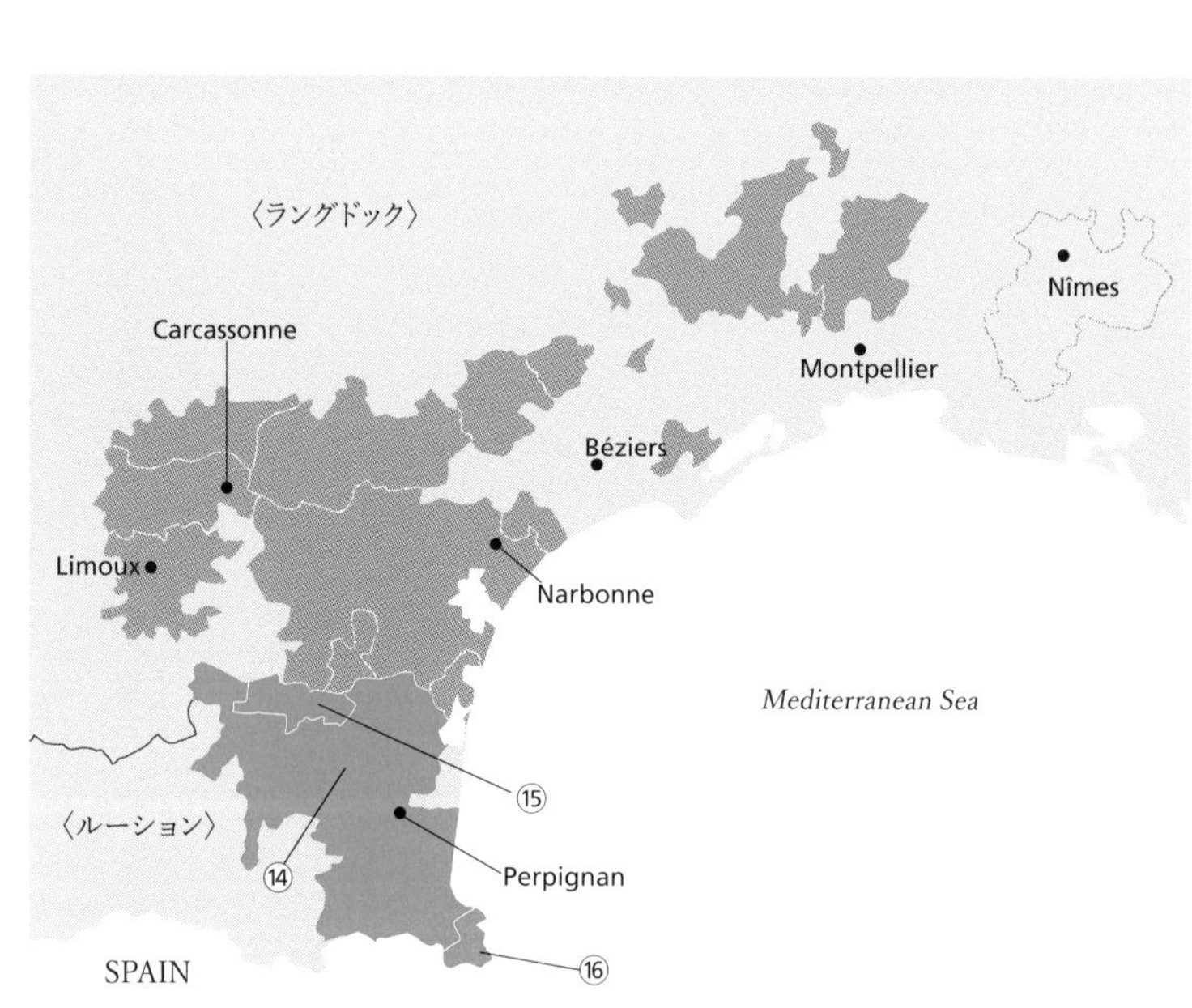

昨日と今日はもりだくさんで、アルザス（Alsace）からラングドック-ルーションまで見てきましたが、どれもフランスの国境沿いの産地で、それぞれドイツ、スイス、スペイン、イタリアとの関連性を意識してみるとすごくわかりやすいし、面白いと思います。

ボルドー（Bordeaux）やブルゴーニュ（Bourgogne）と比べると、まだまだマイナーな産地ですが、コストパフォーマンスが良いものも多いですし、それぞれの産地の特徴もはっきりしているので、こういうワインのなかから自分の好みに合ったワインを探すのも楽しいですね。

以上、今日まで7日間にわたって、ワインの造り方から始まり、フランスをぐるっとまわって10の生産地方についてお勉強してきましたが、いかがでしたでしょうか？ ラベルがわかるようになれば、ワイン選びが楽しくなります。これから、酒屋さんやスーパーのワインコーナーに行くと風景が違って見えるはずです。ワインはやはり実際に飲んでみるとより理解できるので、ぜひいろいろとお試しください！

1週間の「フランスワイン講座」は、これにて終了です。皆さん、大変お疲れさまでした！

	〈ルーション地方の主なA.O.C.〉	赤	ロゼ	白
⑭	Côtes du Roussillon コート・デュ・ルーション	●	●	○
⑭	Côtes du Roussillon Villages	●		
	Côtes du Roussillon Villages+ 地理的名称(4)	●		
	Côtes du Roussillon Villages Les Aspres コート・デュ・ルーション・ヴィラージュ・レ・ザスプル	●		
⑮	Maury モーリ	●		
	(V.D.N.)*1	甘		甘
⑯	Collioure *2 コリウール	●	●	○

*1 Roussillon 地方には V.D.N.のA.O.C.が多数あるので、それらのA.O.C.は P211 を参照してください。

*2 V.D.N. の A.C.Banyuls（バニュルス）と同一の生産地域に位置しています。

おわりに

この度は、『新版ワインの授業 フランス編』を最後までお読みいただき、ありがとうございました。

本書は、私が「本格的にワインを学びたい」という方を対象に行っているワインレッスンの内容をまとめたものです。

大学受験の参考書では、講義形式のものが多数出版されていますが、ワインの本としては本書が初めてだと思います。皆さまにはあたかも授業に参加している気分で、読書しながらも、楽しく「聞いて」いただければ……と願っていますが、いかがでしたでしょうか？

フランスワインは世界のワインの「味わいの基礎」となっています。

そのような基礎となる体系をこれまでお伝えしてまいりましたが、ひとつだけどうしてもお伝えできなかった点があります。

それは、実際のワインの味わいです。

香りや色などを含めたワインそのものを体験していただくことが、本ではどうしてもできません。そして、ワインを本当の意味で理解するには、実際に飲んでいただくことが重要なのです。

そこで本書を読まれた皆さまには、今後ご自身で、ここで学ばれたワインをぜひ実際に飲んでみていただきたいと思います。何事もそうですが、実践することで知識は初めて身につきます。実践する（飲む）なかで、失敗や成功を繰り返し、その体験をも含めて本物の知識となっていくのです。

そして何かを学ぶためには、身銭を切ることも重要です（笑）。

当然ながら、ワインを飲むにはお金がかかります。特に本書でお伝えしたフランスワインのお値段は、ピンからキリまで本当に幅が広いです。

どうしても限られた畑で、限られた量しか造ることができないため――そのように法律で決まっていることは本書でお伝えしたとおりです――有名なものや希少なものは、必然的にお値段が上がってしまうのです。

もちろん、これまでお話ししてきたような、ブドウ品種や地方・村ごとの特徴が反映された良いワインは1000円台からもたくさんありますので、いろんなお値段帯のなかで、味わいを「予想」しながら飲んで、「確認」していっていただけたらと思います。

最後に、今後皆さまがワインを飲んでいく際の、選び方、楽しみ方、のコツをお伝えします。

まずは、何はともあれワインショップに行って、フランスワインの棚を眺めてみてください。おそらくラベルがけっこう「読める」ようになっているはずです。ワインショップがお近くにない方も、最近はネットでも簡単に買えますので、いろんなサイトを覗いてみてください。

そして気になったワインを買って、本書でお伝えしたようなブドウ品種と産地を意識しながら、飲んでみてください。

ちなみにワインは、開けたらその日のうちに飲みきらなくちゃ、と思っている方が多いようですが、そんなことはありません。スパークリングワインだと泡専用の栓をすると翌日まで、スティルワインだと3、4日は冷蔵庫で保存可能ですし、そのあいだの味わいの変化も楽しめます。甘口ワインや酒精強化ワインは、2~3週間ぐらいは全然大丈夫です。今は、泡専用の栓もワインショップやネットで気軽に手に入れることができます。

ですので、2本同時に開けて飲み比べをしながら数日にわたって楽しまれるのも面白いと思います。比較して飲むことで、それぞれの特徴がより明確になり、記憶にもしっかり残るんです。

ご自宅で楽しまれる以外にも、たとえばグラスワインが何種類もおいてあるお店で、いろいろ試してみてください。そのとき一緒に行った方と同じ品種で別の産地のものを頼んで、比べながら飲んでみるとか。ソムリエさんにいろいろとそのワインの特徴やエピソードなどを伺いながら飲むのも勉強になるし、楽しいですよ！

おそらく、お酒がお好きな方は、これまでもビールや日本酒、焼酎などをお料理に合わせて楽しまれていたはずです。たとえば餃子だったら日本酒よりもビールが合うとか、お鮨だったらビールよりも日本酒が合うとか、もちろんそれぞれ好みはあると思いますが、お料理とお酒が共においしくなる組み合わせを自然と楽しまれていたはずです。同じようにワインも、お肉には赤ワイン、お魚には白ワイン、とこれまで大まかに合わせていたところを、もう一歩踏み込んで、ブドウ品種や産地を意識しながら、その日のお料理や気分などによって合わせることができれば、毎日のお食事がもっとおいしくなるはずです。

そして、ワインとお食事の合う／合わないをつねに意識することで、他のお酒やお料理の味わいや相性にも敏感になってきます。理系の私は日夜、ワインとお料理のマリアージュの研究に勤しんでいますが（笑）、気軽にマリアージュを楽しみながらワインと付き合っていただければと思います。組み合わせは無限ともいえるので、新たな発見もきっとあるはずです。

そして、やっぱり食卓が華やかになるところも、ワインのいいところです。なぜだか（他のお酒よりも）気分がアガるんですね。

特にお祝いの日などは、特別なワインやシャンパーニュを開けることで、その日がより特別な、記憶に残る日になるはずです。おそらく本書を読まれた皆さまには、すでに気になるワインや飲んでみたいワインがいくつかあるはずだと思います。ぜひお祝いの日や記念日などに、その「特別なワイン」を楽しんでみてください。

ワインは世界中で造られているので、今回はご紹介できなかった、ご紹介したい世界のワインや、それにまつわるストーリーは、まだまだ山ほどあります。本書の姉妹書に『ワインの授業 イタリア編（リトルモア）』もありますので、イタリアワインにもご興味のある方はぜひ手に取ってみて下さい。

皆さまとワインのお付き合いが、より充実したものになれば、著者としてこれ以上の喜びはありません。

２０２４年　緑が美しい初夏の日に

杉山明日香

杉山明日香 すぎやま・あすか

東京生まれ、唐津育ち。
理論物理学博士・ワイン研究家・唎酒師。
河合塾の数学講師として長く教鞭をとる一方、
ワインスクール「ASUKA L'école du Vin アスカ・レコール・デュ・ヴァン」の主宰や
シャンパーニュ・ワインの輸入業や日本酒の輸出業、
東京・西麻布のワインバー&レストラン「Goblin ゴブリン」や
ワインショップ&バー「Cave de ASUKA カーヴ・ド・アスカ」、
フランス・パリのレストラン「ENYAA Saké & Champagne エンヤ・サケ&シャンパーニュ」の
プロデュースなど、ワイン関連の仕事を精力的に行っている。
著書に『受験のプロに教わる ソムリエ試験対策講座』
『おいしいワインの選び方』『ワインの授業 イタリア編』
『ワインがおいしいフレンチごはん』(飯島奈美との共著)などがある。
http://www.asuka-edu.co.jp/
最新情報は杉山明日香事務所のFacebookをご覧ください。

＊栽培面積や年間生産量などの数値については、
主に『日本ソムリエ協会 教本 ２０２４』を元にしています。

新版 ワインの授業 フランス編

二〇二四年七月七日 第一刷発行

著者 杉山明日香

イラストレーション くぼあやこ
ブックデザイン 鈴木成一デザイン室

発行人 永田和泉
発行所 株式会社イースト・プレス
〒一〇一-〇〇五一
東京都千代田区神田神保町二-四-七 久月神田ビル
電話〇三-五二一三-四七〇〇
ファックス〇三-五二一三-四七〇一

印刷所 中央精版印刷株式会社

 ISBN978-4-7816-2317-7